数学オリンピック幾何への挑戦

エヴァン・チェン
【著】

森田康夫
【監訳】

兒玉太陽
熊谷勇輝
宿田彩斗
平山楓馬
【訳】

ユークリッド幾何学をめぐる船旅

Euclidean
Geometry in
Mathematical
Olympiads

日本評論社

数学オリンピックサマープログラムに捧ぐ

まえがき

この者に三オボロス〔とるに足らぬ小銭の代名詞〕を与えよ．彼は学んだことど
もから利益を得なくてはならないのだから．
アレクサンドリアのエウクレイデス（ユークリッド）[†19, p.18]

本書は，幾何学が非常に盛んな数学オリンピックに参加した5年間の成果である．本書で紹介されている発想や手法，証明は，MOP* での講義，オンライン上の資料，Art of Problem Solving[1]での議論，さらには友人との深夜の雑談など，数えきれないほどの資料から得られたものである．収録されている問題は世界中のコンテストから選ばれたもので，その多くは私がコンテスト中にみずから解いたものであるが，自分自身で作成したものもある．

数学オリンピックに参加して学んだのは，数学の学習は受動的なものではないということである．つまり，能動的にやってみることでしか数学は学べないのである．そのため，本書は問題を解くことに重きを置いており，特に国内大会・国際大会を目指す学生に適した内容となっている．各章には例も問題も含まれており，簡単な練習から本格的な難問まで幅広く収録されている．

実際，私が本書を書こうと思ったのは，選手時代に特に気に入った教材がまったく見つからなかったからである．理論が豊富に展開されているのに練習になるような難問がほとんど載っていない本もあれば，何百もの問題が「共線性と共点性」のような広範なテーマに大雑把に分類されているだけで，読者がそもそもどのように解答を思いつくべきかをほとんど説明しない本も見受けられた．このような問題意識を持って執筆したのが本書であり，そのことが構成にも反映されていることを願っている．

本書を形あるものにするにあたっては，多くの方々にお世話になった．何よりもまず，ポール・ツァイツから綿密な助言をいただいたおかげで，出版に至るこ

---

* 数学オリンピックサマープログラム（Mathematical Olympiad Summer Program）の略であり，国際数学オリンピックのアメリカ合衆国チームのための訓練プログラムである．

1 （訳注）特に数学オリンピックに関する議論が盛んな英語圏の数学系電子掲示板サイト．
https://artofproblemsolving.com

i

とができたことに感謝する．また，何百回となく改訂を重ねて誤りの発見ができたのは，ひとえにクリス・ジューエルとサム・コルスキーに原稿を丹念に読みこんでいただいたおかげである．みんな，ありがとう！

他にも，草稿の段階で提案や意見を寄せてくださった多くの方々に，心から感謝する．特に，多大な貢献をしていただいたレイ・リー，チン・ホアン，ギリーシュ・ベンカット，そしてジンイー・チャオ，シンディ・チャン，タイラー・チュー，その他多くの方々に感謝したい．もちろん，残った誤りはすべて私が生みだしたものであり，その責任は私だけにある．また，Art of Problem Solving のフォーラムにも感謝する．この掲示板から，本書にも掲載されている数えきれないほどの問題を発見し，こうして共有することができた．また，初期の草稿の段階で一緒に仕事をしたアーロン・リンにも感謝したい．

最後にもちろん，生徒や教師，作問者，指導者，保護者など，数学オリンピックを可能にしているすべての方々に感謝しなければならない．数学オリンピックは，私に世界で最高の仲間たちと接する機会を与えてくれただけでなく，叶うとは夢にも思わなかった限界まで私を押しあげてくれた．これらの方々の存在なくして，本書を執筆することなどありえなかっただろう．

エヴァン・チェン（陳誼廷）
カリフォルニア州フリーモント市

訳者まえがき

結局旧制中学の平面幾何は紙の上に定木とコンパスを使って描いた図形に見られる現象を研究する自然科学，すなわち**図形の科学**であったと思うのです．

小平邦彦 [†17, p.18]

この「直接測定」という観点からは，様々な古代文明で理解されていた「ピタゴラスの定理」は，おそらく［現代的な意味での］数学における結果というよりも，むしろ**物理学**における**主に実験によって立証された**結果であると考えるべきであろう……．

望月新一 [†12, pp.28–29]

　「初等幾何学の問題は直交座標を用いれば必ず解けるので，数学オリンピックで出題される『問題のための問題』に取り組む価値などまったくない」．このような主張が数学的には否定できないこと，すなわち実デカルト座標平面がユークリッド幾何学のモデルになり，しかも（十分な連続性を課した）ユークリッド幾何学の一階 (first-order) の理論が完全かつ無矛盾かつ決定可能であることを，タルスキはヒルベルトの研究を完成させることにより証明した [†13]．現在に至るまで，平面幾何学の問題を自動的に証明する効率の良い方法が模索されつづけている [†7]．このような事実は，たしかに「初等幾何学への軽蔑を正当化できる」のかもしれない [†11]．

　ユークリッド幾何学は，しかしながら，いまなおその美的価値を損なうことなく生き生きと輝く分野である．その理論の豊かさを再発見し鑑賞するための力強い一助となるのが，海外では EGMO の愛称でも知られる *Euclidean Geometry in Mathematical Olympiads* であり，本書はその日本語訳である．著者のエヴァン・チェン氏は，2014 年の国際数学オリンピックで金メダルに輝き，アメリカ合衆国数学オリンピックの代表選考試験の責任者を務めている．著者は高校時代から原著の執筆を開始し，大学生になってようやく 2016 年に出版にこぎつけることができた（出版の詳しい経緯は，著者のブログの記事 [†4] で説明されている）．約 300 問の問題と約 250 個の図が収録されている本書では，数学オリンピックの国内大会や国際大会で出題されるようなユークリッド幾何学の問題を解くため

の実践的な解説を展開することに成功している．小学校で習う「三角形の内角の和」や中学校で習う「円周角の定理」といったなじみ深い基礎から日本の大学ではほとんど教えられなくなった「重心座標」や「射影幾何」といった目新しい応用までを幅広く網羅しながらも，著者自身が "entirely self-contained" と謳うほどに前提知識を要求しない唯一無二の名著である．元のタイトルが *A Voyage in Euclidean Geometry* であったことからもうかがえるように，各章はおおむね独立に読めるように書かれているので，単なる一本道の旅ではなく，むしろ数学という大海に浮かぶいくつかの島を読者の気の向くままにめぐる「船旅」のイマージュが浮かぶ見事な構成になっている．

　原著は非常によく練られた教科書であるものの，いくつか注意すべき点が存在することをあらかじめ断っておく．1つ目に，原著には非常に多くの誤植や数学的な誤りが含まれているので，そのように思われる箇所はすべて著者に問いあわせて，了解を得たうえで修正した．ただし，英語と日本語の語学的・文化的な違いに起因する部分や，誤りとまでは言えないが文脈に照らしあわせると不自然な部分は，すべて訳者の責任のもとで修正することにした．2つ目に，たとえば補題 1.27 の主張は点 D, E, F のいずれかが点 A, B, C のいずれかに一致すると壊れてしまい，その証明も三角形 BFD, CDE それぞれの外接円が接する場合を考慮していないので不完全である．しかし，著者によれば，数学的主張を読む際には（特に断りがなければ）複数の点や直線などが重なることはないと仮定しなければならないとのことであり，各自でその論理的な飛躍を補完する必要がある．これを訳者がそのつど修正すべきかは悩ましいところではあったが，そのような退化した場合の位置関係だけが問題となる場合には，原著を尊重することにした．3つ目に，原著を通して現れる "synthetic" と "analytic" という対立は本来，図形的操作だけを手段として研究する「総合的」と，解析学の方法を用いて研究する「解析的」という訳語によって表現されるべきである．しかし，前者はほとんど浸透していないように思われるので，「初等的」というなじみのある語をあてることにした．4つ目に，訳者は本書のエピグラフの出典をほぼすべて突きとめ，英語以外の言語から訳されたものはすべて断りなく原語を尊重した．

　以上のような訳注について，本文の内容を理解するうえで重要だと思われるものは訳文中に〔　〕という形で示し，そうでないものは原注とは独立の脚注とし

て示した.

　最後に，著者エヴァン・チェン氏への感謝を改めて表明したい．メールを通じて1年近くにわたり多くの誤植の報告や質問に辛抱強く答えてくださったり，GitHub上で管理していたファイルをすべて送ってくださったりと，多くの点において氏の協力がなければ本書の刊行は不可能であった．また，1991年と1992年の国際数学オリンピックでどちらも満点を獲得したウェイ・ルオ氏による中国語訳 [†25] も非常に参考になった.

　開成中学校・高等学校教諭の西村太一先生には原稿に対して丁寧で的確な助言を多くいただいた．また，東京工業大学名誉教授の加藤文元先生には推薦文を寄せていただいた．さらに，本書の提案を快諾してくださった日本評論社，特に刊行にあたってのやりとりを一手に担ってくださった佐藤大器氏，また刊行を後押ししてくださった数学オリンピック財団，特に監訳を引き受けてくださった森田康夫前理事長（東北大学名誉教授）への謝意の表出をもって，訳者まえがきとさせていただく.

2022年12月

兒玉太陽・熊谷勇輝・宿田彩斗・平山楓馬

目次

準備

0.1　本書の構成

大雑把に言えば，各章は次のように分かれている.

- 関連する定理や道具の一式を説明する理論編.
- 道具の使い方を実際に示すいくつかの例.
- いくつかの問題.

理論編では，定理や手法，そして特定の幾何学的な構図 (configuration) [2]を紹介する. ここで紹介される構図は，あとで別の主張の証明や問題の解答に再び現れるのがふつうである. したがって，既知の構図を認識することが個々の問題を解くための鍵となることが多い. 本書では，多くの問題と同様に取り扱えるように構図を示している.

例題では，その章の手法が問題を解くうえでどのように使われるのかを実際に示す. 単に解答を提示するだけではなく，その解答がどのような動機で導かれ，読者がそれをどのように思いつくべきかを説明するよう心がけた. 実際の形式的な解答の前に長い解説が行われることがしばしばあり，ほとんどの場合，この解説は解答そのものよりも長くなっている. 問題を解くうえで欠かせない直観と動機を身につける一助となれば幸いである.

最後に，各章の終わりには，演習問題を十数問ほど用意した. ヒントには番号が振られ，付録 B にランダムな順序で並べられている. 一部の解答は付録 C に掲載されている. また，熱心な読者がインターネット上で（たとえば Art of Problem Solving の掲示板 https://artofproblemsolving.com/community で）解答を見つけることができるように，問題の出典を記載するようにした. コンテストの略語の一覧が付録 D に掲載されている.

---

2 （訳注）数学オリンピックにおける「構図」という語は，単なる特定の図形の組みあわせを指すだけでなく，さらにそれが問題の中で繰り返し現れるパターンであることを含意する. なお，"configuration" は文脈に応じて「位置関係」とも「構図」とも訳される.

1

本書は前から順に読んでも問題ないように構成されている．ただし，後半の章の多くは順番を入れかえて読むことができる．特に，第3部を読むうえで第2部を読んでおく必要はない．また，第6章と第7章はどちらからでも読むことができる．読者は，杓子定規なお勉強をするのではなく，たとえば複雑な部分は飛ばしてあとで戻ってきたり，すでに慣れ親しんでいる部分は斜め読みをしたりするなど，みずからの好奇心の赴くままに読み進めてほしい．

0.2 三角形の中心

本書を通して，いくつかの三角形の中心に言及することになる．参考のために，ここで定義しておく．

これらの中心が存在することは，定義から明らかにわかるものではない．それらが存在することは第3章で示されるが，いまのところは天下り的にこれらの存在を認めてよい．

- 三角形 ABC の**垂心** (orthocenter) はふつう H で表され，A, B, C からそれぞれ直線 BC, CA, AB におろした**垂線** (altitude) [3]の交点である．これらの垂線の足を頂点にもつ三角形を**垂心三角形** (orthic triangle) という[4]．

- 三角形の**重心** (centroid) はふつう G で表され，各頂点とその対辺の中点を通る**中線** (median) の交点である．各辺の中点を頂点にもつ三角形を**中点三角形** (medial triangle) という．

- 次に，三角形の**内心** (incenter) はふつう I で表され，三角形の3つの角の二等分線の交点である．これは3つの辺すべてに接する円（**内接円** (incenter)）の中心でもある．

---

3 （訳注）"perpendicular (line)" は単なる垂直な線のことであるが，"altitude" は特に三角形の頂点とそこから対辺におろした垂線の足を結ぶ線分のことである．

4 （訳注）[†20, p.12] や [4, 訳書 pp.32] などに則って，三角形 ABC の内部の点 P から各辺におろした垂線の足からなる三角形を三角形 ABC の足点 P に関する**垂足三角形** (pedal triangle) といい，特に足点が垂心に一致する場合に垂心三角形ということにする．この意味での垂足三角形は解答 11.11 でも使われているが，一般的には垂心三角形を意味することが多いので注意してほしい．

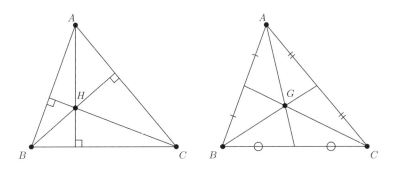

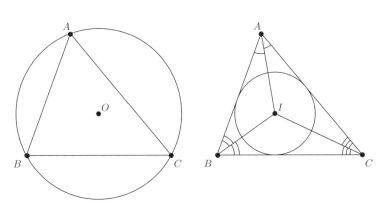

図 0.2A 家族を紹介しよう！ 左上から時計回りに，垂心 H, 重心 G, 内心 I, 外心 O.

- 最後に，三角形の**外心** (circumcenter) はふつう O で表され，三角形の 3 頂点を通る唯一の円（**外接円** (circumcicle)）の中心である．

これらの 4 つの中心は図 0.2A に示されている．本書を通して，何度も何度もこれらの点に出会うことになるだろう．

0.3 その他の記法と規約

三角形 ABC を考える．本書を通して，$a = BC$, $b = CA$, $c = AB$ とし，$\angle A = \angle BAC$, $\angle B = \angle CBA$, $\angle C = \angle ACB$ と略す（たとえば，$\sin \dfrac{1}{2} \angle BAC$

を $\sin \frac{1}{2} \angle A$ と書く）．三角形 ABC の**半周長** (semiperimeter) s は

$$s = \frac{1}{2}(a + b + c)$$

で定義される．

三角形 ABC の面積を $\triangle ABC$ と表し，三角形 ABC の符号付き面積を $[ABC]$ と表す[5]（符号付き面積は第 5 章で定義される）．点列 $P_1, P_2, \ldots, P_n$ が同一円周上にあるとき，その円を「円 $P_1 P_2 \cdots P_n$」と表す[6]．

標準的な角 $\angle$ と区別するために，有向角には $\measuredangle$ を用いる（有向角は第 1 章で定義される）．角は度数法で測られる．

線分 AB や直線 AB を単に AB と表すことがある．その場合，どちらの意味で使われているかは文脈から明らかであろう．第 9 章からは，2 直線 AB と CD の交点を $AB \cap CD$ と略記する．線分 AB の標準的な長さも単に AB と表し，それと区別するために，有向長は $\overline{AB}$ と表す[7]（有向長は第 3 章で定義される）．

---

5 （訳注）原著では，面積は符号付きか否かにかかわらず $[ABC]$ と表している．

6 （訳注）原著では，円 $P_1 P_2 \cdots P_n$ を $(P_1 P_2 \cdots P_n)$ と表している．

7 （訳注）原著では，線分 AB や直線 AB は $\overline{AB}$ と，長さは有向か否かにかかわらず AB と表し，有向長で考えるときにはそのことを明示している．

8 （訳注, p.5）**循環和** (cyclic sum) と区別すべき概念として [†18, p.8] にも登場する**対称和** (symmetric sum) がある．関数 $f \colon \mathbb{R}^n \to \mathbb{R}; (x_1, \cdots, x_n) \mapsto f(x_1, \cdots, x_n)$ に対して，循環和はすべての巡回置換 σ を用いて，あるいはすべての整数 i に対して $x_{n+i} = x_i$ として，

$$\sum_{\text{cyc}} f(x_1, \cdots, x_n) = \sum_{\sigma} f(x_{\sigma(1)}, \cdots, x_{\sigma(n)}) = \sum_{k=1}^{n} f(x_k, \cdots, x_{k+n-1})$$

と定義されるが，対称和はすべての置換 τ を用いて

$$\sum_{\text{sym}} f(x_1, \cdots, x_n) = \sum_{\tau} f(x_{\tau(1)}, \cdots, x_{\tau(n)})$$

と定義される．たとえば，

$$\sum_{\text{sym}} a^2 b = a^2 b + a^2 c + b^2 a + b^2 c + c^2 a + c^2 b$$

のようになる．

対称的な項を含む長い代数的な計算においては，**循環和の記法** (cyclic sum notation) を用いる．すなわち，

$$\sum_{\mathrm{cyc}} f(a,b,c) = f(a,b,c) + f(b,c,a) + f(c,a,b)$$

と略記する[8]．たとえば，

$$\sum_{\mathrm{cyc}} a^2 b = a^2 b + b^2 c + c^2 a$$

のようになる．

第 **1** 部

初等的な
アプローチ

角度追跡

これは最後のチャンスだ．先に進めば，もう戻れない．青い薬を飲めば，お話は
終わる．君はベッドで目を覚ます．好きなようにすればいい．赤い薬を飲めば，
君は不思議の国にとどまり，私がウサギの穴の奥底を見せてあげよう[9]．

モーフィアス（映画「マトリックス」）

　角度追跡[10]は数学オリンピックの幾何で最も基本的な技術の１つである．その
ため，第１章をまるごと割いて，この技術を完全に身に付けられるようにする．

1.1 三角形と円

　図 1.1A に示される次の例題を考えてみよう．

▶**例 1.1.**
　図 1.1A のように，対角線の直交する四角形 $WXYZ$ において，$\angle WZX = 30°$, $\angle XWY = 40°$, $\angle WYZ = 50°$ が成り立っている．

(a) $\angle YZW$ を求めよ．

(b) $\angle WXY$ を求めよ．

次の事実はすでに知っているであろう．

---

9 （訳注）『不思議の国のアリス』になぞらえている．この直後にサイファーが「シートベルトを
締めろということさ，ドロシー．カンザスとはバイバイだからな」という『オズの魔法使い』を
ふまえた台詞を述べるが，それは本書の第 3 部の原題 "Farther from Kansas" とも繋がってお
り，かつ付録 A の原題 "An Ounce of Linear Algebra" において "an ounce of"「少しの」と
"ounce" の略記 "oz" がオズ "Oz" と掛けられていることとも繋がっている．

10 （訳注）角度を調べることはしばしば「角度計算」などともよばれていたが，ホモロジー代数な
どで使われる図式追跡 (diagram chasing) にならい，本書では angle chasing に対して「**角度
追跡** (angle chasing)」という訳語をあてた．

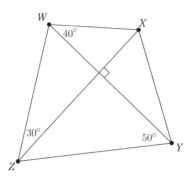

図 1.1A　これらの角度が与えられたとき，他にどの角度が求められるだろうか．

▶**命題 1.2（三角形の内角の和）.**

　三角形の内角の和は 180° である．

　実は，これだけでは (a) しか解けない．(b) を解くための知識は次の節で説明する．しかし，それでもやはり，命題 1.2 だけから得られる結果はどれも驚くべきものだろう．さらに驚くべき結果の 1 つに，次の定理がある．

▶**定理 1.3（円周角の定理 (inscribed angle theorem) [11]）.**

　同一円周上に相異なる 3 点 A, B, C があるとき，C を含まない方の弧 AB に対する中心角は $2\angle ACB$ である．

証明　線分 OC を描く．$\alpha = \angle ACO, \beta = \angle BCO, \theta = \alpha + \beta$ とおく．

　$AO = BO = CO$ を何らかの方法で使う必要があるが，どのようにすればよいだろうか？　二等辺三角形を使うのである．いまのところ，これは長さの条件を角度の条件に変える唯一の方法といっても過言ではない．つまり，$AO = CO$ から $\angle OAC = \angle OCA = \alpha$ を得るのである．このことはどのように役立つのだろうか？　ここで登場するのが命題 1.2 であり，これにより

$$\angle AOC = 180° - (\angle OAC + \angle OCA) = 180° - 2\alpha$$

11（訳注）「円 ABC において，点 D が C を含む方の弧 AB 上にあるとき，$\angle ACB = \angle ADB$ である」という主張（命題 1.8 の一部）とあわせて「円周角の定理」とよぶことも多い．

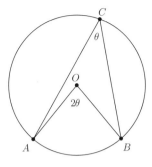

図 1.1B 円周角の定理.

が従う. B についても同様にして

$$\angle BOC = 180° - 2\beta$$

が得られる. したがって,

$$\angle AOB = 360° - (\angle AOC + \angle BOC) = 360° - (360° - 2\alpha - 2\beta) = 2\theta$$

となり, 定理が示された*. □

　第 0.2 節で定義した三角形の中心についても様々な情報を得ることができる. 次の例に入る前に, **内心**が角の二等分線の交点であることを思いだそう.

▶**例 1.4.**
　三角形 ABC があり, その内心を I とする. このとき,

$$\angle BIC = 90° + \frac{1}{2}\angle A$$

が成り立つ.

証明　次の角度追跡により結論を得る.

$$\angle BIC = 180° - (\angle IBC + \angle ICB) = 180° - \frac{1}{2}(\angle B + \angle C)$$

$$= 180° - \frac{1}{2}(180° - \angle A) = 90° + \frac{1}{2}\angle A. \qquad \square$$

---

* （著者訂正）この証明では, O が $\angle ACB$ の内部にある場合にしか示されていないが, O が弦 AB, AC 上にある場合や, $\angle ACB$ の外部にある場合も同様に示すことができる.

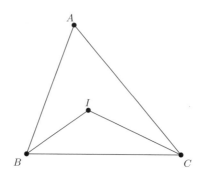

図 1.1C 三角形の内心.

練習問題

▶**問題 1.5.** 例 1.1(a) を解け. **ヒント:** 185

▶**問題 1.6 (タレスの定理 (Thales's theorem)).** 円 ω に内接する三角形 ABC がある. $AC \perp CB$ であることと,線分 AB が ω の直径であることは,同値であることを示せ.

▶**問題 1.7.** 図 1.1D のように,鋭角三角形 ABC があり,その外心を O,垂心を H とする. $\angle BAH = \angle CAO$ が成り立つことを示せ. **ヒント:** 540 373

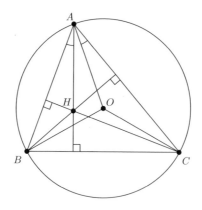

図 1.1D 外心と垂心. これらを知らない場合は第 0.2 節を参照のこと.

1.2 内接四角形

この節で核となるのは，円周角の定理から直接導かれる次の命題である.

▶**命題 1.8.**
　凸四角形 $ABCD$ があり，内接四角形であるとする．このとき，$\angle ABC + \angle CDA = 180°$ および $\angle ABD = \angle ACD$ が成り立つ.

なお，ここで**内接四角形** (cyclic quadrilateral) とは，ある円に内接することのできる四角形をさす．図 1.2A を参照のこと．より一般的に，いくつかの点が**共円** (concyclic) であるとは，ある同じ円上にそれらがすべて存在するようにできることをいう.

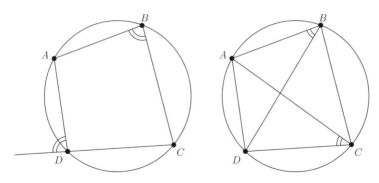

図 1.2A　それぞれの内接四角形において，印のついた角は等しい.

この結果は円周角の定理と比べると大したことのないように思えるが，実は上の事実の逆も成り立つのである．より正確には次のとおりである.

▶**定理 1.9（円に内接する四角形）.**
　凸四角形 $ABCD$ について，以下はすべて同値である.

(i) 四角形 $ABCD$ は内接四角形である.

(ii) $\angle ABC + \angle CDA = 180°$.

(iii) $\angle ABD = \angle ACD$.

この定理は非常に有用であり，以降の節で応用例をいくつか紹介する．ここでは，最初に挙げた例題 1.1 を解決しよう．

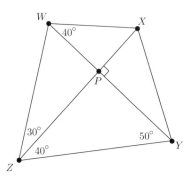

図 1.2B 例題 1.1 にとどめを刺す．W, X, Y, Z が共円であることがわかる．

例題 1.1 (b) の解答 四角形 $WXYZ$ の対角線の交点を P とする．このとき，$\angle PZY = 90° - \angle PYZ = 40°$ であり，これを図に描きこんだものが図 1.2B である．

ここで，$40°$ の 2 つの角について考える．これらは定理 1.9(iii) をみたしているから，四角形 $WXYZ$ が内接四角形だとわかる．したがって，(ii) により

$$\angle WXY = 180° - \angle YZW$$

が従う．よって，$\angle YZW = 30° + 40° = 70°$ であるから，$\angle WXY = 110°$ が得られる． □

ある意味では，この解法は完全に想定外である．問題文中に円は一切現れておらず，解答においても円の中心は一度も出てこない．それにもかかわらず，内接四角形という概念を用いると単なる角度の計算になってしまい，一方でこの概念を知らなければこの問題は扱えないままであった．ここに定理 1.9 の強みがある．

ここで，定理 1.9 の重要性を強調しよう．標準的な数学オリンピックの幾何の問題の半分以上において，途中でこの定理を使うといっても過言ではない．実際，本書の中でも何度も数えきれないほど応用されている．

練習問題

▶**問題 1.10.** 台形がある円に内接することと，それが等脚台形であることは同値であることを示せ.

▶**問題 1.11.** 四角形 $ABCD$ が $\angle ABC = \angle ADC = 90°$ をみたすとき，これは内接四角形であることを示し，さらに線分 AC がその外接円の直径となることを示せ.

1.3 垂心三角形

図 1.3A に示すように，三角形 ABC において，A, B, C から対辺におろした垂線の足をそれぞれ D, E, F とする.このとき，三角形 DEF を三角形 ABC の**垂心三角形** (orthic triangle) とよぶ.

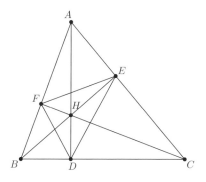

図 1.3A 垂心三角形.

直線 AD, BE, CF が 1 点 H で交わることが知られており，この点 H を三角形 ABC の**垂心** (orthocenter) とよぶ.垂心が存在することの証明は第 3 章で与える.

図の中に円は描かれていないが，実は 6 つの内接四角形が隠れている.

▶**問題 1.12.** 図 1.3A に隠れる 6 つの内接四角形を探せ（頂点は A, B, C, D, E, F, H から選ぶ）. **ヒント**: 91

四角形 $AFHE$ がそのうちの 1 つである.このことは，$\angle AFH = \angle AEH = 90°$ を定理 1.9(ii) に適用することで示される.残りの 5 つを探してみよ.

6 つの内接四角形が見つかれば，定理 1.9 をこれらの四角形に対して自由に使うことができ，さらに実は直角の位置によって円の直径もわかる（問題 1.6 を参照のこと）．もう少し詳しく調べてみると，次の事実がわかる．

▶ **例 1.13.**

　H は三角形 DEF の内心である．

この事実が図 1.3A においてもっともらしいことを確かめよ．

以下の解答を読む前に，これの証明に挑戦することをおすすめする．

例 1.13 の証明　図 1.3A を参照のこと．直線 DH が $\angle EDF$ の二等分線であることを示す．直線 EH, FH がそれぞれ $\angle FED$, $\angle DFE$ の二等分線であることも同様にして示せるので，問題 1.15 とする．

$\angle BFH = \angle BDH = 90°$ であるから，定理 1.9 により B, F, H, D が共円であることがわかる．定理 1.9(iii) を適用することで，

$$\angle FDH = \angle FBH$$

が得られる．同様にして，$\angle HEC = \angle HDC = 90°$ であるから，C, E, H, D は共円であり，

$$\angle HDE = \angle HCE$$

が得られる．$\angle FDH = \angle HDE$ を示したいから，$\angle FBH = \angle HCE$ を示せばよい．これを言いかえると $\angle FBE = \angle FCE$ となる．これは F, B, C, E が共円であることと同値であり，$\angle BFC = \angle BEC = 90°$ であることから従う（三角形 BEA と三角形 CFA に注目して，$\angle FBE$ と $\angle FCE$ がどちらも $90° - \angle A$ に等しいことを示してもよい）．

以上により，直線 DH が二等分線であることが示されたので，H が三角形 DEF の内心であることが示された．　□

ここまでの結果をあわせることで，本書における最初の構図が得られる．

▶**補題 1.14（垂心三角形）.**

鋭角三角形 ABC があり，その垂心を H，垂心三角形を DEF とする．このとき，以下が成り立つ.

(a) 4点 A, E, F, H は線分 AH を直径とする円上にある.

(b) 4点 B, E, F, C は線分 BC を直径とする円上にある.

(c) H は三角形 DEF の内心である.

練習問題

▶**問題 1.15.** 例 1.13 の証明において，「同様にして」と省略した部分（直線 EH，FH が角の二等分線であることの証明）を確かめよ.

▶**問題 1.16.** 図 1.3A において，三角形 AEF, DBF, DEC はいずれも三角形 ABC と相似であることを示せ. **ヒント：** 181

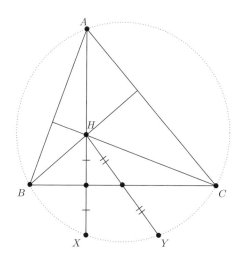

図 1.3B 垂心と対称な点（補題 1.17）.

▶**補題 1.17（垂心と対称な点）.**

図 1.3B のように，三角形 ABC とその垂心 H があり，辺 BC に関して H と対称な点を X，辺 BC の中点に関して H と対称な点を Y とする．

(a) X が円 ABC 上にあることを示せ．

(b) 線分 AY が円 ABC の直径となることを示せ．　**ヒント:** 674

1.4 内心傍心補題

垂心についていろいろ議論してきたが，今度は内心について考えてみよう．先ほどとは異なり，内接四角形はもとから与えられている．これを用いて様々な面白い結果を得ることができる．

▶**補題 1.18（内心傍心補題〔トリリウムの定理〕(incenter/excenter lemma)）.**

三角形 ABC において，その内心を I，半直線 AI と円 ABC の交点のうち A でない方を L，L に関して I と対称な点を I_A とする．このとき，以下が成り立つ．

(a) 4 点 I, B, C, I_A は，線分 II_A を直径とし L を中心とする円上にある．特に，$LI = LB = LC = LI_A$ である．

(b) 半直線 BI_A, CI_A は三角形 ABC の外角を二等分する．

ここで「外角を二等分する」というのは，半直線 BI_A によって線分 AB の B 側の延長線と線分 BC のなす角が二等分されることを意味している．点 I_A を，三角形 ABC の **A 傍心** (A-excenter)〔$\angle A$ 内の傍心〕とよぶ*．傍心に関しては，第 2.6 節で詳しく触れることとする．

内接四角形 $ABLC$ で何ができるかを見ていこう．

---

* A 傍心は，L に関して I と対称な点としてではなく $\angle B$ と $\angle C$ の外角の二等分線の交点として定義されることが多い．いずれにせよ，補題 1.18 によりこれらの定義は等価であることがわかる．

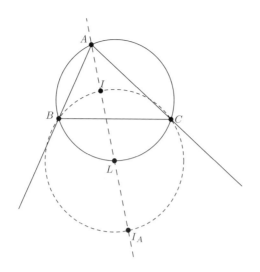

図 1.4A 内心傍心補題（補題 1.18）.

証明 $\angle A = 2\alpha$, $\angle B = 2\beta$, $\angle C = 2\gamma$ とする．$\angle A + \angle B + \angle C = 180°$ であるから $\alpha + \beta + \gamma = 90°$ となることに注意する．

最初の目標は $LI = LB$ を示すことであり，そのためには $\angle IBL = \angle LIB$ を示せばよい（これにより長さの情報である結論を角度の情報に完全に言いかえることができた）．定理 1.9(iii) により $\angle CBL = \angle LAC = \angle IAC = \alpha$ を得るので，

$$\angle IBL = \angle IBC + \angle CBL = \beta + \alpha$$

が従う．あとは $\angle BIL$ がわかればよいが，これは簡単で，

$$\angle BIL = 180° - \angle AIB = \angle IBA + \angle BAI = \alpha + \beta$$

となる．したがって，三角形 LBI は二等辺三角形で，$LI = LB$ をみたすことが示された．

同様にして $LI = LC$ も得ることができる．

以上により，$LB = LI = LC$ であるから，L が円 IBC の中心であることがわかる．また，L は線分 II_A の中点であるから，線分 II_A が円 IBC の直径であることが従い，(a) が示された．

(b) の証明に入る. $\angle I_A BC = \dfrac{1}{2}(180° - 2\beta) = 90° - \beta$ を示せばよい. 線分 II_A は円 IBC の直径であったから

$$\angle IBI_A = \angle ICI_A = 90°$$

が成り立つため, $\angle I_A BC = \angle I_A BI - \angle IBC = 90° - \beta$ が従う.

同様にして $\angle BCI_A = 90° - \gamma$ も示されるので, (b) も示された. □

この構図は数学オリンピックの幾何で非常によく出てくるので, 出てきたら気付けるようにしよう！

練習問題

▶**問題 1.19.** 補題 1.18 の証明において,「同様にして」と省略した部分を補え.

1.5 有向角

まずは, 有向角を導入する動機を述べるのが適切だろう. 再び図 1.3A に注目しよう. この図は三角形 ABC が鋭角三角形であることを前提としていたが, もしそうでなければどうなるだろうか？ たとえば, 図 1.5A のように $\angle A > 90°$ のときはどうなるだろうか？

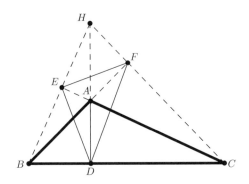

図 1.5A 誰も好まぬ位置関係の問題.

上の図には何か厄介なことがあるはずである. 前に定理 1.9(iii) により B, E, A, D が共円であることを示したが, 今回は状況が異なる. そのときと比べて何か変わっただろうか？

▶**問題 1.20.** 問題 1.12 で見つけた 6 つの内接四角形が，図 1.5A においても内接四角形であることを確かめよ．

▶**問題 1.21.** たしかに A が三角形 HBC の垂心であることを示せ．

$\angle A$ が鈍角の場合でもやはり同じ結論が得られたが，それでも間違った議論をしてしまう危険性があるのは明らかである．たとえば，三角形 ABC が鋭角三角形であるときは，B, H, F, D が共円であることを示すために $\angle BDH + \angle HFB = 180°$ を用いた．しかし，ここではそのかわりに $\angle BDH = \angle BFH$ を用いるべきなのである．つまり，同じ問題であっても位置関係に応じて定理 1.9 の異なる部分を使う必要があるのだ．しかし，同じ問題をまた解きなおさなければならないのかと心配したくはない！

これをどう扱うか？　その解決策は $180°$ を法とする**有向角** (directed angle) を使うことである．有向角は，通常の角度の記号である $\angle$ のかわりに，$\measuredangle$ で表すこととする（この表記は標準的ではない[12]ので，試験で使う場合は答案の冒頭で一言断っておくことを忘れないこと）．

有向角の仕組みは次のように定められる．まず，A, B, C がこの順に時計回りに配置されているならば $\measuredangle ABC$ は**正**，そうでない場合は**負**と考える．特に，$\measuredangle ABC = \measuredangle CBA$ は一般には成り立たない（符号が異なる）．図 1.5B を参照のこと．

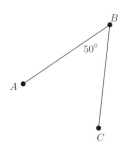

図 1.5B $\measuredangle ABC = 50°$ かつ $\measuredangle CBA = -50°$ である．

---

12 （訳注）2022 年の第 32 回日本数学オリンピック本選第 3 問の公式解答で本書と同じように定義された有向角が用いられたように [†15, p.116]，少なくとも日本の数学オリンピックでは徐々に標準的な記法になりつつある．

そして，角度を $180°$ を法として考える．たとえば

$$-150° = 30° = 210°$$

であるとみなす．

いったい，なぜこのような奇妙な概念を持ちだしてきたのか？　その鍵は定理 1.9 が次のように書きかえられることにある．

▶**定理 1.22（円に内接する四角形（有向角版）).**
　相異なる 4 点 A, B, X, Y が共円または共線である〔同一直線上にある〕ことと，

$$\angle AXB = \angle AYB$$

が成り立つことは同値である．

定理 1.9 での「凸である」という仮定が不要になったので，想定される状況もただ 1 つになっており，まるで夢のような話である．つまり，角度に向きを付けさえすれば，もはや定理 1.9 を適用する際に位置関係について考慮する必要が一切なくなるのだ．

▶**問題 1.23.**　定理 1.9(ii)(iii) が定理 1.22 と整合することを確認せよ．

さらに便利な事実を次の命題でいくつか紹介する．

▶**命題 1.24（有向角).**
　相異なる 4 点 A, B, C, P に対して，以下が成り立つ．

消滅性　$\angle APA = 0°$.

交代性　$\angle ABC = -\angle CBA$.

置換　$\angle PBA = \angle PBC$ と，A, B, C が共線であることは同値である（P が A に一致する場合はどうなるだろうか）．すなわち，C が直線 BA 上にあるとき，$\angle PBA$ の A を C に置きかえることができる．

直角　$AP \perp BP$ であるとき，$\angle APB = \angle BPA = 90°$ が成り立つ．

有向角の加法　$\angle APB + \angle BPC = \angle APC$.

三角形の内角の和　$\angle ABC + \angle BCA + \angle CAB = 0°$.

二等辺三角形　A, B, C が共線でないとき，$AB = AC$ と $\angle ACB = \angle CBA$ は同値である．

円周角の定理　P が円 ABC の中心であるとき，$\angle APB = 2\angle ACB$ が成り立つ．

平行線　$AB \parallel CD$ であるとき，$\angle ABC + \angle BCD = 0°$ が成り立つ．

注意すべきこととして，一般には $2\angle ABC = 2\angle XYZ$ から $\angle ABC = \angle XYZ$ は従わないということがある．これは角度を $180°$ を法として見ていることに起因する．このように，有向角を半分にするという操作は意味をなさない[*]．

▶**問題 1.25.**　命題 1.24 のすべての主張が正しいことを納得せよ．

有向角は使い始めたばかりの頃はきわめて直観に反するが，少し練習すれば自然に使いこなせるようになる．有向角に対する適切な向きあい方は，問題を解くときは特定の位置関係で考えつつも，答案はすべて有向角を用いて記述することである．そうすれば，その特定の位置関係における解法は自動的にすべての位置関係に対しても適用される解法となることが多い．

さらに非自明な例にうつる前に，垂心三角形における位置関係の問題に終止符を打とう．

▶**例 1.26.**

鋭角三角形とは限らない三角形 ABC があり，A, B, C からそれぞれ対辺におろした垂線の足を D, E, F，垂心を H とする．有向角を用いることで，以下がそれぞれ共円であることを示せ．

$$A, E, H, F; \quad B, F, H, D; \quad C, D, H, E;$$
$$B, E, F, C; \quad C, F, D, A; \quad A, D, E, B.$$

---

[*] このため，中心角は $360°$ を法として測るのが慣例である．そうすれば，円周角の定理が $\angle ABC = \dfrac{1}{2}$（弧 AC に対する中心角）のように書けるのである．これが問題ないのは，$\angle ABC$ が $180°$ を法として測られているのに対して，弧 AC に対する中心角が $360°$ を法として測られているからである．

証明 直角に注意すれば

$$90° = \angle ADB = \angle ADC, \quad 90° = \angle BEC = \angle BEA, \quad 90° = \angle CFA = \angle CFB$$

がわかる. よって,

$$\angle AEH = \angle AEB = -\angle BEA = -90° = 90°,$$
$$\angle AFH = \angle AFC = -\angle CFA = -90° = 90°$$

が従うので, A, E, F, H が共円であることが示された. また,

$$\angle BFC = -\angle CFB = -90° = 90° = \angle BEC$$

であるから, B, E, F, C が共円であることも示される. 他も同様にして証明できる. □

最後に次の例を紹介してこの節を終える.

▶補題 1.27 (三角形のミケル点).

三角形 ABC があり, 直線 BC, CA, AB 上にそれぞれ点 D, E, F がある. このとき, 円 AEF, BFD, CDE は 1 点で交わる.

この交点はしばしば三角形の**ミケル点** (Miquel point) とよばれる.

図 1.5C を見れば明らかなように, 非常に様々な位置関係が考えられる. そのため, 通常の角度を用いて示そうとすると大量の場合分けが発生して大変なことになるが, 有向角を用いればその悩みは解消され, 場合分けをせずに済むのだ.

円 BFD と円 CDE の交点のうち D でない方を K とし, A, F, E, K が共円であることを示す方針をとる. K が三角形 ABC の内部にあるときは, 簡単な角度追跡により解くことができる. そのため, あとは各ステップを有向角の言葉に言いかえればよい.

以下の解法を読む前に, 各自で手を動かすことを強くおすすめする.

まずは, 図 1.5C の最初の位置関係における解法を記す. K は上のように定義する. このとき, $\angle FKD = 180° - \angle B$, $\angle EKD = 180° - \angle C$ がわかる. よって $\angle FKE = 360° - (180° - \angle C) - (180° - \angle B) = \angle B + \angle C = 180° - \angle A$ が

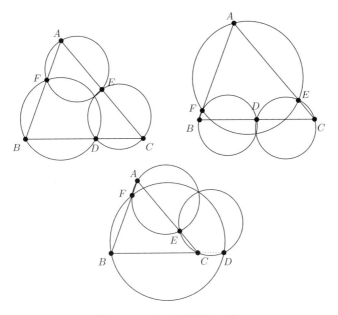

図 1.5C ミケル点（補題 1.27）.

従い，A, F, E, K が共円であることが示される．あとは，この解法を有向角を用いて書きかえるだけである．

証明 最初の 2 式は

$$\angle FKD = \angle FBD = \angle ABC, \quad \angle DKE = \angle DCE = \angle BCA$$

となる．また，

$$\angle FKD + \angle DKE + \angle EKF = 0°, \quad \angle ABC + \angle BCA + \angle CAB = 0°$$

である（1 つ目の式は K における角の和が $360°$ であることから，2 つ目の式は三角形の内角の和が $180°$ であることから従う）．これらをあわせて $\angle CAB = \angle EKF$ を得る．一方で，$\angle CAB = \angle EAF$ であるから $\angle EAF = \angle EKF$ となり，A, F, E, K が共円であることが示される．以上により結論を得る． $\square$

有向角が自然な考え方であり，汎用性が高いことを納得してもらったうえで，有向角を用いてはいけない場面について説明する．まず最も大事なこととして，

特定の位置関係でしか成立しない問題において有向角を用いるべきではない．例として問題 1.38 が挙げられる．これは $ABCD$ ではなく $ABDC$ が四角形をなしているときには成り立たない．また，三角比を使ったり，角度の半分を考えたりする場合も（これも問題 1.38 が例として挙げられる）有向角を使うのは避けるべきである．これらの操作は $180°$ を法として考えることと相性が悪く，意味をなさない．

練習問題

▶**問題 1.28.** 上の証明における $\angle FKD + \angle DKE + \angle EKF = 0°$ が正しいことを，命題 1.24 を用いて確かめよ．

▶**問題 1.29.** 相異なる 4 点 A, B, C, D に対して $\angle ABC + \angle BCD + \angle CDA + \angle DAB = 0°$ が成り立つことを示せ． **ヒント:** 114 645

> ▶**補題 1.30.**
>
> 点 O を中心とする円があり，その上に相異なる 3 点 A, B, C がある．このとき，$\angle OAC = 90° - \angle CBA$ が成り立つことを示せ（これは完全に自明なわけではない）． **ヒント:** 8 530 109

1.6 接弦定理と同一法

ここでは，円に関する最後の基本的な命題と，一般的な手法を紹介する．

まず，円の**接線** (tangent) [13] について考えよう．多くの側面から，「四角形」 $AABC$ に定理 1.22 を適用すると考えることで円の接線を扱える．実際，円上の点 X を A に近付けると，直線 XA が A における接線に近付くことをふまえれば，極限をとった状況では次の定理のようになる．

> ▶**命題 1.31（接弦定理）.**
>
> 三角形 ABC があり，その外心を O とする．このとき，A でない点 P について以下は同値である．

13（訳注）今後「接線の長さ」という表現がしばしば現れるが，そのとき接線は接点を一方の端点とする線分であるとして考える．

(i) 直線 PA は円 ABC に接する.

(ii) $OA \perp AP$.

(iii) $\angle PAB = \angle ACB$.

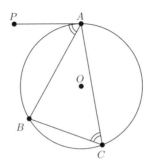

図 1.6A 直線 PA は円 ABC に接する（命題 1.31）.

次の例では，**同一法**という手法も紹介する.

▶**例 1.32.**

鋭角三角形 ABC があり，その外心を O とする．直線 KA が円 ABC に接し，かつ $\angle KCB = 90°$ をみたすような点 K をとる．直線 BC 上の点 D が $KD \parallel AB$ をみたすとき，3 点 A, D, O は共線であることを示せ．

3 点が共線であることを示すための道具をまだ持っていないので（もちろん今後紹介するが），この問題を直接解くのは少し難しいかもしれない．そこで，新たな考え方を紹介する．それは，点 D' を直線 AO と直線 BC の交点と定義して $KD' \parallel AB$ を証明することにより，$KD \parallel AB$ をみたす直線 BC 上の点が一意であることを用いて，$D' = D$ を導く方法である．

幸いにもこの方針をとれば角度追跡だけで解けるので，各自で手を動かしてみてほしい（問題 1.33）．ヒントとして，命題 1.31(ii)(iii) の両方を用いることを挙げておく．

実はすでにこれと同じような考え方をしている．それは補題 1.27 においてで

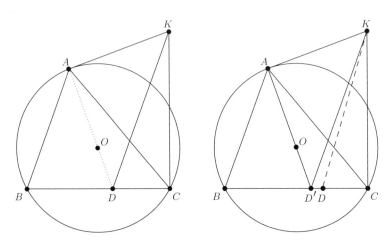

図 1.6B 同一法（例 1.32）.

あり，点 K を円 BDF と円 CDE の交点として定義し，それが 3 つ目の円上にあることを示した．このように，同一法は幾何においてよく登場する手法である．同一法を用いる別の例として補題 1.45 を挙げておく．適宜参照のこと．

なお，同一法を使った解は（必ずとは言いきれないが），多くの場合はうまく議論を再構成すれば，同一法を使わない解に書きなおすことができる．しかしその場合，解法はかなり不自然なものになりうる．例 1.32 には $\angle KAO = \angle KAD$ を示す解法がある一方で，問題 1.34 は同一法なしで解くことが容易でない問題の最も典型的な例となっている．

練習問題

▶**問題 1.33.** 鋭角三角形 ABC があり，その外心を O，直線 AO と直線 BC の交点を D' とする．直線 KA が円 ABC に接し，かつ $\angle KCB = 90°$ をみたす点 K をとる．このとき，$KD' \parallel AB$ が成り立つことを示せ．

▶**問題 1.34.** 不等辺三角形 ABC において，$\angle A$ の二等分線と辺 BC の垂直二等分線の交点を K とする．このとき，4 点 A, B, C, K は共円であることを示せ． **ヒント：** 356　101

1.7 国際数学オリンピック候補問題への挑戦

この章の締めくくりとして，次の例題を紹介する．ここでの議論が読者のためになれば幸いである．

▶**例 1.35（IMO Shortlist 2010/G1）.**

鋭角三角形 ABC があり，A, B, C から対辺におろした垂線の足をそれぞれ D, E, F とする．また，三角形 ABC の外接円と直線 EF の交点のうち一方を P とする．直線 BP と直線 DF が点 Q で交わっているとき，$AP = AQ$ が成り立つことを示せ．

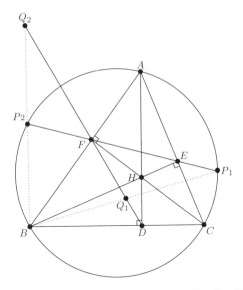

図 1.7A 2010 年の国際数学オリンピック候補問題の幾何第 1 問（例 1.35）.

この問題では，点 P, Q のとり方としてありうるものが 2 通りある．どちらも同時に議論する方法として，我々は有向角という武器を持っている．しかし，まずは議論を簡単にするため，そのうち一方のみ（P_2, Q_2 とする）について考えることにする．

まず最初に図を見て気付くこととして，垂心三角形が挙げられる．そのため，補題 1.14 の結果をつねに念頭に置きながら考える必要がある．また，初めから A, C, B, P_2 が共円であるという条件が与えられている．これらを使って何ができるかを見ていこう．結論である $AP_2 = AQ_2$ は角度の言葉に言いかえた方がよさそうである．以下 $\angle AQ_2P_2 = \angle Q_2P_2A$ を示す方針をとる．$\angle Q_2P_2A$ についてはすぐにわかる．具体的には

$$\angle Q_2P_2A = \angle BP_2A = \angle BCA$$

であるから，あとは $\angle AQ_2P_2$ を調べればよい．

ここから議論を進めるためには，次の 2 つの方法が考えられる．まず 1 つ目は，都合の良い内接四角形から $\angle AQ_2P_2$ を得られるのではないか，という希望的観測である．2 つ目は，大きな図を描いて観察する方法である．いずれにせよ，A, Q_2, P_2, F が共円であると嬉しい，という考え方に至ることができ，たしかに図を見るとそうであるように見える．

それでは，どのようにして A, Q_2, P_2, F が共円であることを示せばよいだろうか．向かいあう角の和を考えることにより解決できる見込みは薄い．なぜなら，最後にこれを用いて問題を解こうとしているからである．一方で，すでに $\angle AP_2Q_2 = \angle ACB$ はわかっているので，$\angle AFQ_2$ がわかれば目標の共円が示せる．実際，

$$\angle AFQ_2 = \angle AFD$$

であるから，三角形 ABC の垂心三角形に関する議論に帰着でき，P と Q について考えなくてよくなる．すると，A, F, D, C が共円であることから

$$\angle AFD = \angle ACD = \angle ACB$$

となって，目標の共円が得られる．これで P_2, Q_2 についての問題が解けた．これまでの議論がすべて有向角を用いた議論であることに注意すれば，もう一方の P_1, Q_1 についての問題も解けていることになる．有向角の威力をおわかりいただけただろうか．

上の説明はきちんとした証明ではなく，どのように解答にたどり着くかを説明したものであることを理解してほしい．証明の書き方の例は以下に与えるが，こ

れは解答を一本道に記述したものである．上でやったように結論から逆向きに辿っていく作業や，なぜそのように考えるのかという動機付けなどは，すべて取り除かれている．次の証明を読むにあたって，P_1, Q_1 についても成り立つ証明であることを確認してほしい．

例 1.35 の解答 A, P, B, C および A, F, D, C は共円であるから，

$$\angle QPA = \angle BPA = \angle BCA = \angle DCA = \angle DFA = \angle QFA$$

を得るので，A, F, P, Q が共円であることが示せる．ゆえに

$$\angle AQP = \angle AFP = \angle AFE = \angle AHE = \angle DHE = \angle DCE = \angle BCA$$

となる．これらにより $\angle AQP = \angle BCA = \angle QPA$ を得るので，$AP = AQ$ が示された．　　　　　　　　　　　　　　　　　　　　　　　　　　　　　□

この問題は，補題 1.14 を頭に入れておけばかなり楽に解くことができる．この場合，A, F, P, Q が共円であるという観察が唯一の鍵であり，これを見つける主な方法としてとにかく共円がないか探し回ることが挙げられる．そのため，どんな問題であっても定規とコンパスを用いて正確な図を描き，できれば複数の図を用意するとよい．そうすることで，途中のステップが何であるかがわかったり，明らかな事実の見落としをしなくなったり，示すとよさそうなことがわかったりするうえに，間違った事実を証明しようとして時間を無駄にしてしまうことも防げるのである．

章末問題

▶**問題 1.36.** $\angle EAB = 90°$ をみたす凸五角形 $ABCDE$ があり，四角形 $BCDE$ は正方形である．直線 BD と直線 CE の交点を O とするとき，直線 AO が $\angle BAE$ を二等分することを示せ． ヒント: 18　115　　**解答**: p.321

▶**問題 1.37 (BAMO 1999/2).** $0 < a < b$ をみたす実数 a, b について，直交座標平面上の点 $O = (0, 0)$, $A = (0, a)$, $B = (0, b)$ をとる．線分 AB を直径とする円を Γ とし，P は Γ 上の点である．直線 PA と x 軸が点 Q で交わっているとき，$\angle BQP = \angle BOP$ が成り立つことを示せ． ヒント: 635　100

▶**問題 1.38.** 内接四角形 $ABCD$ があり，三角形 ABC, DBC の内心をそれ
ぞれ I_1, I_2 とする．このとき，4 点 I_1, I_2, C, B が共円であることを示せ．
ヒント：684 569

▶**問題 1.39（CGMO 2012/5）.** 三角形 ABC があり，その内接円が辺 AB, AC
にそれぞれ点 D, E で接している．三角形 ABC の内心を I とし，三角形 BCI
の外心を O とするとき，$\angle ODB = \angle OEC$ が成り立つことを示せ． ヒント：643
89 **解答**：p.321

▶**問題 1.40（Canada 1991/3）.** 円 ω とその内部の点 P がある．ある円が存在
して，P を通る ω の弦の中点がつねにその上にあることを示せ． ヒント：455 186
169

▶**問題 1.41（Russian Olympiad 1996）.** 凸四角形 $ABCD$ と辺 BC 上の点 E,
F があり，B, E, F, C はこの順に並んでいる．$\angle BAE = \angle CDF$ および
$\angle EAF = \angle FDE$ が成り立っているとき，$\angle FAC = \angle EDB$ が成り立つことを
示せ． ヒント：245 614

▶**補題 1.42.**

鋭角三角形 ABC が円 Ω に内接している．A を含まない方の弧 BC の中点
を X とし，同様に点 Y, Z を定めたとき，三角形 ABC の内心 I が三角形
XYZ の垂心であることを示せ． ヒント：432 21 326 195

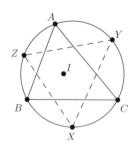

図 1.8A I は三角形 XYZ の垂心となる（補題 1.42）.

▶**問題 1.43 (USAJMO 2011/5)．** 円 ω 上の点 A, B, C, D, E および ω の外部の点 P があり，直線 PB, PD が ω に接している．P, A, C が共線であり，また $DE \parallel AC$ が成り立っているとき，直線 BE は線分 AC の中点を通ることを示せ．**ヒント：** 401 575 **解答：** p.322

▶**補題 1.44 (三接線補題 (three tangents lemma))．**

鋭角三角形 ABC があり，B, C から対辺におろした垂線の足をそれぞれ E, F とする．辺 BC の中点を M とするとき，A を通り辺 BC と平行な直線，直線 ME，直線 MF はすべて円 AEF に接することを示せ．**ヒント：** 24 335

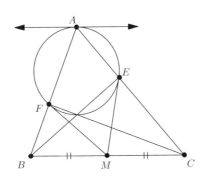

図 1.8B 円 AEF の接線（補題 1.44）．

▶**補題 1.45 (内接円の弦が生みだす直角)．**

三角形 ABC があり，その内接円が辺 BC, CA, AB にそれぞれ D, E, F で接している．辺 BC, AC の中点をそれぞれ M, N とし，$\angle B$ の二等分線が直線 EF と K で交わっている．このとき，$BK \perp CK$ が成り立つこと，および K, M, N が共線であることを示せ．**ヒント：** 460 84

▶**問題 1.46 (Canada 1997/4)．** 平行四辺形 $ABCD$ とその内部の点 O があり，$\angle AOB + \angle COD = 180°$ をみたしている．このとき，$\angle OBC = \angle ODC$ が成り立つことを示せ．**ヒント：** 386 110 214 **解答：** p.322

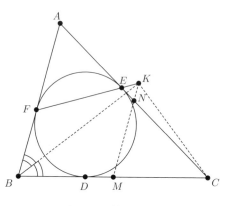

図 1.8C 補題 1.45.

▶**問題 1.47 (IMO 2006/1).** 三角形 ABC があり，その内心を I とする．三角形 ABC の内部の点 P が

$$\angle PBA + \angle PCA = \angle PBC + \angle PCB$$

をみたしているとき，$AP \geqq AI$ が成り立つことを示せ．また，等号が成立することと，P が I に一致することは同値であることを示せ．**ヒント:** 212　453　670

▶**補題 1.48 (シムソン線 (Simson line)).**

三角形 ABC があり，その外接円上に点 P がある．P から直線 $BC, CA,$ AB におろした垂線の足をそれぞれ X, Y, Z とする．このとき，3 点 $X, Y,$ Z は共線であることを示せ*．**ヒント:** 278　502　　**解答:** p.323

▶**問題 1.49 (USAMO 2010/1).** 線分 AB を直径とする半円〔弧〕に内接する凸五角形 $AXYZB$ があり，Y から直線 AX, BX, AZ, BZ におろした垂線の足をそれぞれ P, Q, R, S とする．線分 AB の中点を O とするとき，直線 PQ と直線 RS のなす角のうち小さい方の大きさは $\angle XOZ$ の半分に等しいことを示

---

*　（著者訂正）第 4.1 節では逆の命題〔X, Y, Z が共線ならば，P が円 ABC 上にある〕とともに引用されているので，同時に示さねばならない〔元の命題の証明における角度追跡を適当に書きかえればよい〕．

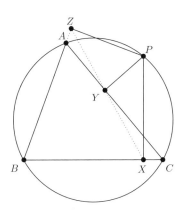

図 1.8D シムソン線（補題 1.48）.

せ． **ヒント**： 661

▶**問題 1.50（IMO 2013/4）**． 鋭角三角形 ABC において，その垂心を H とし，辺 BC 上（端点を除く）に点 W をとる．B から辺 AC におろした垂線の足を M，C から辺 AB におろした垂線の足を N とする．三角形 BWN の外接円を ω_1 とし，線分 WX が ω_1 の直径となるような ω_1 上の点 X をとる．同様に，三角形 CWM の外接円を ω_2 とし，線分 WY が ω_2 の直径となるような ω_2 上の点 Y をとる．このとき，3 点 X, Y, H は共線であることを示せ． **ヒント**： 106　157　15

解答：p.323

▶**問題 1.51（IMO 1985/1）**． 内接四角形 $ABCD$ と円 ω があり，ω の中心は辺 AB 上にある．ω が辺 BC, CD, DA とそれぞれ接しているとき，$AD + BC = AB$ が成り立つことを示せ． **ヒント**： 36　201

第2章

円

半径 0 の円を……

〔エヴァン・チェン（定理 2.10 の証明）〕

角度追跡は，おおむね途中で踏むステップではあるものの，ふつうは問題を解ききるには不十分である．この章では，円にかかわる他の基本的な道具を紹介する．

2.1 三角形の相似の向き

読者はすでに三角形の相似条件を知っているだろう．相似な三角形は角度の条件から長さの条件を導く点において有用である．ここから方べきの定理を導くことができ，これは間違いなく最も頻繁に現れる相似な三角形の組みあわせだろう．

続く節への準備として，三角形の相似の向きという概念を説明する．

これは次のように定義される．三角形 ABC と三角形 XYZ について，これらが**同じ向きに相似** (directly similar, similarly oriented) であるとは，

$$\angle ABC = \angle XYZ, \quad \angle BCA = \angle YZX, \quad \angle CAB = \angle ZXY$$

が成り立つことをいう．また，これらが**逆向きに相似** (oppositely similar, oppositely oriented) であるとは，

$$\angle ABC = -\angle XYZ, \quad \angle BCA = -\angle YZX, \quad \angle CAB = -\angle ZXY$$

が成り立つことをいう．これらをまとめて**相似** (similar) であるといい，$\triangle ABC \sim \triangle XYZ$ と書く．図 2.1A を参照のこと．

2 つの角が等しければもう 1 つの角も等しいから，これは本質的に向き付きの二角相等である．点の順序に注意する必要があることを覚えておくこと．

結果として，我々は三角形の相似を示す際にも有向角を使い続けることができる．点の対応に少しだけ慎重になればよいのだ．読者はすでにご存じかと思うが，相似な三角形はその向きにかかわらず長さの比の関係を導く．

図 2.1A T_1 は T_2 と同じ向きに相似であり，T_3 と逆向きに相似である．

▶**命題 2.1（相似な三角形）．**

三角形 ABC と三角形 XYZ について，以下は同値である．

(i) $\triangle ABC \sim \triangle XYZ$.

(ii) （二角相等）$\angle A = \angle X$ かつ $\angle B = \angle Y$.

(iii) （二辺比夾角相等）$\angle B = \angle Y$ かつ $AB : XY = BC : YZ$.

(iv) （三辺比相等）$AB : XY = BC : YZ = CA : ZX$.

したがって，長さ（特にその比）の関係から相似な三角形が得られ，逆もまた同様である．ここで，二辺比夾角相等の相似条件が向き付きの形式をもたないことに注意するのは重要である（問題 2.2 を参照のこと）．角度追跡を軸に考えると，向き付きの二角相等を用いて三角形の相似を示し，そこから得られる長さの条件を用いて問題を解くというのがよくあるパターンの1つである．次の節で紹介する方べきの定理は最大の好例であろう．しかし，数学オリンピックの幾何において角度追跡はほんの一部であるから，それだけに囚われてはならない．

練習問題

▶**問題 2.2.** 次の条件をみたす三角形 ABC と三角形 XYZ の例を挙げよ．

> $AB : XY = BC : YZ, \angle ABC = \angle XYZ$ をみたすが，三角形 ABC と三角形 XYZ は相似ではない．

2.2 方べきの定理

　内接四角形は多くの等しい角をもつから，相似な三角形がいくつか見つかってもまったく不思議ではない．そこからどのような長さの関係が得られるかを調べよう．

　図 2.2A のように，4 点 A, B, X, Y が円 ω 上にあり，直線 AB と直線 XY が点 P で交わるとする．

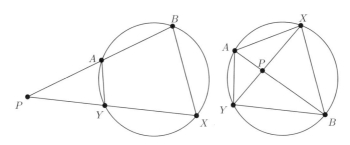

図 2.2A　方べきの定理の 2 つの位置関係.

　単純な有向角の角度追跡によって

$$\angle PAY = \angle BAY = \angle BXY = \angle BXP = -\angle PXB,$$
$$\angle AYP = \angle AYX = \angle ABX = \angle PBX = -\angle XBP$$

を得るから，三角形 PAY は三角形 PXB と逆向きに相似である．

　したがって，

$$\frac{PA}{PY} = \frac{PX}{PB}$$

すなわち

$$PA \cdot PB = PX \cdot PY$$

を得る．

　これが定理の核心である．これはまた，$PA \cdot PB$ の値が直線 AB の選び方によらず，P のみによって決まるとも解釈できる．特に，ω の中心を O，半径を r とすれば，直線 AB を O を通るように定めたとき，$PA \cdot PB = |PO - r||PO + r|$ が成り立つ．これをふまえて，ω に関する P の **方べき** (power) を

$$\mathrm{Pow}_\omega(P) = OP^2 - r^2$$

と定める．この値は負になりうる．実際，P が円の内部にあるか否かによって符号が定まる．この定義により，以下の性質を得る．

▶**定理 2.3（方べきの定理）.**

円 ω と任意の点 P を考える．

(a) P が ω の外部，周上，内部にあるとき，$\mathrm{Pow}_\omega(P)$ はそれぞれ正，0，負となる．

(b) P を通る直線と ω が相異なる 2 点 X, Y で交わるとき，

$$PX \cdot PY = |\mathrm{Pow}_\omega(P)|$$

が成り立つ．

(c) P が ω の外部にあり，直線 PA が ω と点 A で接するとき，

$$PA^2 = \mathrm{Pow}_\omega(P)$$

が成り立つ．

もしかすると，より重要なのは方べきの定理の逆である．これを使うと辺の長さの条件から内接四角形を見つけられる．

▶**定理 2.4（方べきの定理の逆）.**

相異なる 4 点 A, B, X, Y があり，直線 AB と直線 XY は点 P で交わるとする．また，P は線分 AB と線分 XY のどちらの上にもあるか，どちらの上にもないかのいずれかであるとする．このとき，$PA \cdot PB = PX \cdot PY$ が成り立つならば，4 点 A, B, X, Y は共円である．

証明 同一法（例 1.32 などを参照のこと）により証明する．直線 XP と円 ABX の交点のうち X でない方を Y' とすると，A, B, X, Y' は共円である．方べきの定理により $PA \cdot PB = PX \cdot PY'$ だが，一方で仮定により $PA \cdot PB = PX \cdot PY$ だから，$PY = PY'$ である．

これで終わりではないことに注意しよう！ $Y = Y'$ が示したいことであるが，$PY = PY'$ だけではこれを示すには不十分である．図 2.2B のように，Y と Y' が P に関して対称である可能性もある．

幸いなことに，位置関係に関する条件が効いてくる．$Y \neq Y'$ と仮定して矛盾を導こう．このとき Y と Y' は P に関して対称である．A, B, X, Y' は共円であるから，P は線分 AB, XY' のどちらの上にもあるか，どちらの上にもないかのいずれかである．すると，P は線分 AB, XY のどちらか一方の上にしかない．これは仮定と矛盾するから，$Y = Y'$ であることが示された．　　　　　□

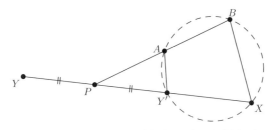

図 2.2B　落とし穴！　$PA \cdot PB = PX \cdot PY$ が成り立つことから共円であることが導かれそうだが，実はそうではない．

この定理はしばしば角度追跡と長さの関係の橋渡しをするが，実はもっと思いもよらないような場面でも現れる．次の節に進もう．

練習問題

▶**問題 2.5.**　定理 2.3 を示せ．

▶**問題 2.6.**　$\angle ACB = 90°$ なる直角三角形 ABC がある．図 2.2C を参考にし

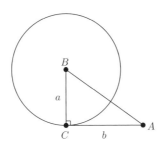

図 2.2C　三平方の定理の証明（問題 2.6）．

て，三平方の定理を示せ（循環論法にならないよう気を付けること）．

2.3 根軸と根心

まずは難しい問題から始めよう．

▶**例 2.7.**
3 つの円が図 2.3A のように交わっているとする．このとき，3 本の共通弦
は共点である〔1 点で交わる〕ことを示せ．

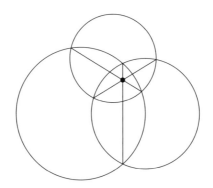

図 2.3A 共通弦は共点である．

これはまったく角度追跡の手の届く範囲にないように見えるし，実際にそうで
ある．これを解く鍵となるのは根軸である．
相異なる中心をもつ 2 つの円 ω_1, ω_2 が与えられたとき，これらの**根軸** (radical
axis) とは，

$$\mathrm{Pow}_{\omega_1}(P) = \mathrm{Pow}_{\omega_2}(P)$$

をみたす点 P 全体からなる集合である．一見すると，この定義はきわめて恣意
的である．2 つの円に関して等しい方べきの値をもったとして，いったい何が面
白いのだろうか？　驚くことに，実際には面白いことが成り立つのである．

相異なる中心をもつ 2 円 ω_1, ω_2 があり，それぞれの中心を O_1, O_2 とする．このとき，ω_1 と ω_2 の根軸は直線 O_1O_2 と垂直な直線となる．特に，ω_1 と ω_2 が相異なる 2 点 A, B で交わるとき，根軸は直線 AB である．

この定理を表したのが図 2.3B である．

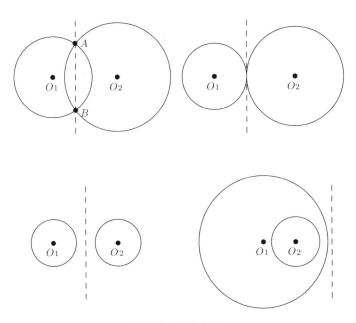

図 2.3B 根軸展覧会.

証明 これは直交座標の良い応用例である．辺の長さの 2 乗や，直線の垂直性を扱うから，直交座標を使うのが便利である．$O_1 = (a, 0)$, $O_2 = (b, 0)$ とおき，ω_1, ω_2 の半径をそれぞれ r_1, r_2 とする．このとき，任意の点 $P = (x, y)$ について

$$\mathrm{Pow}_{\omega_1}(P) = O_1P^2 - r_1^2 = (x - a)^2 + y^2 - r_1^2,$$
$$\mathrm{Pow}_{\omega_2}(P) = O_2P^2 - r_2^2 = (x - b)^2 + y^2 - r_2^2$$

が成り立つから，ω_1 と ω_2 の根軸は以下をみたす点 $P = (x, y)$ 全体からなる集

合である.

$$0 = \mathrm{Pow}_{\omega_1}(P) - \mathrm{Pow}_{\omega_2}(P)$$
$$= \left((x-a)^2 + y^2 - r_1^2\right) - \left((x-b)^2 + y^2 - r_2^2\right)$$
$$= (-2a + 2b)x + (a^2 - b^2 + r_2^2 - r_1^2).$$

$-2a + 2b \neq 0$ であるから，これは x 軸と垂直な直線を表す．以上により前半の主張が示された．

後半の主張は前半からただちに得られる．A と B は ω_1, ω_2 に関する方べきがともに 0 になる点であるから，A と B はともに根軸上の点である．したがって根軸は直線 AB である． □

上の証明で気付いたかもしれないが，円の方程式 $(x-m)^2 + (y-n)^2 - r^2 = 0$ は $\mathrm{Pow}_{\omega}\big((x,y)\big) = 0$ を表した式であることを補足しておく．すなわち，$(x-m)^2 + (y-n)^2 - r^2$ は，(m,n) を中心とする半径 r の円に関する点 (x,y) の方べきである．

定理 2.8 の威力（パワー）（なんちゃって）は，これが本質的には同値性を主張していること，すなわち「等しい方べきをもつことと，根軸上にあることが同値であること」を主張していることにある．

この節の冒頭に紹介した問題に戻ろう．勘の良い読者は，すでに証明の方針がおわかりだろう．

例 2.7 の証明　共通弦は根軸〔の一部〕である．ω_1 と ω_2 の根軸を l_{12}, ω_2 と ω_3 の根軸を l_{23} とする．

これら 2 直線の交点を P とするとき，P は l_{12} 上にあるから，$\mathrm{Pow}_{\omega_1}(P) = \mathrm{Pow}_{\omega_2}(P)$ が成り立つ．また，P は l_{23} 上にあるから，$\mathrm{Pow}_{\omega_2}(P) = \mathrm{Pow}_{\omega_3}(P)$ が成り立つ．したがって，$\mathrm{Pow}_{\omega_1}(P) = \mathrm{Pow}_{\omega_3}(P)$ が成り立つから，P は ω_1 と ω_3 の根軸上にある．以上により，3 本の共通弦が共点であることが示された． □

一般に，相異なる中心 O_1, O_2, O_3 をもつ 3 円について，いままでの議論をふまえれば，以下の 2 つの場合が考えられる．

(1) ふつう，3 本の根軸は 1 点 K で交わる．このとき，K を 3 円の**根心** (radical center) とよぶ．

（2）まれに，根軸がすべて平行である場合，さらには同じ直線である場合もある．この（厄介な）場合が起こるのは，根軸が中心を結ぶ直線と垂直であることに注意すれば，O_1, O_2, O_3 が共線であるときである．

この2つの場合しかないことを示すのは容易である．というのも，もし2本の根軸が共通部分をもてば，もう1本の根軸はその共通部分を通らねばならないからである．

また，例 2.7 の逆も成り立つことを認識すべきである．次の定理に結果をまとめた．

▶**定理 2.9（根心）.**

相異なる中心をもつ2円 ω_1, ω_2 があり，それぞれの中心を O_1, O_2 とする．ω_1 上の相異なる2点 A, B と，ω_2 上の相異なる2点 C, D に対して，以下は同値である．

(a) A, B, C, D は直線 O_1O_2 上にない点 O_3 を中心とするある円上にある．

(b) 直線 AB と直線 CD は ω_1 と ω_2 の根軸上で交わる．

証明 (a) から (b) が従うことはすでに示したから，逆を示す．直線 AB と直線 CD が交わるとすると，その交点 P は根軸上にあるから，

$$\pm PA \cdot PB = \mathrm{Pow}_{\omega_1}(P) = \mathrm{Pow}_{\omega_2}(P) = \pm PC \cdot PD$$

が成り立つ．ここで，$\mathrm{Pow}_{\omega_1}(P) < 0$ が成り立つことと P が線分 AB 上（端点を除く）にあることは同値であり，$\mathrm{Pow}_{\omega_2}(P) < 0$ が成り立つことと P が線分 CD 上（端点を除く）にあることは同値である．すると，定理 2.4 により $PA \cdot PB = PC \cdot PD$ が成り立つから，A, B, C, D は共円である．また，直線 AB と直線 CD は平行でないから，O_1, O_2, O_3 は共線でない．　　　　□

ここまでの例では，方べきの定理が正しい位置関係で成り立つかどうかや，根軸が共点であるか平行であるかを注意深く確認した．実際は，このような位置関係の問題はめったに現れない．というのも，数学オリンピックでは，そのような病的な形はよく排除されるからである．しかし例外はあり，たとえば 2009 年の

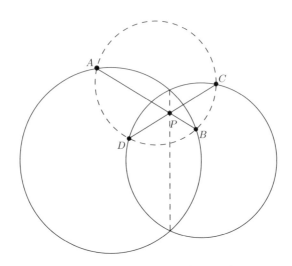

図 2.3C 逆もまた成り立つ（定理 2.9）.

アメリカ数学オリンピックの第 1 問（例 2.21）が挙げられるだろう.

この節の締めくくりとして，書かないともったいない面白い応用例を紹介しよう.

▶**定理 2.10.**

任意の三角形 ABC において，外心が存在する．すなわち，$OA = OB = OC$ をみたす点 O が存在する．

証明　A を中心とする半径 0（！）の円を ω_A とし，ω_B, ω_C も同様に定める．これらの中心は共線でないから，根心 O が存在する．〔この O が外心であることを示す．〕

3 円 $\omega_A, \omega_B, \omega_C$ それぞれに関する O の方べきが等しいことに注意しよう．これは，3 円への「接線」の長さの 2 乗が等しいこと，すなわち $OA^2 = OB^2 = OC^2$ を意味する（方べきがたしかに OA^2 であることは，$\mathrm{Pow}_{\omega_A}(O) = OA^2 - 0^2 = OA^2$ から従う）．したがって $OA = OB = OC$ が示された．　　□

もちろんこの場合は，根軸は実際には単なる各辺の垂直二等分線である．しかし，このような表現は驚くほど応用に富むのであなどれない．読者にとって半径 0 の円を見るのは今回が初めてかもしれないが，最後にはならないだろう.

練習問題

▶**補題 2.11.**

三角形 ABC とその内部の点 P がある. 直線 BC が三角形 ABP, ACP それぞれの外接円とともに接するとき, 半直線 AP は辺 BC の中点を通ることを示せ.

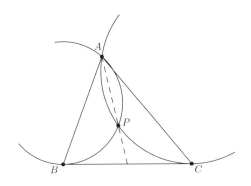

図 2.3D 補題 2.11.

▶**問題 2.12.** 任意の三角形において垂心が存在すること, すなわち, 三角形の各頂点から対辺におろした 3 本の垂線が共点であることを, 根軸を用いて示せ.

ヒント: 367

2.4 共軸円

いくつかの円が共通の根軸をもつことを, それらは**共軸** (coaxial) であるといい, そのような円全体を**共軸円束** (pencil of coaxial circles) という. 特に, いくつかの円が共軸ならば, それらの中心は共線である (逆は成り立たない).

共軸円は次のように自然に現れる.

▶**補題 2.13 (共軸円の発見).**

相異なる 3 円 Ω_1, Ω_2, Ω_3 がともに点 X を通るとする. このとき, 3 円の中心が共線であることと, 3 円がもう 1 つの共有点をもつこと (X で接する場合を含む) は同値である.

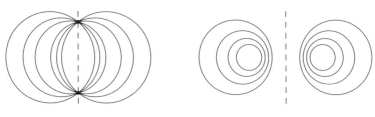

図 2.4A 2 つの共軸円束.

証明 どちらの条件も共軸であることと同値である. □

2.5 接線再論・内心

再び角の二等分線について考察する. 図 2.5A を参照のこと.

2 直線が与えられたとき, それらがなす角の二等分線上の任意の点 P について, P と 2 直線の距離は等しい. したがって, P を中心とし, 2 直線に接する円が存在する. その一方で, ある円へ向かってその外部の点 B から引いた 2 本の接線の長さは等しい. また, B と円の中心を結ぶ直線は, 接線のなす角の二等分線となっている.

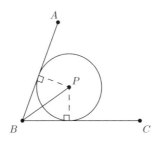

図 2.5A 円への 2 本の接線.

この事実をもとに, 内心についてよりよく理解することができる.

▶**命題 2.14.**

任意の三角形 ABC において, 3 つの角それぞれの二等分線は 1 点で交わり, その交点 I は内接円の中心である.

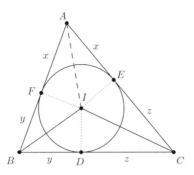

図 2.5B 三角形の内接円〔ラヴィ変換の幾何学的解釈〕.

証明 証明の本質は，図 2.5A を補完して図 2.5B にすることにある．$\angle B$, $\angle C$ それぞれの二等分線の交点を I とするとき，これが内心になることを示す．

I から辺 BC, CA, AB におろした垂線の足をそれぞれ D, E, F とする．I は $\angle B$ の二等分線上にあるから $IF = ID$ である．また，I は $\angle C$ の二等分線上にあるから $ID = IE$ である（根心の存在の証明を思いだそう！）．したがって，$IE = IF$ であるから，I は $\angle A$ の二等分線上にもある．最後に，I を中心とした半径 $ID = IE = IF$ の円は，明らかにすべての辺に接している． □

三角形 DEF は三角形 ABC の**接触三角形** (contact triangle) [14] とよばれる．

さらに次のことが言える．図 2.5B のように接線の長さを x, y, z とおく．三角形 ABC の各辺に注目することで，連立方程式

$$\begin{cases} y + z = a \\ z + x = b \\ x + y = c \end{cases}$$

を得る．これを x, y, z について解いて a, b, c の式に表すことができる〔**ラヴィ変換** (Ravi substitution)〕．これは問題 2.16 とするが，結果だけ述べておく（ここで $s = \dfrac{1}{2}(a + b + c)$ である）．

14（訳注）本書には現れないが，**内心三角形** (incentral triangle) と混同しないように注意しよう．

▶**補題 2.15（内接円への接線）.**

　三角形 DEF を三角形 ABC の接触三角形とするとき，$AE = AF = s - a$ が成り立つ．同様に，$BF = BD = s - b$, $CD = CE = s - c$ が成り立つ．

練習問題

▶**問題 2.16.**　補題 2.15 を示せ．

2.6　傍接円

　補題 1.18 で三角形の傍心について手短に触れた．ここでは，さらに深く考察してみよう．三角形 ABC の **A 傍接円** (A-excircle)〔$\angle A$ 内の傍接円〕とは，図 2.6A のように，辺 BC, 辺 AB の B 側の延長線，辺 AC の C 側の延長線すべてと接する円である．また，**A 傍心** (A-excenter)〔$\angle A$ 内の傍心〕とは，A 傍接円の中心であり，ふつう I_A で表す．B 傍接円や C 傍接円も同様に定義される．当然，それぞれの中心も B 傍心，C 傍心とよばれる．

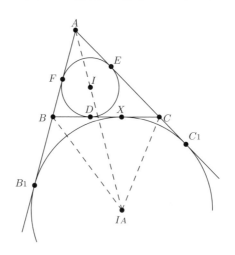

図 2.6A　内接円と A 傍接円.

　A 傍接円の存在は定義からただちにはわからないから，実際に確かめる必要がある．証明は内心の場合とまったく同様であるが，$\angle B$ と $\angle C$ について，角の

二等分線が**外角の二等分線** (external angle bisector) に置きかわる点のみが異なる. 簡単な系として, 内心は線分 AI_A 上にある.

内接円の場合と似たような長さの関係は得られるだろうか？ A 傍接円と, 辺 BC, 半直線 AB, AC との接点をそれぞれ X, B_1, C_1 とする. $AB_1 = AC_1$ であるから,

$$AB_1 + AC_1 = (AB + BB_1) + (AC + CC_1) = (AB + BX) + (AC + CX)$$
$$= AB + AC + BC = 2s$$

が成り立つ.

したがって, 以下の主張が得られる.

▶**補題 2.17（傍接円の接線）.**
　直線 AB, AC と A 傍接円の接点をそれぞれ B_1, C_1 とするとき, $AB_1 = AC_1 = s$ が成り立つ.

最後に 1 つ補足しよう. 図 2.6A において, 三角形 AIF と三角形 AI_AB_1 は同じ向きに相似である（なぜだろうか？）. これによって, A 傍接円の半径と三角形の他の辺の長さの関係が得られる. A 傍接円の半径はふつう r_a で表す. 補題 2.19 を参照のこと.

練習問題

▶**問題 2.18.** 三角形 ABC があり, $\angle B$, $\angle C$ それぞれの外角の二等分線の交点を I_A とする. このとき, 辺 BC, AB それぞれの B 側の延長線, 辺 AC の C 側の延長線すべてと接する円の中心は A 傍心 I_A であることを示せ. さらに, I_A は半直線 AI 上にあることを示せ.

▶**補題 2.19（傍接円の半径）.**
　三角形 ABC において, その内接円, A 傍接円の半径をそれぞれ r, r_a とする. このとき,

$$r_a = \frac{s}{s-a}r$$

が成り立つことを示せ. **ヒント:** 302

▶**補題 2.20.**

　三角形 ABC があり，その内接円，A 傍接円が辺 BC とそれぞれ点 D, X で接するとする．このとき，$BD = CX$ および $BX = CD$ が成り立つことを示せ．

2.7　例題

　この章の締めくくりに，いくつかの問題を紹介する．これらは教育的であったり，古典的であったり，紹介せずにおくにはありえないほど意外なものであったりする．

▶**例 2.21（USAMO 2009/1）．**

　O_1, O_2 をそれぞれ中心とする円 ω_1, ω_2 があり，2 点 X, Y で交わっている．O_1 を通る直線 l_1 が ω_2 と 2 点 P, Q で，O_2 を通る直線 l_2 が ω_1 と 2 点 R, S で交わる．P, Q, R, S が共円であるとき，その円の中心は直線 XY 上にあることを示せ．

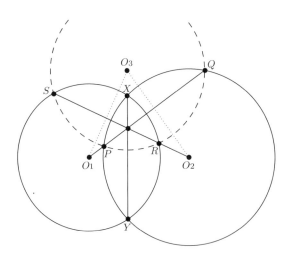

図 2.7A　2009 年のアメリカ合衆国数学オリンピックの第 1 問.

このアメリカ合衆国数学オリンピックの問題は，実はとても意地悪である．というのも，以下に述べるように減点を受けやすい問題だからである．

P, Q, R, S を通る円を ω_3 とし，その中心を O_3 とする．図を描けばすぐに根軸が思い浮かぶだろう．定理 2.9 により，直線 PQ, RS, XY は 1 点で交わることがわかる．その交点を H としよう．

それでは，他に何がわかるだろうか？　図を一目見ると*，$O_1O_3 \perp RS$ が成り立つと予想できる．直線 RS は ω_1 と ω_3 の根軸であるから，実際これは明らかである．同様に，直線 PQ と直線 O_2O_3 は垂直である．

三角形 $O_1O_2O_3$ に注目しよう．すると，H がその垂心であることがわかる．よって，O_3 から直線 O_1O_2 におろした垂線は H を通る．この垂線はまさに直線 XY である．というのも，直線 XY は H を通り，かつ直線 O_1O_2 と垂直だからである．以上により，O_3 は直線 XY 上にあるから，題意は示された．

さて，これで本当に示せているだろうか？

定理 2.9 を再確認しよう．この定理を適用するには，O_1, O_2, O_3 が共線でないことが必要だった．残念ながら，これはつねに成り立つわけではない．図 2.7B を参照のこと．

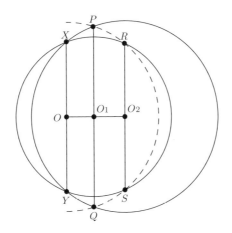

図 2.7B　気付かなかった特殊な場合．

---

*一目見てわかるくらい大きな図を描いているか？

幸い，O_1, O_2, O_3 が共線である場合に証明するのは，そもそも場合分けが必要であることに気付くほどには難しくはない．ここでは同一法を用いて証明しよう．線分 XY の中点を O とする（題意が成り立つには，O_3 は線分 XY の中点である必要がある．したがって，それを O の定義とした）．示すべきは $OP = OQ = OR = OS$ が成り立つことで，ここから $O = O_3$ が従う．

これでさらに簡単に見えるようになった．三平方の定理（と円の定義）を繰り返し使うだけで，何もかも計算できそうに見える．まず OP について考えると，

$$OP^2 = OO_1^2 + O_1P^2 = OO_1^2 + (O_2P^2 - O_1O_2^2) = OO_1^2 + r_2^2 - O_1O_2^2$$

と計算できる．P を消すことはできたが，対称的な式を得るにはさらに r_2 を消す必要がある．$O_2X = r_2 = \sqrt{XO^2 + OO_2^2}$ を用いることで，

$$OP^2 = OO_1^2 + (OO_2^2 + OX^2) - O_1O_2^2 = OX^2 + OO_1^2 + OO_2^2 - O_1O_2^2$$
$$= \left(\frac{1}{2}XY\right)^2 + OO_1^2 + OO_2^2 - O_1O_2^2$$

のように r_2 も消すことができる．これは対称的であるから，Q, R, S についても同じ値が得られる．すなわち $OP^2 = OQ^2 = OR^2 = OS^2 = \left(\frac{1}{2}XY\right)^2 + OO_1^2 + OO_2^2 - O_1O_2^2$ となり，この場合も示された．

ここまではおそらく自然な流れで解答したが，以下に示す解答はさらに解析的な色の濃いものであり，上に述べたような位置関係の問題を注意深く回避している．

例題 2.21 の解答 ω_1, ω_2, ω_3 の半径をそれぞれ r_1, r_2, r_3 とする．

O_3 が ω_1 と ω_2 の根軸上にあることを示したいので，与えられた条件を方べきの定理を用いて言いかえていく．O_1 は ω_2 と ω_3 の根軸上にあるので，

$$\mathrm{Pow}_{\omega_2}(O_1) = \mathrm{Pow}_{\omega_3}(O_1)$$
$$\implies O_1O_2^2 - r_2^2 = O_1O_3^2 - r_3^2$$
$$\implies O_1O_2^2 + r_3^2 = O_1O_3^2 + r_2^2$$

が成り立つ[15]．同様に，O_2 は ω_1 と ω_3 の根軸上にあるので，$O_1O_2^2 + r_3^2 = O_2O_3^2 + r_1^2$ が成り立つ．したがって，

$$O_1O_3^2 + r_2^2 = O_2O_3^2 + r_1^2$$
$$\implies O_1O_3^2 - r_1^2 = O_2O_3^2 - r_2^2$$
$$\implies \mathrm{Pow}_{\omega_1}(O_3) = \mathrm{Pow}_{\omega_2}(O_3)$$

が成り立ち，題意は示された． $\square$

　この解答の中心となる発想は，根軸を使って，すべてを長さの条件に言いかえることである．これは実質的には，条件を等式として書きだすということだ．また，結論も同様に等式 $\mathrm{Pow}_{\omega_2}(O_3) = \mathrm{Pow}_{\omega_1}(O_3)$ として書きだす．そうすることで，あとは幾何を忘れて代数をやればよくなる．数学オリンピックの幾何において，初等的な方法を使うにあたって悩みの種となる位置関係の問題を，解析的な方法を使えばしばしば回避できるのは，何とも皮肉なことである．

　次の例は，オイラーによる古典的な結果である．

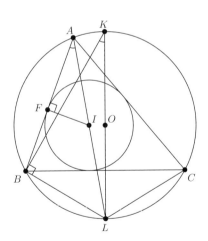

図 2.7C オイラーの定理の証明．

---

15 （訳注）このように変形することで，原著よりも計算が少し簡単になる．

▶**補題 2.22**（オイラーの定理 (Euler's theorem)）.

三角形 ABC において，その外接円，内接円の半径をそれぞれ R, r とする．また，その外心，内心をそれぞれ O, I とする．このとき，$OI^2 = R(R - 2r)$ が成り立つ．特に，$R \geqq 2r$ が成り立つ．

まず気付くことは，主張が $R^2 - OI^2 = 2Rr$ と言いかえられることである．左辺は明らかに方べきの形をしている．よって，半直線 AI と外接円の交点のうち A でない方を L とすると，示すべきことは明らかに

$$AI \cdot IL = 2Rr$$

である．これはより取り組みやすい問題である．方べきに気付くことで，問題の主張が整理され，とっかかりやすい構造が得られる．

少し結論からさかのぼって議論しよう．示すべき式は相似な三角形から得られそうな形をしている．したがって，

$$\frac{AI}{r} = \frac{2R}{IL}$$

と書きかえた方がよさそうである．左辺はそこまで頻繁に現れる形ではないが，I から直線 AB におろした垂線の足を F とすると，三角形 AIF に考えるべき長さが現れている（直線 AC に垂線をおろしてもよいが，同じことである）．残すところは，長さが $2R$ と IL の辺をもつ相似な三角形を構成することである．残念ながら，線分 IL はそのままでは扱いづらい．

ここで，線分 IL を見て補題 1.18 を思いだしてほしい！　この補題により $BL = IL$ である．そして，点 K を線分 KL が外接円の直径となるようにとる．このとき，三角形 KBL は考えている長さの辺をもつ三角形である．これは三角形 AIF と相似だろうか？　そのとおりだ．$\angle KBL$ と $\angle AFI$ はともに直角で，円周角の定理から $\angle BAL = \angle BKL$ である．以上により $AI \cdot IL = 2Rr$ となり，目標の式が得られた．

いままでと同様に，これはコンテストで書くべき答案ではない．答案は理路整然と書かれるべきであり，どのような着想で解答を得たかを書く必要はない．

補題 2.22 の解答　三角形 ABC の外接円と半直線 AI の交点のうち A でない方を L とし，O に関して L と対称な点を K とする．また，I から直線 AB

におろした垂線の足を F とする. このとき, $\angle FAI = \angle BAL = \angle BKL$ かつ $\angle AFI = \angle KBL = 90°$ であるから,

$$\frac{AI}{r} = \frac{AI}{IF} = \frac{KL}{LB} = \frac{2R}{LI}$$

となり, $AI \cdot IL = 2Rr$ を得る. I は三角形 ABC の内部にあるから, 円 ABC に関する I の方べきは $R^2 - OI^2 = AI \cdot IL = 2Rr$ である. 以上により, $OI^2 = R(R - 2r)$ が成り立つことが示された. $\qquad\square$

直径を復元する手法は, 第 3 章で正弦定理 (定理 3.1) を示す際にも現れる.

最後に紹介するのは, 全ロシア数学オリンピックの問題であり, その解法はまったく思いもよらないものである. 解答を読む前に, よく考えることをおすすめする.

▶例 2.23 (Russian Olympiad 2011).

周長が 4 の三角形 ABC において, 半直線 AB, AC 上にそれぞれ点 X, Y があり, $AX = AY = 1$ をみたしている. 線分 BC と線分 XY が点 M で交わるとき, 三角形 ABM, ACM いずれかの周長が 2 であることを示せ.

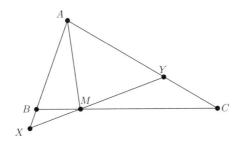

図 2.7D 2011 年の全ロシア数学オリンピックの問題.

なんと奇妙な仮定だろうか. $AX = AY = 1$ と, 三角形 ABC の周長が 4 という条件しか本質的に与えられていない. 結論に関しても, 「いずれか」というのは不可解だ.

X, Y に関して A と対称な点をそれぞれ U, V とすると，$AU = AV = 2$ である．2 という数が図形を通して解釈できた〔示すべき結論が，$AB + BM + MA = AU = AV$ または $AC + CM + MA = AU = AV$ という純粋に幾何学的な主張に言いかえられた〕から，こちらの方がいくらか良いだろう．だとしても，何をすればよいだろうか？　三角形 ABC について $s = 2$ であったことを思いだすと，U と V は A 傍接円 Γ_a との接点であることがわかる．A 傍心を I_A とし，Γ_a と辺 BC の接点を T とする．図 2.7E を参照のこと．

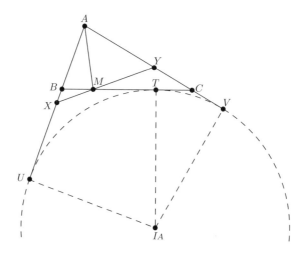

図 2.7E　条件を扱うために A 傍接円を追加する．

振り返ると，$AX = AY = 1$ という条件は，X, Y がそれぞれ A 傍接円への接線の中点であると言いかえられた．示すべきは，三角形 ABM，ACM いずれかの周長が接線の長さと等しいことである．

これをどのように使おうか？

図をもう一度注意深く見よう．図のような位置関係では，周長が 2 であるのは（三角形 ACM ではなく）三角形 ABM のように見える．$AB + BM + MA = AU$ という関係を得るためには何が成り立つはずか？　線分 AU を三角形 ABM に関連付けるために，$AU = AB + BU = AB + BT$ と書きなおしてみよう．すると，示すべきは $BM + MA = BT$，すなわち $MA = MT$ となる．

これをふまえると，X, M, Y はいずれも A との距離と A 傍接円への接線の長さが等しくなるという性質をもつようである．すると最後のステップとして，A を中心とする半径 0 の円 ω_0 を考える動機が生まれる．このとき X, Y は ω_0 と Γ_a の根軸上にあるから，M も根軸上にある！ したがって，目標の $MA = MT$ が示された．

では，「いずれか」というのはどこから来たのだろうか？ これはもう明らかで，T が線分 BM 上にあるか線分 CM 上にあるかによる（どちらか一方にあることは，点 M が線分 BC 上にあると仮定されており，また A 傍接円と辺 BC の接点も同様に線分 BC 上にあることから，明らかである）〔厳密には，$T = M$ となりえないことに注意する必要がある〕．これで証明が完了した．解答は次のとおりである．

例題 2.23 の解答 A 傍心を I_A，A 傍接円と線分 BC，直線 AB, AC との接点をそれぞれ T, U, V とする．$AU = AV = s = 2$ であるから，直線 XY は，A を中心とする半径 0 の円と A 傍接円の根軸である．したがって，$AM = MT$ が成り立つ．

T が線分 MC 上にあり，線分 MB 上にないとして一般性を失わない〔$T = M$ とはなりえない〕．このとき，$AB + BM + MA = AB + BM + MT = AB + BT = AB + BU = AU = 2$ となり，三角形 ABM の周長が 2 であることが示された． $\square$

解答が自然に見えるように提示することに最善を尽くしたものの，これがどのような基準でも難しい問題なのは間違いない．このような厄介な問題がまれなのは幸運なことである．

章末問題

▶**補題 2.24.**
三角形 ABC があり，その内心を I，傍心を I_A, I_B, I_C とする．このとき，三角形 $I_A I_B I_C$ について，その垂心は I であり，垂心三角形は ABC であることを示せ． **ヒント:** 564　103

▶**定理 2.25（ピトーの定理 (Pitot theorem)）.**

　四角形 $ABCD$ が内接円をもつとき*，$AB + CD = BC + DA$ が成り立つことを示せ．**ヒント**: 467

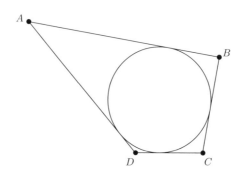

図 2.8A $AB + CD = BC + DA$（ピトーの定理）.

▶**問題 2.26 (USAMO 1990/5).** 　鋭角三角形 ABC があり，B, C から対辺におろした垂線の足をそれぞれ B', C' とする．線分 AB を直径とする円と直線 CC' が点 M, N で，線分 AC を直径とする円と直線 BB' が点 P, Q で交わっている．このとき，4 点 M, N, P, Q が共円であることを示せ．**ヒント**: 260　73　409

解答：p.324

▶**問題 2.27 (BAMO 2012/4).** 　線分 AB 上（端点を除く）に点 M がある．正三角形 AMC と正三角形 BMD が直線 AB に関して同じ側にある．これらの外接円の交点のうち M でない方を N とする．

　(a) 直線 AD と BC は N で交わることを示せ．**ヒント**: 57　77

　(b) ある点 K が存在し，M の位置によらず直線 MN は K を通ることを示せ．**ヒント**: 230　654

▶**問題 2.28 (USAJMO 2012/1).** 　三角形 ABC があり，辺 AB, AC 上にそれぞ

---

*実は，ピトーの定理の逆も成り立つ．すなわち，四角形 $ABCD$ が $AB + CD = BC + DA$ をみたすならば，それは内接円をもつ．したがって，$AB + CD = BC + DA$ が成り立つことを示したくなることがあれば，安全にその条件を「内接」の条件に言いかえられる．

れ点 P, Q を $AP = AQ$ をみたすようにとる. 線分 BC 上に相異なる点 S, R が
あり, B, S, R, C はこの順に並んでいる. $\angle BPS = \angle PRS$, $\angle CQR = \angle QSR$
が成り立つとき, 4 点 P, Q, R, S は共円であることを示せ. ヒント: 435 601 537
122

▶**問題 2.29 (IMO 2008/1).** 鋭角三角形 ABC があり, その垂心を H とする.
線分 BC の中点を中心とし H を通る円 Γ_A と直線 BC の交点を A_1, A_2 とする.
同様に, 線分 CA の中点を中心とし H を通る円 Γ_B と直線 CA の交点を B_1,
B_2 とし, 線分 AB の中点を中心とし H を通る円 Γ_C と直線 AB の交点を C_1,
C_2 とする. このとき, 6 点 $A_1, A_2, B_1, B_2, C_1, C_2$ が共円であることを示せ.
ヒント: 82 597   **解答**: p.324

▶**問題 2.30 (USAMO 1997/2).** 三角形 ABC において, それぞれ線分 BC, CA,
AB の垂直二等分線上に点 D, E, F がある. このとき, 点 A, B, C からそれぞ
れ直線 EF, FD, DE におろした垂線は, 共点であるか, 互いに平行であること
を示せ. ヒント: 596 2 611

▶**問題 2.31 (IMO 1995/1).** 同一直線上に 4 点 A, B, C, D があり, この順に並
んでいる. それぞれ AC, BD を直径とする円が 2 点 X, Y で交わっており, 直
線 XY と BC の交点を Z とする. 直線 XY 上に Z でない点 P をとる. AC を
直径とする円と直線 CP の交点のうち C でない方を M, BD を直径とする円と
直線 BP の交点のうち B でない方を N とする. このとき, 3 直線 AM, DN,
XY は共点であることを示せ. ヒント: 49 159 134

▶**問題 2.32 (USAMO 1998/2).** 中心が一致する円 $\mathcal{C}_1, \mathcal{C}_2$ があり, $\mathcal{C}_2$ が $\mathcal{C}_1$ の内
部にあるとする. $\mathcal{C}_1$ の弦 AC は $\mathcal{C}_2$ と点 B で接している. 線分 AB の中点を D
とする. A を通る直線が $\mathcal{C}_2$ と 2 点 E, F で交わり, 線分 DE, CF それぞれの
垂直二等分線が直線 AB 上の点 M で交わるとする. このとき, AM/MC の値
を（証明付きで）求めよ. ヒント: 659 355 482

▶**問題 2.33 (IMO 2000/1).** 2 円 G_1, G_2 があり, 2 点 M, N で交わっている.
直線 l は G_1 と G_2 の共通接線であり, M と N では M の方が直線 l に近い. 直
線 l は G_1 と点 A で接し, G_2 と点 B で接する. 点 M を通り l と平行な直線
と G_1, G_2 の交点をそれぞれ C, D とする. ただし, C, D は M と異なる点で

ある．直線 CA と DB の交点を E，直線 AN と CD の交点を P，直線 BN と CD の交点を Q とするとき，$EP = EQ$ が成り立つことを示せ． ヒント: 17　174

▶問題 **2.34 (Canada 1990/3)**．内接四角形 $ABCD$ があり，その対角線が P で交わっている．P から直線 AB, BC, CD, DA におろした垂線の足をそれぞれ W, X, Y, Z とする．このとき，$WX + YZ = XY + WZ$ が成り立つことを示せ． ヒント: 1　414　440　**解答**: p.325

▶問題 **2.35 (IMO 2009/2)**．三角形 ABC があり，その外心を O とする．線分 CA, AB 上（端点を除く）にそれぞれ点 P, Q がある．線分 BP, CQ, PQ の中点をそれぞれ K, L, M とし，K, L, M を通る円を Γ とする．Γ と直線 PQ が接しているとき，$OP = OQ$ が成り立つことを示せ． ヒント: 78　544　346

▶問題 **2.36**．不等辺三角形 ABC において，その外心を O とし，A, B, C から対辺におろした垂線の足をそれぞれ D, E, F とする．このとき，円 AOD，BOE，COF は O でない点 X で交わることを示せ． ヒント: 553　79　**解答**: p.325

▶問題 **2.37 (Canada 2007/5)**．三角形 ABC において，その内接円と辺 BC，CA, AB の接点をそれぞれ D, E, F とし，三角形 ABC, AEF, BDF, CDE の外接円をそれぞれ $\omega, \omega_1, \omega_2, \omega_3$ とする．また，ω と $\omega_1, \omega_2, \omega_3$ の交点のうち，それぞれ A, B, C でない方を P, Q, R とする．

(a) 3 円 $\omega_1, \omega_2, \omega_3$ は共点であることを示せ．

(b) 3 直線 PD, QE, RF は共点であることを示せ． ヒント: 376　548　660

▶問題 **2.38 (Iran TST 2011/1)**．$\angle B > \angle C$ なる鋭角三角形 ABC において，辺 BC の中点を M とし，B, C から対辺におろした垂線の足をそれぞれ E, F とする．線分 ME, MF の中点をそれぞれ K, L とし，直線 KL 上の点であって $TA \parallel BC$ をみたすものを T とする．このとき，$TA = TM$ が成り立つことを示せ． ヒント: 297　495　154　**解答**: p.326

第3章

長さと比

幾何学者が円周を計測しようとして〔円積問題を解こうとして [†10]〕
全集中力を傾けようとも

ダンテ『神曲』〔天国篇 第 33 歌 133–134 行目〕[†14, p.504]

3.1 正弦定理

三角形の相似のほかに，角度と長さを結び付ける方法の 1 つが**正弦定理** (law of sines) である．三角比が発揮する真価に本格的に踏みこむのは第 5.3 節からであるが，長さを調べるのに役立つことはすぐに理解できるだろう．

▶**定理 3.1（正弦定理）．**

三角形 ABC において，その外接円の半径を R としたとき，

$$\frac{a}{\sin \angle A} = \frac{b}{\sin \angle B} = \frac{c}{\sin \angle C} = 2R$$

が成り立つ．

最右辺の $2R$ は，対称性をさらに明らかにしてくれる（$\frac{a}{\sin \angle A} = 2R$ が成り立つならば，他もただちに成り立つ）のみならず，証明のヒントも与えてくれる．

証明 対称性により $\frac{a}{\sin \angle A} = 2R$ を示せば十分である．図 3.1A に示すように，線分 BX が三角形 ABC の外接円の直径をなすように点 X をとると，$\angle BXC = \angle BAC$ が成り立つ．ここで三角形 BXC について考えると，これは $BC = a$ および $BX = 2R$ をみたす直角三角形であり，$\angle BXC = \angle A$ または $\angle BXC = 180° - \angle A$ が成り立つ（$\angle A$ が鋭角であるか否かに依存する）．いずれにせよ，

$$\sin \angle A = \sin \angle BXC = \frac{a}{2R}$$

が成り立つから，以上により示された． □

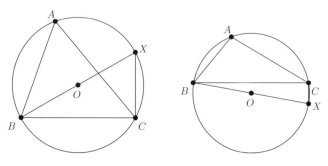

図 3.1A 正弦定理の証明.

正弦定理は，のちにチェバの定理の変種（定理 3.4）を導くためにも用いられる．

練習問題

▶**定理 3.2（角の二等分線定理 (angle bisector theorem)）.**

三角形 ABC において，辺 BC 上に点 D があり，直線 AD が $\angle BAC$ を二等分するとき，

$$\frac{AB}{AC} = \frac{DB}{DC}$$

が成り立つことを示せ．**ヒント:** 417

3.2 チェバの定理

三角形において，**チェバ線** (cevian) とはある頂点とその対辺上（端点を除く）*のある点を結ぶ直線をさす．ここで自然に浮かぶ疑問は，3 本のチェバ線が 1 点で交わるのはいつか，というものだ．チェバの定理がその答えである．

＊対辺の延長線上も許容されることがあるが，この章では特に断らない限り辺上のみで考えることとする．

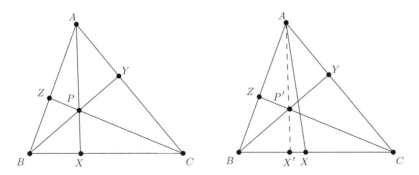

図 3.2A チェバの定理では，3 本のチェバ線が 1 点で交わる状況を考える．

▶**定理 3.3（チェバの定理 (Ceva's theorem)）.**

　三角形 ABC において，辺 BC, CA, AB 上（端点を除く）にそれぞれ点 X, Y, Z がある．このとき，3 本のチェバ線 AX, BY, CZ が共点であることと，

$$\frac{BX}{XC} \cdot \frac{CY}{YA} \cdot \frac{AZ}{ZB} = 1$$

が成り立つことは同値である．

　証明では面積に着目する．2 つの三角形の垂線の長さが等しいとき，それらの面積比は底辺の長さの比に等しいという事実を用いる．この手法は様々な状況で使えて便利である．

証明　まず 3 本のチェバ線が 1 点 P で交わるとし，比の積が 1 であることを示そう．三角形 BAX と三角形 XAC，三角形 BPX と三角形 XPC はそれぞれ垂線 (altitude) を共有するから，

$$\frac{BX}{XC} = \frac{\triangle BAX}{\triangle XAC} = \frac{\triangle BPX}{\triangle XPC}$$

を得る．ここで，ちょっとした代数的な小技〔加比の理〕を使おう．それは，$\dfrac{a}{b} = \dfrac{x}{y}$ ならば $\dfrac{a}{b} = \dfrac{x}{y} = \dfrac{a+x}{b+y}$ であるということだ．たとえば，$\dfrac{4}{6} = \dfrac{10}{15}$ であるが，これは $\dfrac{4+10}{6+15} = \dfrac{14}{21}$ にも等しい．これを上の面積比に適用することで，

$$\frac{BX}{XC} = \frac{\triangle BAX - \triangle BPX}{\triangle XAC - \triangle XPC} = \frac{\triangle BAP}{\triangle ACP}$$

となる．すると，もはや結論は目前である．なぜなら，

$$\frac{CY}{YA} = \frac{\triangle CBP}{\triangle BAP}, \quad \frac{AZ}{ZB} = \frac{\triangle ACP}{\triangle CBP}$$

であり，これらを掛けあわせることで目標の $\dfrac{BX}{XC} \cdot \dfrac{CY}{YA} \cdot \dfrac{AZ}{ZB} = 1$ が得られるからだ．

さて，逆はどうすれば示せるだろうか？　これは同一法によって簡単にできる．チェバ線 AX, BY, CZ が

$$\frac{BX}{XC} \cdot \frac{CY}{YA} \cdot \frac{AZ}{ZB} = 1$$

をみたすと仮定する．BY と CZ の交点を P' とし，半直線 AP' と辺 BC の交点を X' とする（図 3.2A の右側を参照のこと）．上の議論によって，すでに

$$\frac{BX'}{X'C} \cdot \frac{CY}{YA} \cdot \frac{AZ}{ZB} = 1$$

が成り立つことがわかっている．よって，$\dfrac{BX'}{X'C} = \dfrac{BX}{XC}$ であり，これは $X = X'$ を導く．　　　　　　　　　　　　　　　　　　　　　　　　　　　　□

上の証明には 2 つの有用な考え方が含まれている．それは，面積比を使うこと，そして同一法を使うことである．

お察しのとおり，チェバの定理は 3 本の直線が共点であることを示すうえできわめて有用である．チェバの定理は，三角比を用いて記述することもできる．

▶ **定理 3.4（チェバの定理（三角比版））.**

三角形 ABC において，辺 BC, CA, AB 上（端点を除く）にそれぞれ点 X, Y, Z がある．このとき，3 本のチェバ線 AX, BY, CZ が共点であることと，

$$\frac{\sin\angle BAX}{\sin\angle XAC} \cdot \frac{\sin\angle CBY}{\sin\angle YBA} \cdot \frac{\sin\angle ACZ}{\sin\angle ZCB} = 1$$

が成り立つことは同値である．

証明は問題 3.5 とする．正弦定理を使えばよい．

これを用いれば，垂心，内心，そして重心の存在はどれも簡単に従う．たとえば垂心については[*]，

$$\frac{\sin(90° - \angle B)}{\sin(90° - \angle C)} \cdot \frac{\sin(90° - \angle C)}{\sin(90° - \angle A)} \cdot \frac{\sin(90° - \angle A)}{\sin(90° - \angle B)} = 1$$

と計算できる．内心については，

$$\frac{\sin \frac{1}{2}\angle A}{\sin \frac{1}{2}\angle A} \cdot \frac{\sin \frac{1}{2}\angle B}{\sin \frac{1}{2}\angle B} \cdot \frac{\sin \frac{1}{2}\angle C}{\sin \frac{1}{2}\angle C} = 1$$

と計算できる．あるいは，通常のチェバの定理（定理 3.3）に角の二等分線定理を適用することで

$$\frac{c}{b} \cdot \frac{a}{c} \cdot \frac{b}{a} = 1$$

と考えることもできる．最後に，重心については

$$1 \cdot 1 \cdot 1 = 1$$

である．これらの三角形の中心が存在することを，我々はもはや前提として認めなくてよくなったのだ！

練習問題

▶**問題 3.5.** チェバの定理（三角比版）（定理 3.4）を示せ．

▶**問題 3.6.** 三角形 ABC において，チェバ線 AM, BE, CF が 1 点で交わるとする．このとき，$EF \parallel BC$ が成り立つことと，$BM = MC$ が成り立つことは同値であることを示せ．

3.3 有向長とメネラウスの定理

チェバの定理に似た定理としてメネラウスの定理がある．これは，三角形の 3 辺（およびその延長線）上にある 3 点の共線条件を述べるものである．

---

[*] 厳密には ABC が鈍角三角形である場合は，垂線のうち 2 本は三角形の外部に位置するため，個別に対処せねばならない．次の節で導入される有向長によって，統一的な議論が可能になる．

▶**定理 3.7**（メネラウスの定理 (Menelaus's theorem)）.

　三角形 ABC において，直線 BC, CA, AB 上にそれぞれ点 X, Y, Z があり，いずれも頂点とは一致していないとする．このとき，3 点 X, Y, Z が共線であることと，

$$\frac{\overline{BX}}{\overline{XC}} \cdot \frac{\overline{CY}}{\overline{YA}} \cdot \frac{\overline{AZ}}{\overline{ZB}} = -1$$

が成り立つことは同値である．

　ここで，初めて**有向長** (directed length) が登場した．共線である 3 点 A, Z, B について，Z が A と B のあいだにあるとき比 $\dfrac{\overline{AZ}}{\overline{ZB}}$ は正であるとし，そうでないとき負であるとする（これは発想としては方べきの符号の定め方に似ている）．今後，有向長で考えるときには必ずそのことを明示する．

　チェバの定理との類似性に注目しよう．1 のかわりに -1 となっていることには注意が必要である．というのも，X, Y, Z がいずれも辺の内部にあるとすると，これらは共線にはなりえないからだ！

　本質的には，有向長はメネラウスの定理において，X, Y, Z のうちちょうど 1 つまたは 3 つが辺の延長線上にあるという 2 つの位置関係を簡潔にまとめているにすぎない．それらの位置関係にあることは $\dfrac{\overline{BX}}{\overline{XC}} \cdot \dfrac{\overline{CY}}{\overline{YA}} \cdot \dfrac{\overline{AZ}}{\overline{ZB}}$ が負であることと同値であることが容易に確かめられる．

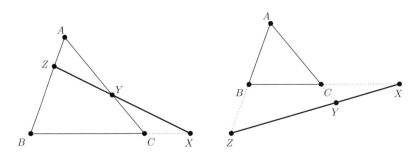

図 3.3A　メネラウスの定理における 2 つの位置関係.

　メネラウスの定理にはさまざまな証明があるが，ここで紹介できなかったものについては他の文献を参照のこと．ここで紹介する証明はモンジュの定理（定理

3.22) の証明に触発されていて，あまりにも驚くべきものなので紹介せずにはいられなかった．ここでは，比の積が -1 ならば共線であることのみを示す（逆は同一法によって示される）．

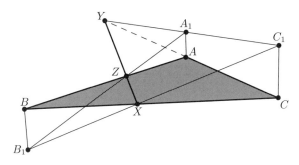

図 3.3B メネラウスの定理の 3 次元による証明.

証明 それぞれ直線 BC, CA, AB 上にある点 X, Y, Z が

$$\frac{\overline{BX}}{\overline{XC}} \cdot \frac{\overline{CY}}{\overline{YA}} \cdot \frac{\overline{AZ}}{\overline{ZB}} = -1$$

をみたすとする．このとき，以下をみたす 0 でない実数 p, q, r をとることができる．

$$\frac{q}{r} = -\frac{\overline{BX}}{\overline{XC}}, \quad \frac{r}{p} = -\frac{\overline{CY}}{\overline{YA}}, \quad \frac{p}{q} = -\frac{\overline{AZ}}{\overline{ZB}}$$

では，3 次元に移行しよう！ 三角形 ABC が位置する平面（この紙面）を $\mathcal{P}$ とし，$A_1 A \perp \mathcal{P}$ かつ $AA_1 = |p|$ をみたす点 A_1 をとる．ここで，$p > 0$ ならば A_1 は紙面の上側にとり，$p < 0$ ならば下側にとる．同様にして，$BB_1 = |q|$, $CC_1 = |r|$ によって B_1, C_1 を定める．

このとき，直角三角形 $C_1 C X$ と直角三角形 $B_1 B X$ は相似であることが，それぞれの辺の長さの比を見ることで従う．これにより，符号の定め方を考えれば，B_1, C_1, X は共線であることが容易にわかる．同様に，直線 $A_1 B_1$ は Z を通り，直線 $A_1 C_1$ は Y を通る．

ここで，三角形 $A_1 B_1 C_1$ を含む平面 $\mathcal{Q}$ を考えよう．$\mathcal{P}$ と $\mathcal{Q}$ の交わりは直線となるが，これは X, Y, Z を含む．以上により示された．　□

チェバの定理（およびその三角比版）についても，有向長を用いて一般化できることがわかる．これは以下のように表現できる．これをチェバの定理の完全な形として考えるべきである．

▶ **定理 3.8（チェバの定理（有向長版）).**

三角形 ABC において，直線 BC, CA, AB 上にそれぞれ点 X, Y, Z があり，いずれも頂点とは一致していないとする．このとき，3 直線 $AX, BY,$ CZ が共点または互いに平行であることと，

$$\frac{\overline{AZ}}{\overline{ZB}} \cdot \frac{\overline{BX}}{\overline{XC}} \cdot \frac{\overline{CY}}{\overline{YA}} = 1$$

が成り立つこととは同値である．

条件はさらに

$$\frac{\sin\angle BAX}{\sin\angle XAC} \cdot \frac{\sin\angle CBY}{\sin\angle YBA} \cdot \frac{\sin\angle ACZ}{\sin\angle ZCB} = 1$$

と同値であり，これが成り立つとき X, Y, Z のうちちょうど 1 つまたは 3 つが辺の内部にある．鈍角三角形では垂線の足のうちちょうど 2 つが辺の延長線上に位置することから，この一般化によって鈍角三角形にも垂心が存在することが証明される（直角三角形ではどうなるだろうか？）．

3.4 重心と中点三角形

再び面積比を考えることで，重心に関してただ存在するというだけでなく，さらに多くの性質を述べることができるようになる．各辺にその中点を加えて得られる図 3.4A を参照のこと（3 つの中点がなす三角形は**中点三角形** (medial triangle) とよばれる）．チェバの定理の証明で論じたとおり，

$$1 = \frac{BM}{MC} = \frac{\triangle GMB}{\triangle CMG}$$

が成り立つことに注意しよう．これにより $\triangle GMB = \triangle CMG$ であり，これらを図 3.4A にあるとおり x で表す．同様に y, z が定義できる．

一方で，同様の議論によって

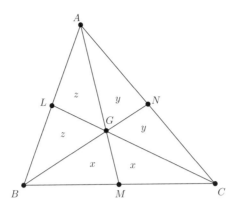

図 3.4A 三角形の重心のまわりの面積比.

$$1 = \frac{BM}{MC} = \frac{\triangle AMB}{\triangle CMA} = \frac{x+2z}{x+2y}$$

であるから，$y = z$ が従う．同様に $z = x$ や $x = y$ もわかる．すなわち，6 つの三角形の面積はすべて等しいことになる．

この流れで，

$$\frac{AG}{GM} = \frac{\triangle GAB}{\triangle MGB} = \frac{2z}{x} = 2$$

が導かれる．これによって，三角形の重心に関する重要な結果をが得られる．

▶**補題 3.9（重心による中線の内分比）.**

三角形の重心は，中線を $2 : 1$ に内分する．

面積比はどれほど強力なものなのだろうか？　結論から述べると，面積比をもとにして座標系を構築することさえ可能である．第 7 章を参照のこと．

3.5　相似拡大と九点円

まず，相似拡大とは何だろうか？　**相似拡大** (homothety, dilation) とは，1 点を中心とする拡大・縮小によって得られる特殊な相似である．図 3.5A を参照のこと．

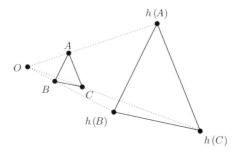

図 3.5A O を中心とし, 三角形 ABC に作用する相似拡大 h.

より形式的には, 相似拡大 h は相似の中心 O と実数 k によって定まる. 点 P が直線 OP 上の点 $h(P)$ にうつされるとき, O からの距離が k 倍される. k は**倍率** (scale factor) である. k は負にもなることを注意しておく. その場合には**負の相似拡大** (negative homothety) が得られる〔厳密には $\overrightarrow{Oh(P)} = k\overrightarrow{OP}$ で表現される. なお, 2 つの図形について, 一方をもう一方にうつす相似拡大が存在することを, これらは**相似の位置**にあるという〕. 図 3.5B を参照のこと.

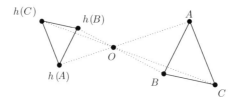

図 3.5B O を中心とする負の相似拡大.

三角形が相似の位置にあることは, 単に相似であることの中でも極上の特殊な場合である.

相似拡大は, 接する状態, (有向) 角, 円〔, 三角形の向き〕など, 様々なものを保つ. 長さは保たれないが, すべてが $|k|$ 倍されているだけなので, 十分良くふるまう.

さらに, 平行かつ長さの異なる線分 AB, XY が与えられたとき ($AB = XY$ の場合はどうなるだろうか？), 直線 AX と直線 BY の交点 O を考えることができる. これは一方の線分をもう一方にうつす相似拡大の中心である (直線 AY

と直線 BX の交点もそうであり，いずれか一方が負の相似拡大を与える）．結果として，平行な直線はしばしば相似拡大を考えるにあたっての合図となる．

このことから導かれる結論の 1 つに，以下の補題がある．

▶**補題 3.10 （相似の位置にある三角形）.**

三角形 ABC と三角形 XYZ は合同でなく，$AB \parallel XY, BC \parallel YZ, CA \parallel ZX$ をみたす．このとき，直線 AX, BY, CZ はある 1 点 O で交わり，O は三角形 ABC を三角形 XYZ にうつす相似拡大の中心となる．

各自で補題 3.10 が成り立つことを理解してほしい．証明の方針としては，$X = h(A)$ かつ $Y = h(B)$ をみたす相似拡大 h を考え，$Z = h(C)$ であることを確かめればよい．

1 つの主要な応用としては，いわゆる**九点円** (nine-point circle) がある．補題 1.17 によって，直線 BC に関して垂心と対称な点，および辺 BC の中点に関して垂心と対称な点は，ともに円 ABC 上にある．図 3.5C に他の辺に関して対称な点も描き加えた．

これによって，O を中心とする円 ABC 上に 9 つの点がとれた．各辺に関して H と対称な点，各辺の中点に関して H と対称な点，そして三角形の頂点である．

ここで，H を中心とする倍率 $\frac{1}{2}$ の相似拡大 h を考えよう．これはすべての対称な点を三角形 ABC の辺上の点にうつし，おまけに A, B, C をそれぞれ線分 AH, BH, CH の中点にうつす．さらに，O は線分 OH の中点 N_9 にうつる．

一方で，相似拡大は円を保つので，驚くべきことにこれらの 9 点は共円なのである．さらに，この円の中心もわかる．すなわち，O がうつる先 $h(O) = N_9$ であり，この点は**九点円の中心** (nine-point center) とよばれる．さらに半径もわかる！　これは単に円 ABC の半径の半分である．これが九点円とよばれるものである．

▶**補題 3.11 （九点円）.**

三角形 ABC があり，その外心，垂心をそれぞれ O, H とし，N_9 を線分 OH の中点とする．このとき，線分 AB, BC, CA, AH, BH, CH それぞれ

の中点，そして三角形 ABC の各頂点から対辺におろした垂線の足は，N_9 を中心とする同一の円上にある．さらに，この円の半径は円 ABC の半径の半分である．

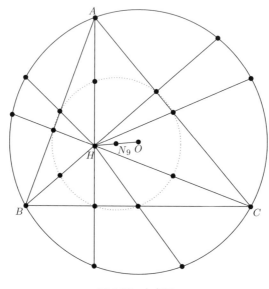

図 3.5C 九点円.

　第 4 章で相似拡大のさらなる応用を紹介するが，これは最も印象深いものの1 つだろう．2 つ目の応用は**オイラー線** (Euler line) である．すなわち，外心，垂心，そして重心は共線なのだ！　この有名な結果は補題 3.13 としてまとめた．図 3.5D を参照のこと．

練習問題

▶**問題 3.12.** 負の相似拡大を考えることで，補題 3.9 に別証を与えよ．**ヒント**: 360
165　348

　▶**補題 3.13（オイラー線）.**
　三角形 ABC があり，その外心，重心，垂心をそれぞれ O, G, H とする．このとき，これら 3 点は共線であり，G は線分 OH を $1:2$ に内分することを

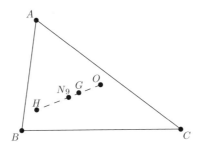

図 3.5D 三角形のオイラー線.

3.6 例題

最初の例題は，第1回のヨーロッパ女子数学オリンピックからである．（今回は垂心と対称な点についての）構図に気付くことでエレガントな解法を得られる可能性を示す好例である．

▶例 3.14 （EGMO 2012/7）.

鋭角三角形 ABC があり，その外接円を Γ，垂心を H とする．Γ の A を含まない方の弧 BC 上に点 K がある．直線 AB, BC に関して K と対称な点をそれぞれ L, M とする．三角形 BLM の外接円と Γ の交点のうち B でない方を E としたとき，3 直線 KH, EM, BC は共点であることを示せ．

まず問題文を読んだ時点で，2 つの観察が可能である．

(1) 対称な点がたくさんある．

(2) 垂心は最後の文までじっと息をひそめ，共点な 3 直線のうち 1 つを定めるためだけに魔法のように現れる．

これは多くを物語っている．垂心は対称移動や外接円とどのような関係があっただろうか？ なんとかして垂心を結び付けねばならない．さもなければ，つか

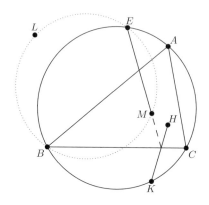

図 3.6A 第 1 回ヨーロッパ女子数学オリンピック第 7 問.

みどころのないままである．どうすればよいだろうか？

　こうした疑問は，K と対称な点 L, M にそれぞれ対応する形で，直線 AB, BC に関して H と対称な点 H_C, H_A を考えることにつながる．この操作は，上の 2 つの観察をともに組み入れている．この時点で，明らかに直線 MH_A と直線 HK は直線 BC 上で交わることに気付く．したがって，問題は H_A, M, E が共線であることを示すのと同じである．これは確実に進捗と言えるだろう．

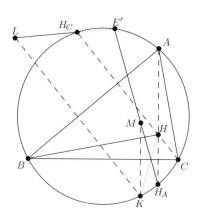

図 3.6B 対称な点を描き加える．

ここで，直線 $H_A M$ と Γ の交点のうち H_A でない方を E' として，かわりに B, L, E', M が共円であることを示すことを目標としよう．共線であることを示すうえでは，同一法を念頭に置くとよい（なぜなら，共円であることの方が示しやすいからだ）．今回 E を選んだのは，単なる対称な点にすぎない H_A と M の方がわかりやすいからだ（もちろん，同一法を用いずに証明を記述することもおそらく可能ではあろう）．$\angle LE'M = \angle LBM$ を示せば十分である．

さて，$\angle LBM$ は簡単に計算できる．これは単に

$$\angle LBK + \angle KBM = 2(\angle ABK + \angle KBC) = 2\angle ABC$$

である．したがって，$\angle LE'M = 2\angle ABC$ を示せばよくなった．

大きな図をよく見てみると，L, H_C, E' は共線であるようだ．これは正しいだろうか？ 実際そう見える．この予想の重要性を理解するために，以下の式に着目しよう．

$$\angle H_C E' H_A = \angle H_C B H_A = 2\angle ABC.$$

すなわち，結論は L, H_C, E' が共線であることを示すことと等価であるから，いまこのことを示したい．

どうすればよいか？ これは単なる角度追跡でできる．$\angle LH_C B = \angle E' H_C B$ を示せば十分である．右辺は $\angle E' H_A B$ に等しく，対称性によりこれは $\angle BHK$ にも等しい．したがって，$\angle LH_C B = \angle BHK$ となればよいが，これも対称性により明らかである．

例 3.14 の解答 直線 BC, BA に関して H と対称な点をそれぞれ H_A, H_C とすると，これらは Γ 上にある．直線 $H_A M$ と Γ の交点のうち H_A でない方を E' とする．対称性により直線 $E'M$ と直線 HK は直線 BC 上で交わる．まず，L, H_C, E' が共線であることを示す．対称性により

$$\angle LH_C B = -\angle KHB = \angle MH_A B$$

であるから，

$$\angle MH_A B = \angle E' H_A B = \angle E' H_C B$$

とあわせて示された．このとき，

$$\angle LE'M = \angle H_C E' H_A = \angle H_C B H_A = 2\angle ABC$$

および

$$\angle LBM = \angle LBK + \angle KBM = 2\angle ABK + 2\angle KBC = 2\angle ABC$$

であるから，B, L, E', M は共円である．よって $E = E'$ であり，以上により示された. □

次の例も，気持ちのうえでは似ている.

▶例3.15（IMO Shortlist 2000/G3）.

鋭角三角形 ABC があり，その外心を O，垂心を H とする．それぞれ辺 BC, CA, AB 上にある点 D, E, F であって，

$$OD + DH = OE + EH = OF + FH$$

をみたし，かつ直線 AD, BE, CF が共点であるものが存在することを示せ.

この問題の奇妙なところは，和の条件である．$OD + DH = OE + EH = OF + FH$ とはいったい何なのか？ 幸いなことに，少なくとも D, E, F をとる（ことを試みる）のは可能である．これを用いて，この奇妙な条件を追い払おう．ただちに条件をみたし，かつチェバ線が共点であることを導くような，D, E, F のとり方はあるだろうか？

ここでは定規とコンパスを使うことが大切だ．D, E, F の当たりを付けたら，3 本の直線が共点に見えるか確かめた方がよい．この問題では，複数の図を描くと助けになるだろう.

再び垂心と対称な点に当たりを付けることができるだろう．H_A, H_B, H_C を〔それぞれ直線 BC, CA, AB に関して H と〕対称な点とすれば，条件は $OD + DH_A = OE + EH_B = OF + FH_C$ となる．したがって，D を直線 OH_A と直線 BC の交点とし，同様に E, F を定めればよい．このとき，三角形 ABC の外接円の半径を R とすれば，$OD + DH_A = OE + EH_B = OF + FH_C = R$ である.

ここが正念場だ．運良くチェバ線は共点になるだろうか？ コンピューターが生成した図 3.6C はその裏付けとなるだろうが，自分でも 1 つか 2 つの図を描い

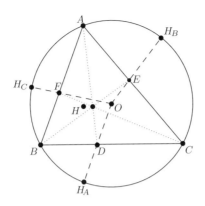

図 3.6C 再び垂心と対称な点をとる（例 3.15）.

て納得してみよ．これはコンテスト中に自分が正しい方向へ進んでいるか確かめる術である．

　いったん納得できたら，歩みは順調だ．要するにチェバ線が共点であることを示せばよいのだから，自然とチェバの定理へ立ち返ることになる．あいにく，長さに関しては（念入りに仕組んだ $OD + DH = R$ を除けば）あまりわからないし，角度についても $\angle BAD$ や $\angle CAD$ についてはあまりわからない．他にどうすれば比 $\dfrac{BD}{CD}$ を計算できるだろうか？　この $\dfrac{BD}{CD}$ こそがすべての鍵を握っている．なぜなら，もし $\dfrac{BD}{CD}$ がわかれば，他の 2 つの比も同様に計算して，それらを掛けあわせればよいからだ．その積は 1 になるはずで，その瞬間に我々の勝利が決まる．

　ここでの主たる着想は，正弦定理を用いることだ．三角形 BDH_A と三角形 CDH_A に着目しよう．H_A は垂心と対称な点だから，角度についてはよくわかる．特に，

$$\angle H_A BD = \angle H_A BC = -\angle HBC = 90° - \angle ACB$$

および

$$\angle DH_A B = \angle OH_A B = 90° - \angle BAH_A = 90° - \angle BAH = \angle CBA$$

が成り立つ．ここで，$\angle OH_A B = 90° - \angle BAH_A$ は補題 1.30 により従う（ただし，ここでは習慣的に有向角を使っている．ここでは三角形 ABC は鋭角三角形

なので，使わずに済むだろう）．

これは都合が良い．なぜなら，正弦定理が比の計算を可能にするからだ．いま角は正の方向に向き付けられている（すなわち $\angle H_A BD$ と $\angle DH_A B$ がともに反時計回りである）ことに注意すれば，正弦定理を適用することで

$$\frac{BD}{DH_A} = \frac{\sin \angle DH_A B}{\sin \angle H_A BD} = \frac{\sin \angle B}{\cos \angle C}$$

を得る．三角形 CDH_A についても同様にして，

$$\frac{CD}{DH_A} = \frac{\sin \angle C}{\cos \angle B}$$

であり，これらを辺々割ることで

$$\frac{BD}{CD} = \frac{\sin \angle B \cos \angle B}{\sin \angle C \cos \angle C}.$$

同様にして，

$$\frac{CE}{EA} = \frac{\sin \angle C \cos \angle C}{\sin \angle A \cos \angle A}, \quad \frac{AF}{FB} = \frac{\sin \angle A \cos \angle A}{\sin \angle B \cos \angle B}$$

が成り立ち，チェバの定理により題意は示された．

長さの比 $\dfrac{BD}{CD}$ を計算するための手法として，他にも三角形 BOC に正弦定理を適用することが挙げられる．以下の解答は，この方針に基づく．

例 3.15 の解答 　直線 BC, CA, AB に関して H と対称な点をそれぞれ H_A, H_B, H_C とする．直線 OH_A と直線 BC の交点を D とすると，明らかに $OD + DH = OD + DH_A$ は円 ABC の半径に等しい．同様に E, F をとれば，$OD + DH = OE + EH = OF + FH$ を得る．

以下，AD, BE, CF が共点であることを示せばよい．三角形 ABC の外接円の半径を R とおく．三角形 OBD に正弦定理を適用して，

$$\frac{BD}{R} = \frac{\sin \angle BOD}{\sin \angle BDO} = \frac{\sin 2\angle BAH_A}{\sin \angle BDO} = \frac{\sin 2\angle B}{\sin \angle BDO}.$$

同様にして

$$\frac{DC}{R} = \frac{\sin 2\angle C}{\sin \angle CDO}$$

であり，これらを辺々割ることで

$$\frac{BD}{DC} = \frac{\sin 2\angle B}{\sin 2\angle C}.$$

以上により

$$\frac{BD}{DC} \cdot \frac{CE}{EA} \cdot \frac{AF}{FB} = 1$$

が従うから，チェバの定理により題意は示された． □

　ここから得られる教訓は何だろうか？　1つ目に，示そうとしていることが実際に成り立つことを確かめるために，良い図を描くことが非常に重要であるということ．2つ目に，図の他の要素と関連しているようには見えず，浮いてしまっている垂心に対処するうえで，辺に関して対称な点を考えることは（万能ではないが）有用であるということ．3つ目に，（この問題のように）対称的な3直線が共点であることを示すときには，いつでもチェバの定理を思い起こすべきだということ．これによって，図の3分の1のみに集中でき，残りの3分の2を対称性で済ませられる．4つ目に，長さの比を考えたいのに角度に関する情報しかないとき，正弦定理を用いて両者を結び付けられることがしばしばあるということだ．

章末問題

▶**問題 3.16.** 三角形 ABC があり，その接触三角形を DEF とする．このとき，3直線 AD, BE, CF は共点であることを示せ．この交点は**ジェルゴンヌ点** (Gergonne point)[*] とよばれる． **ヒント**: 683

　▶**補題 3.17.**

　　内接四角形 $ABCD$ があり，三角形 ABC, BCD の垂心をそれぞれ X, Y としたとき，四角形 $AXYD$ は平行四辺形であることを示せ． **ヒント**: 410 238

592 **解答**：p.326

▶**問題 3.18.** 三角形 ABC において，3本のチェバ線 AD, BE, CF が1点 P

---

[*]ジェルゴンヌ点は内心ではないことに気を付けよう！

で交わるとき,

$$\frac{PD}{AD} + \frac{PE}{BE} + \frac{PF}{CF} = 1$$

が成り立つことを示せ. **ヒント**: 339　　16　　46

▶**問題 3.19 (IMO Shortlist 2006/G3).** 凸五角形 $ABCDE$ があり,

$$\angle BAC = \angle CAD = \angle DAE, \quad \angle ABC = \angle ACD = \angle ADE$$

をみたしている. 対角線 BD と対角線 CE が点 P で交わっているとき, 半直線 AP は線分 CD の中点を通ることを示せ. **ヒント**: 31　61　478　　**解答**: p.326

▶**問題 3.20 (BAMO 2013/3).** 鋭角三角形 ABC があり, その垂心を H とする. 三角形 ABH, BCH, CAH それぞれの外心を3つの頂点にもつ三角形は, 三角形 ABC と合同であることを示せ. **ヒント**: 119　200　350

▶**問題 3.21 (USAMO 2003/4).** 三角形 ABC と, 点 A, B をともに通る円があり, この円と線分 AC, BC の交点のうち A, B でない方をそれぞれ D, E とする. 直線 AB と直線 DE の交点を F, 直線 BD と直線 CF の交点を M とする. このとき, $MF = MC$ が成り立つことと, $MB \cdot MD = MC^2$ が成り立つことは同値であることを示せ. **ヒント**: 662　480　446

▶**定理 3.22 (モンジュの定理 (Monge's theorem)).**

　互いに共有点をもたず, 半径が相異なる円 ω_1, ω_2, ω_3 が平面上にある. このうち2円の組それぞれについて, それらの共通外接線の交点をとったとき, これら3点は共線であることを示せ. **ヒント**: 102　48　　**解答**: p.327

▶**定理 3.23 (チェバ線の入れ子 (cevian nest)).**

　三角形 ABC があり, 3本のチェバ線 AX, BY, CZ が共点であるとする. また, 三角形 XYZ において, 3本のチェバ線 XD, YE, ZF が共点であるとする. このとき, 3本の半直線 AD, BE, CF が共点であることを示せ. **ヒント**: 284　613　591　225　　**解答**: p.328

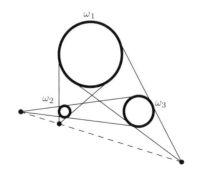

図 3.7A 3点は共線である（モンジュの定理）.

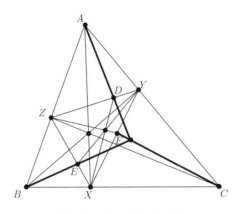

図 3.7B チェバ線の入れ子.

▶**問題 3.24.** 　鋭角三角形 ABC があり，その外接円上の A でない点 X が $AX \parallel BC$ をみたしている．三角形 ABC の重心を G とし，A から辺 BC におろした垂線の足を K としたとき，K, G, X は共線であることを示せ． **ヒント**: 671　248　244

▶**問題 3.25（USAMO 1993/2）.** 　凸四角形 $ABCD$ があり，対角線 AC と対角線 BD が点 E で垂直に交わっている．辺 AB, BC, CD, DA のそれぞれに関して E と対称な点は，共円であることを示せ． **ヒント**: 272　491　265

▶**問題 3.26（EGMO 2013/1）.** 　三角形 ABC において，辺 BC の C 側の延長線上に $CD = BC$ なる点 D をとり，辺 CA の A 側の延長線上に $AE = 2CA$ な

る点 E をとる．$AD = BE$ が成り立つとき，三角形 ABC は直角三角形であることを示せ．**ヒント**：475 74 307 207 290　　**解答**：p.328

▶**問題 3.27 (APMO 2004/2).**　鋭角三角形 ABC があり，その外心を O，垂心を H とする．三角形 AOH, BOH, COH のうちある 1 つの面積は，残り 2 つの面積の和に等しいことを示せ．**ヒント**：599 152 598 545

▶**問題 3.28 (IMO Shortlist 2001/G1).**　鋭角三角形 ABC において，辺 BC 上に 2 つの頂点があるような正方形が内接しており（すなわち，残りの 2 つの頂点は辺 AB, AC 上にそれぞれ 1 つずつある），その対角線の交点を A_1 とする．同様に，三角形 ABC に内接しそれぞれ辺 AC, AB 上に 2 つの頂点があるような 2 つの正方形を考えることで，点 B_1, C_1 を定める．このとき，3 直線 AA_1, BB_1, CC_1 は共点であることを示せ．**ヒント**：618 665 383

▶**問題 3.29 (USA TSTST 2011/4).**　鋭角三角形 ABC が円 ω に内接しており，その垂心を H，外心を O とする．辺 AB, AC の中点をそれぞれ M, N とし，半直線 MH, NH と ω の交点をそれぞれ P, Q とする．直線 MN と直線 PQ の交点を R とするとき，$OA \perp RA$ が成り立つことを示せ．**ヒント**：459 570 148

解答：p.329

▶**問題 3.30 (USAMO 2015/2).**　四角形 $APBQ$ が円 ω に内接しており，$\angle P = \angle Q = 90°$ および $AP = AQ < BP$ をみたす．線分 PQ 上に点 X を任意にとり，直線 AX と ω の交点のうち A でない方を S とする．ω の弧 AQB 上の点 T は $AX \perp XT$ をみたし，弦 ST の中点を M とする．X が線分 PQ 上を動くとき，M はある円上を動くことを示せ．**ヒント**：533 501 116 639 418

第4章 有名構図

前途に見いだせた光明は速度 c で遠ざかっていく[16].

　この章で構図に向きあっていくにあたっては，2つの方針がありうる．1つは，暗記してコンテスト中に認識できるようになるべき構図の一覧をまとめるという方針である．もう1つは，単にコンテストで出題される問題を解くうえでよく現れる下位問題（あるいは上位問題）をまとめるという方針である．ここでは2番目の立場を選び，それに従ってこの章を構成することにした．

4.1 シムソン線 再論

　三角形 ABC および点 P があり，P から直線 BC, CA, AB におろした垂線の足をそれぞれ X, Y, Z とすると，補題 1.48 により X, Y, Z が共線であることと P が円 ABC 上にあることは同値である．P が円 ABC 上にあるときの直線 XY を P のシムソン線とよぶ．ここでは，シムソン線についてさらなる議論を行う．

　三角形 ABC の垂心を H とする．直線 PX と円 ABC が P でない点 K で交わるとし，P のシムソン線と直線 AH が L で交わっているとする（図 4.1A を参照のこと）．

　初等的にわかることをいくつかを観察してみよう．

▶**命題 4.1.**
　図 4.1A の設定において，P のシムソン線と直線 AK が平行であることを示せ．　**ヒント**：390　151

---

16 （訳注）原文の "There is light at the end of the tunnel" は落ちこんでいる人を勇気付ける表現にもなる成句であるが，特殊相対性理論に基づけば見いだせた光明 (light at the end of the tunnel) には決してたどりつけないはずだ，というアメリカン・ジョーク．著者によると「どこかで聞いたジョークだが何年も前のことだから忘れてしまった」とのこと．

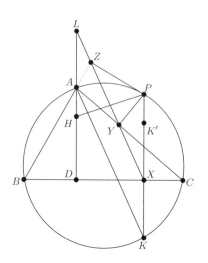

図 4.1A シムソン線 再論.

$XK \parallel AL$ であるから，四角形 $LAKX$ が平行四辺形であることがわかる.

▶**問題 4.2.** 直線 BC に関して K と対称な点を K' とする．このとき，K' が三角形 PBC の垂心であることを示せ．**ヒント:** 521

ここで補題 3.17 を適用することで，四角形 $AHK'P$ が平行四辺形であることがわかる．これを用いると，次の問題を解くことができる.

▶**問題 4.3.** 四角形 $LHXP$ が平行四辺形であることを示せ．**ヒント:** 97

これにより，以下の補題がただちに従う.

▶**補題 4.4（シムソン線による二等分）.**

三角形 ABC があり，その垂心を H とする．円 ABC 上に点 P があるとき，P のシムソン線は線分 PH の中点を通ることを示せ．

シムソン線を見逃さないように注意しよう．シムソン線が絡む問題では，たいていは垂線が 2 本しか登場せず，もう 1 本がない状態でシムソン線が隠されている．引っかからないようにしよう！

4.2 内接円と傍接円

三角形 ABC の3つの傍心すべてを図 4.2A に描いた．角度追跡により次の単純な観察を得る．

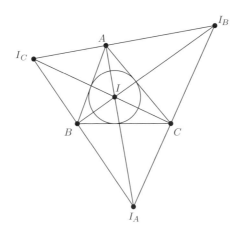

図 4.2A 三角形の傍心.

▶**問題 4.5.** $\angle IAI_B = 90°$ および $\angle IAI_C = 90°$ が成り立つことを確かめよ．

問題 4.5 の当然の帰結として，A は直線 I_BI_C 上にある．また，（たとえば第 2.6 節で扱ったように）A, I, I_A は共線である．これらにより $AI_A \perp I_BI_C$ がわかる．以上の観察は次のようにまとめられる．

▶**補題 4.6（垂心と傍心の双対性）．**

三角形 ABC があり，その内心，A 傍心，B 傍心，C 傍心をそれぞれ I, I_A, I_B, I_C とする．このとき，三角形 ABC は I を垂心とする三角形 $I_AI_BI_C$ の垂心三角形である．

この双対性は覚えておいたほうがよい．垂心三角形と傍心は「双対」な概念であり，両者は互いに正確に対応しあっている．作問者は，問題を人工的に難しくするために，より不自然に見える方の枠組みを選んで問題の主張を書きかえることがある．油断しないように．

▶**問題 4.7.** 補題 1.18，補題 3.11，補題 4.6 はどのように関連しているか？
ヒント: 458

　では，図のさらに細かいところを見ていくことにしよう．図 4.2B に示すように，A 傍接円に注目し，辺 BC との接点を X とする．また，直線 BC と平行で三角形 ABC の内接円に接する直線のうち，直線 BC でない方を描き，その接点を E，辺 AB，AC との交点を B'，C' とする．このとき，明らかに三角形 $AB'C'$ と三角形 ABC は相似の位置にある．また，三角形 ABC の内接円は，三角形 $AB'C'$ の A 傍接円である．

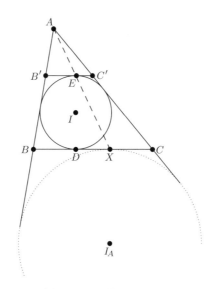

図 4.2B　内接円と A 傍接円のあいだの相似拡大．

▶**問題 4.8.**　三角形 ABC があり，その内接円と辺 BC の接点を D とする．このとき，A，E，X は共線であり，線分 DE は内接円の直径であることを示せ．
ヒント: 508

　さらに $BD = CX$ がわかっているので，この主張は傍心を使うことなく次のように表現できる．

▶**補題 4.9（内接円の直径）.**

三角形 ABC があり，その内接円と辺 BC の接点を D とする．線分 DE が内接円の直径となるような点 E をとり，半直線 AE と辺 BC の交点を X とする．このとき，$BD = CX$ であり，また X は A 傍接円と辺 BC の接点である．

内接円と傍接円も双対な性質をもっていることがよくある．たとえば，以下も成り立つことを確認しよう．

▶**補題 4.10（傍接円の直径）.**

補題 4.9 の設定において，線分 XY が A 傍接円の直径となるような点 Y をとる．このとき，D は線分 AY 上にある．

練習問題

▶**問題 4.11.** 線分 BC の中点を M とするとき，$AE \parallel IM$ が成り立つことを示せ．

4.3 垂線の中点

前節の構図は次のように拡張できる．図 4.2B から B', C' を取り除き，A から直線 BC におろした垂線[17] AK とその中点 M を加えたものが図 4.3A である．補題 4.9 および補題 4.10 で見たように A, E, X は共線であり，同様に A, D, Y も共線となる．

▶**問題 4.12.** X, I, M が共線であることを示せ． **ヒント:** 138　175

▶**問題 4.13.** D, I_A, M が共線であることを示せ． **ヒント:** 336

これらの結果は，次の補題として述べなおすことができる．

---

17 （訳注）この節では「垂線」は "altitude"，すなわち線分である．

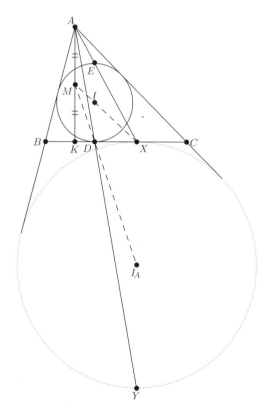

図 4.3A 垂線の中点.

▶**補題 4.14（垂線の中点）.**

三角形 ABC において，その内心，A 傍心をそれぞれ I, I_A とし，内接円と A 傍接円が辺 BC にそれぞれ D, X で接するとする．このとき，直線 DI_A と直線 XI は，A から直線 BC におろした垂線の中点で交わる.

4.4 内接円と内心のさらなる構図

三角形 ABC の接触三角形を DEF とし，線分 EF 上の点 X を $XD \perp BC$ となるようにとったものが図 4.4A である．半直線 AX が辺 BC の中点を通ることを示す.

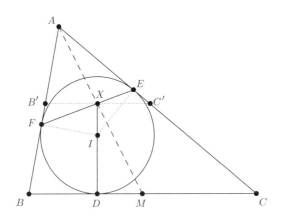

図 4.4A 中線が接触三角形の一辺と交わる様子.

これを証明しようとする際に鍵となる洞察は，M が邪魔だということである．そこで，M を図から消すために，X を通り辺 BC と平行な直線を描いて相似拡大を考えると，同時に M のみならず辺 BC も考える必要がなくなる．この直線と辺 AB, AC の交点を B', C' とすれば，主張は X が線分 $B'C'$ の中点であることを示すことに帰着される．

▶**問題 4.15.** I は円 $AB'C'$ 上にあることを示せ． ヒント: 64

▶**問題 4.16.** $XB' = XC'$ が成り立つことを示せ． ヒント: 470

これらの結果を得てしまえば，次の構図はすぐに得られる．

> ▶**補題 4.17（内接円における共線）.**
> 三角形 ABC があり，その内心を I，接触三角形を DEF とする．辺 BC の中点を M とするとき，直線 EF, AM および半直線 DI は共点である．

4.5 等角共役と等長共役

次の構図は比較的わかりやすい．

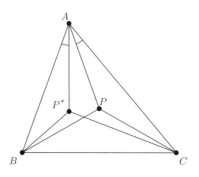

図 4.5A P と P^* は等角共役である.

▶**補題 4.18（等角共役点）.**

　三角形 ABC と点 P があり，どの 3 点も同一直線上にない．このとき，

$$\angle BAP = \angle P^*AC, \quad \angle CBP = \angle P^*BA, \quad \angle ACP = \angle P^*CB$$

をみたす点 P^* がただ 1 つ存在する.

　上の点 P^* を三角形 ABC に関する P の**等角共役点** (isogonal conjugate) とよぶ．また，直線 AP^* を三角形 ABC に関する直線 AP の**等角共役線**とよぶ．ただし，文脈上明らかなときは「三角形 ABC に関する」という文言をしばしば省略することがある．言いかえれば，A を通る 2 本の直線が等角共役であるとは，それらが $\angle A$ の二等分線に関して対称であることをさす.

　この補題は次の問題のように書きかえるのがよく，これは「2 つ買うと 1 つ無料」とたとえることができる.

▶**問題 4.19.**　補題 4.18 の角度の条件のうち 2 つが成り立てば，もう 1 つも成り立つことを示せ．**ヒント**: 9

　等長共役点 (isotomic conjugate) も同様に定義される．三角形 ABC と点 P があり，チェバ線 AP, BP, CP と直線 BC, CA, AB の交点をそれぞれ X, Y, Z とする．辺 BC の中点に関して X と対称な点を X' とし，Y', Z' も同様に定義する．このとき，チェバ線 AX', BY', CZ' は 1 点 P' で交わり，これが P の等長共役点である.

▶**問題 4.20.** チェバ線 AX', BY', CZ' が前述のとおり 1 点で交わることを示せ.

練習問題

▶**問題 4.21.** Q が P の等角共役点であるとき，P もまた Q の等角共役点であることを示せ.

▶**定理 4.22（等角共役線の内分比）.**

三角形 ABC において，直線 BC 上に点 D, E があり，直線 AD と直線 AE は等角共役である．このとき，

$$\frac{BD}{DC} \cdot \frac{BE}{EC} = \left(\frac{AB}{AC}\right)^2$$

が成り立つことを示せ．　**ヒント:** 184

▶**問題 4.23.** 三角形の外心の等角共役点は何であるか.

4.6 類似中線

三角形の中線の等角共役線を**類似中線** (symmedian) とよぶ．3 本の類似中線は重心の等角共役点で交わる．この点を**類似重心** (symmedian point) とよぶ．

類似中線には良い性質がたくさんある．まずはそれがどのように自然に出てくるかを紹介する．

▶**補題 4.24（類似中線の作図）.**

円 ABC の B, C それぞれにおける接線の交点を X とするとき，直線 AX は三角形 ABC の類似中線である.

証明は正弦定理を用いた計算による．直線 AX の等角共役線と直線 BC の交点を M として，これが線分 BC の中点であることを示したい.

▶**問題 4.25.** 以下が成り立つことを示せ.

$$\frac{CM}{MB} = \frac{\sin \angle B \sin \angle BAX}{\sin \angle C \sin \angle CAX} = 1.$$

類似中線のさらなる性質を述べる.

▶**補題 4.26（類似中線の性質）.**

三角形 ABC があり, 辺 BC の中点を M, 外接円の B, C それぞれにおける接線の交点を X とする. また, 直線 AX と円 ABC の交点のうち A でない方を K とし, 直線 AX と直線 BC の交点を D とする. このとき, 直線 AD は三角形 ABC の A 類似中線〔A を通る類似中線〕であり, 次をみたす.

(a) 直線 KA は三角形 KBC の K 類似中線である.

(b) 三角形 ABK と三角形 AMC は同じ向きに相似である.

(c) $\dfrac{BD}{DC} = \left(\dfrac{AB}{AC}\right)^2$ である.

(d) $\dfrac{AB}{BK} = \dfrac{AC}{CK}$ である.

(e) 円 BCX は線分 AK の中点を通る.

(f) 直線 BC は三角形 BAK の B 類似中線であり, また三角形 CAK の C 類似中線でもある.

(g) 直線 BC, MX はそれぞれ $\angle AMK$ の内角, 外角の二等分線である.

(a) は補題 4.24 により明らかであり, (c) は定理 4.22 の特別な場合である. (b) と (e) は簡単な角度追跡により従う. 残りの性質は問題 4.28 から問題 4.30 で扱う. これらの性質からいくつかを取りだせば次が従う.

▶**補題 4.27（内接四角形における類似中線）.**

内接四角形 $ABCD$ について, 以下の条件はすべて同値である.

(a) $AB \cdot CD = BC \cdot DA$ である.

(b) 直線 AC は三角形 DAB の A 類似中線である.

(c) 直線 AC は三角形 BCD の C 類似中線である.

(d) 直線 BD は三角形 ABC の B 類似中線である.

(e) 直線 BD は三角形 CDA の D 類似中線である.

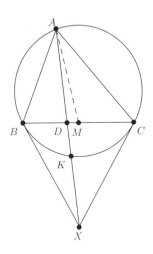

図 4.6A 三角形の A 類似中線.

第9章では，このような四角形が**調和四角形** (harmonic quadrilateral) とよばれ，さらに多くの面白い性質をもつことを学ぶ.

練習問題

▶**問題 4.28.** 補題 4.26(d) を確認せよ. **ヒント**： 194

▶**問題 4.29.** 補題 4.26 において，(f) が (d) から（いくらかの手間をかけて）導かれることを示せ. **ヒント**： 190 628 584

▶**問題 4.30.** 補題 4.26(g) を示せ. **ヒント**： 65 474

4.7 弓形に内接する円

次の構図は接する2円に関するものである. O を中心とする円 Ω とその弦 AB がある. Ω に点 T で内接し，弦 AB と K で接する円 ω を考える. T を含まない方の弧 AB の中点を M とする. T を含む方の弧 AB と弦 AB に囲まれる領域を**弓形** (segment) という.

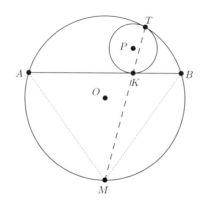

図 4.7A 弓形に内接する円.

ω と Ω は T で接しているため，これらの中心と T は共線であることから，T を中心とし ω を Ω にうつす相似拡大が存在する.

▶**問題 4.31.** 上の相似拡大は K を M にうつし，特に T, K, M が共線であることを示せ.

▶**問題 4.32.** 三角形 TMB と直線 BMK が相似であることを示せ.

問題 4.32 により $MK \cdot MT = MB^2$ がわかるので，次が従う.

▶**補題 4.33 (弓形に内接する円).**

円 Ω とその弦 AB があり，円 ω は弦 AB と点 K で接しており，Ω に点 T で内接している. このとき，半直線 TK は T を含まない方の弧 AB の中点 M を通る. さらに，$MA^2 = MB^2$ は ω に関する M の方べきである.

この構図は，第 8 章で説明する反転を用いることで，さらにわかりやすくなる. 反転に慣れている読者には，M を中心とする反転を適切に使って証明しなおすことをおすすめする.

上の構図は，次の図 4.7B に示す構図に自然に拡張できる. T を含む方の弧 AB 上にある点 C について，線分 CD が ω に接するような辺 AB 上の点 D がとれるとし，その接点を L とする.

このとき，円 ω を三角形 ABC の**曲線内接円** (curvilinear incircle) とよぶ（D

は AB 上を動くので, 曲線内接円は三角形に対して 1 つに定まるものではない. 次の節ではその特別な場合である $A = D$ のときについて考える). 直線 CM と直線 KL の交点を I とするとき, I が三角形 ABC の内心であることを示す.

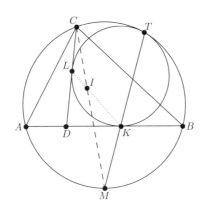

図 4.7B さらに奇妙な接する円たち.

▶**問題 4.34.** C, L, I, T が共円であることを示せ. **ヒント**: 69　273　140

▶**問題 4.35.** 三角形 MKI と三角形 MIT が逆向きに相似であることを示せ. **ヒント**: 472　236

最後に, I が内心であることはどのようにすれば得られるだろうか. 上で示した相似により $MI^2 = MK \cdot MT$ が従うが, 補題 4.33 により

$$MK \cdot MT = MA^2 = MB^2$$

であったから, $MI = MA = MB$ となり, 補題 1.18 とあわせて以下の構図が得られる.

▶**補題 4.36（曲線内接円の弦）.**

三角形 ABC と辺 AB 上の点 D があり, 円 ABC に内接する円 ω が線分 CD と点 L で, 辺 AB と点 K で接している. このとき, 三角形 ABC の内心は直線 LK 上にある.

4.8 混線内接円

三角形 ABC において，円 ABC に内接し，かつ辺 AB, AC にも接する円を **A 混線内接円** (*A*-mixtilinear incircle)[19] とよぶ.

この節を通して，A 混線内接円を ω_A で表す．ω_A と円 ABC の接点を T とし，辺 AB, AC との接点をそれぞれ K, L とする．補題 4.36 において $D = A$ とすることで，三角形 ABC の内心 I が直線 KL 上にあることがわかる．

▶**問題 4.37.** I が直線 KL 上にあることを用いて，I が線分 KL の中点であることを確認せよ.

第 9 章では，パスカルの定理を用いて I が直線 KL の中点であることの華麗な別証を与える.

ここで，点 T について何か面白いことがわからないか見ていこう．M_C, M_B をそれぞれ C を含まない方の弧 AB，B を含まない方の弧 AC の中点とすると，もちろんすでに T は直線 KM_C と直線 LM_B の交点であることが（補題 4.33 から）わかっている．いま，直線 TI と円 ABC の交点のうち T でない方を S とする．完成図を図 4.8A に示す.

▶**問題 4.38.** $\angle ATK = \angle LTI$ を示せ． **ヒント:** 469

▶**問題 4.39.** S が A を含む方の弧 BC の中点であることを示せ． **ヒント:** 342

したがって，直線 TI が T を含まない方の弧 BC の中点を通ることが示せた．これは次のような角度追跡でも証明できる．すなわち，B, K, I, T と C, L, I, T がそれぞれ共円であることが次のように示せる[*].

$$\angle IKT = \angle LKT = \angle M_B M_C T = \angle M_B BT = \angle IBT$$

いずれにせよ $\angle M_C TS = \angle KTI = \angle KBI = \angle ABI$ がすぐに従うので，先ほど

---

19 （訳注）ユークリッド『原論』では，2 直線だけでなく一般の 2 曲線のなす角が定義されており，2 直線のなす角を直線角 (rectilinear angle)，2 つの直線でない曲線のなす角を曲線角 (curvilinear angle)，そして直線でない曲線と直線のなす角を混合角 (mixed angle) または混線角 (mixtilinear angle) という．しかしながら，「混合角」は素粒子物理学における "mixing angle" の訳語として用いられるのがふつうなので，ここでは「混線角」の方を採用する.

[*] 実は，補題 4.36 の証明の途中ですでにこのことを示している.

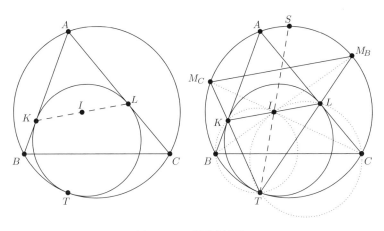

図 4.8A A 混線内接円.

と同じ結論が得られる.

第 8 章では,(問題 8.31 の中で)A 傍接円と辺 BC の接点を E とすれば,直線 AT と直線 AE が等角共役であることも示される.さらに,問題 4.49 では三角形 TBC に関する直線 TA の等角共役線が,内接円と辺 BC の接点を通ることを証明する.これらの結果を描き加えたものが図 4.8B である.

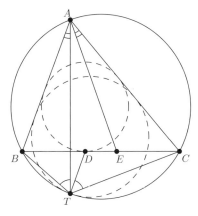

図 4.8B 直線 AT と直線 AE は三角形 ABC に関して,直線 TD と直線 TA は三角形 TBC に関して等角共役である.

図 4.8A と図 4.8B の結果を組みあわせることで,次の大きな補題を得る.

▶**補題 4.40（混線内接円）.**

三角形 ABC があり，その A 混線内接円が辺 AB, AC, 円 ABC とそれぞれ K, L, T で接している．三角形 ABC の内接円，A 傍接円と辺 BC の接点をそれぞれ D, E とするとき，次が成り立つ．

(a) 線分 KL の中点 I は三角形 ABC の内心である．

(b) 直線 TK, TL はそれぞれ T を含まない方の弧 AB, AC の中点を通る．

(c) 直線 TI は A を含む方の弧 BC の中点を通る．

(d) $\angle BAT$ と $\angle CAE$ は等しい．

(e) $\angle BTA$ と $\angle CTD$ は等しい．

(f) B, K, I, T と C, L, I, T はそれぞれ共円である．

さらなる構図としては，補題 7.42 を参照のこと．

章末問題

バラバラな順番でないと，ネタバレになって面白くないでしょう？

▶**問題 4.41 (Hong Kong 1998).** $\angle PSR = 90°$ をみたす内接四角形 $PQRS$ があり，Q から直線 PR, PS におろした垂線の足をそれぞれ H, K とする．このとき，HK は線分 QS を二等分することを示せ．**ヒント**: 267　420

▶**問題 4.42 (USAMO 1988/4).** 三角形 ABC があり，その内心を I とする．三角形 IAB, IBC, ICA の外心は，三角形 ABC の外心を中心とするある円上にあることを示せ．**ヒント**: 249　**解答**: p.329

▶**問題 4.43 (USAMO 1995/3).** 直角三角形でない不等辺三角形 ABC があり，その外心を O，辺 BC, CA, AB の中点をそれぞれ A_1, B_1, C_1 とする．半直線 OA_1 上に三角形 OAA_1 と OA_2A が相似となるような点 A_2 をとり，半直線 OB_1 上の点 B_2，半直線 OC_1 上の点 C_2 も同様に定義する．このとき，3 直線 AA_2, BB_2, CC_2 は共点であることを示せ．**ヒント**: 691　550　128

▶**問題 4.44 (USA TST 2014).** 鋭角三角形 ABC において，その外接円の劣弧 BC 上に点 X がある．X から直線 CA, CB におろした垂線の足をそれぞれ P，Q とし，B を通り AC と垂直な直線と直線 PQ の交点を R とする．また，P を通り XR と平行な直線を l とする．X が劣弧 BC 上を動くとき，l はある定点をつねに通ることを示せ．**ヒント**: 45 424　**解答**: p.329

▶**問題 4.45 (USA TST 2011/1).** 鋭角不等辺三角形 ABC において，A, B, C から対辺におろした垂線の足をそれぞれ D, E, F とし，垂心を H とする．また，線分 EF 上に点 P, Q があり，$AP \perp EF$，$HQ \perp EF$ をみたしている．直線 DP と直線 QH が点 R で交わっているとき，$\dfrac{HQ}{HR}$ を求めよ．**ヒント**: 124 317 26　**解答**: p.330

▶**問題 4.46 (ELMO Shortlist 2012).** 円 Ω と円 ω が点 C で内接しており，Ω の弦 AB が ω に辺 AB の中点 E で接している．また，別の円 ω_1 が Ω, ω, 辺 AB にそれぞれ D, Z, F で接しており，半直線 CD と AB が P で交わっている．優弧 AB の中点を M とし，これが C と異なるとき，$\tan \angle ZEP = \dfrac{PE}{CM}$ であることを示せ．**ヒント**: 370 40 672 211

▶**問題 4.47 (USAMO 2011/5).** 凸四角形 $ABCD$ の内部に点 P, Q_1, Q_2 があり，

$$\angle Q_1 BC = \angle ABP, \quad \angle Q_1 CB = \angle DCP,$$
$$\angle Q_2 AD = \angle BAP, \quad \angle Q_2 DA = \angle CDP$$

をみたしている．このとき，$Q_1 Q_2 \parallel AB$ が成り立つことと，$Q_1 Q_2 \parallel CD$ が成り立つことは同値であることを示せ．**ヒント**: 4 528

▶**問題 4.48 (JMO 2009).** 三角形 ABC があり，その外接円を Γ とする．点 O を中心とする円が，辺 BC と点 P で接し，Γ の A を含まない方の弧 BC と点 Q で接している[20]．$\angle BAO = \angle CAO$ であるとき，$\angle PAO = \angle QAO$ が成り立

---

20 （訳注）　原著では "tangent internally" と訳されているが，2 曲線が内接する (tangent internally, internally tangent) とは，その接点における共通接線に関して 2 曲線が同じ側にあることをいい，外接する (tangent externally, externally tangent) とは反対側にあることをいう．したがって，「円 A と円 B が内接する」ことは，「円 A が円 B に内接する」ことと「円 A に円 B が内接する」ことをあわせたものである．

つことを示せ. **ヒント**: 220 676 19 **解答**: p.330

▶**問題4.49.** 三角形 ABC があり，その内接円と辺 BC の接点を D とする. A 混線内接円と円 ABC の接点を T とするとき，$\angle BTA = \angle CTD$ を示せ.
ヒント: 646 529 192 425

▶**問題4.50 (Vietnam TST 2003/2).** 不等辺三角形 ABC があり，その外心を O，内心を I とし，A, B, C から対辺におろした垂線の足をそれぞれ H, K, L とする. 線分 AH, BK, CL の中点をそれぞれ A_0, B_0, C_0 とし，三角形 ABC の内接円と辺 BC, CA, AB の接点をそれぞれ D, E, F とする. このとき，4 直線 A_0D, B_0E, C_0F, OI が共点であることを示せ. **ヒント**: 442 11 514 **解答**: p.330

▶**問題4.51 (Sharygin 2013).** 三角形 ABC があり，その内接円と辺 BC, CA, AB との接点をそれぞれ A', B', C' とする. I を通り C 中線〔C を通る中線〕と垂直な直線が直線 $A'B'$ と K で交わっているとき，$CK \parallel AB$ を示せ.
ヒント: 274 551 258

▶**問題4.52 (APMO 2012/4).** 鋭角三角形 ABC がある. A から BC におろした垂線の足を D，辺 BC の中点を M，三角形 ABC の垂心を H とする. 三角形 ABC の外接円 Γ と半直線 MH の交点を E とし，直線 ED と円 Γ の交点のうち E でない方を F とする. このとき，$\dfrac{BF}{CF} = \dfrac{AB}{AC}$ が成り立つことを示せ.
ヒント: 593 454 28 228 **解答**: p.331

▶**問題4.53 (IMO Shortlist 2002/G7).** 鋭角三角形 ABC があり，その内接円 Ω と辺 BC の接点を K とする. A から BC におろした垂線の足を D とし，線分 AD の中点を M とする. Ω と直線 KM の交点のうち K でない方を N とするとき，Ω と三角形 BCN の外接円が N で接することを示せ. **ヒント**: 205 634 450 177 276

さらに本格的な問題として問題 11.19 を挙げる.

第2部

解析的な
アプローチ

第**5**章

長さ追跡

> 君は幾何学や三角法を学んでいるのだから，ひとつ問題を出してあげよう．ある船が海に浮かんでおり，綿花を積んでボストンを出航し，船の重さは二百トンで，ル・アーヴルに向かって航行中で，メーンマストは折れ，船首には船頭がおり，乗客は十二人で，風が東北東から吹き，時計は午後三時十五分を指し，季節は五月である．......船長は何歳か？
>
> ギュスターヴ・フローベール [†8, p.140]

3つの辺の長さが 13, 14, 15 である三角形があるとしよう．この三角形の外接円の半径を計算できるだろうか．内接円の半径についてはどうだろうか．

これまでは，古典的なユークリッド幾何学の道具を使うことで，エレガントな結果を得ることに専念していた．これからの3つの章では，むしろ計算に焦点を当て，さらに泥臭い手法を用いることにより様々な結果を直接導いていく．

この章では，三角形に関係する値のあいだに成り立つ基本的な関係を提示することで，これ以降の章のための土台を築く．また，直交座標と三角比による計算を導入する．これらだけで問題が解けることもある．

5.1 直交座標

xy 平面は，直線を交わらせたり，垂線をおろしたりするための枠組みを与える．

残念ながら，直交座標はよく知られているので，数学オリンピックでは直交座標で容易に解ける問題は避けられる傾向にある．そのため，ここではその使い方を深掘りしていくことはしない．しかし，直交座標による解答作成に使えることがあるかもしれないという観点から，あまり頻繁には見かけない1つか2つの技を紹介する．

1つ目は**靴紐公式** (shoelace formula) である．行列式が出てくるので，もしなじみがなければ付録 A.1 を参照のこと．

▶**定理5.1（靴紐公式）.**

3 点 $A = (x_1, y_1)$, $B = (x_2, y_2)$, $C = (x_3, y_3)$ がある. このとき, 三角形 ABC の符号付き面積は, 行列式

$$\frac{1}{2} \begin{vmatrix} x_1 & y_1 & 1 \\ x_2 & y_2 & 1 \\ x_3 & y_3 & 1 \end{vmatrix}$$

で与えられる.

靴紐公式において, **符号付き面積** (signed area) を用いた. 三角形 ABC の符号付き面積は, A, B, C がこの順に反時計回りに現れるとき正とし, そうでないとき負とする.

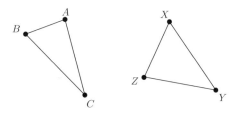

図 5.1A 左図では, 三角形 ABC は頂点が反時計回りに並んでいるので, 符号付き面積は正である. 右図では, 三角形 XYZ は頂点が時計回りに並んでいるので, 符号付き面積は負である.

靴紐公式の特殊なケースのうち最も有用なのは, 3 点が共線であることと, それらがなす「三角形」の面積が 0 であることは同値であるというものだ. したがって, 靴紐公式は 3 点が共線であることを示すために用いることができる. 行列式を用いていることから, 靴紐公式は反対称的である〔共線であることを示すときには, 対称的な式が得られる〕. 共線であることを示す手順としてより一般的なものは,

$$\frac{y_3 - y_1}{x_3 - x_1} = \frac{y_2 - y_1}{x_2 - x_1}$$

が成り立つことを確かめるものだが, これは不必要に対称性を失っている.

時として役立つ 2 つ目については, 証明なしで述べる.

▶**定理 5.2（点と直線の距離の公式）.**

方程式 $Ax + By + C = 0$ で定まる直線を l とすると，点 $P = (x_1, y_1)$ と l の距離は

$$\frac{|Ax_1 + By_1 + C|}{\sqrt{A^2 + B^2}}$$

で与えられる.

この公式を用いれば，垂線の足の座標を明示的に求めることなく，点と直線の距離が計算できる.

直交座標は，原点にある直角に強く依存しているほか，一般の三角形の座標を対称的に表す自然な方法が存在しないなど，いくつかの欠点がある．直交座標で解ける問題は，複素座標や重心座標を用いることでさらに簡単に解けることもしばしばだ（それぞれ第 6 章，第 7 章で論じる）.

前向きに考えれば，直交座標が有効な問題は，いくつかの決定的な特徴を有していることが多い．たとえば，

- 原点におくのに適する目立った直角が特徴的な問題
- 交点や垂線が登場する問題

などである.

5.2 面積

この章の冒頭で提示した質問に答えよう．三角形に関係する多くの重要な値は，面積を通じて結び付けられることがわかる.

▶**定理 5.3（三角形の面積公式）.**

三角形 ABC の面積は，以下のそれぞれに等しい.

$$\triangle ABC = \frac{1}{2}ab\sin\angle C = \frac{1}{2}bc\sin\angle A = \frac{1}{2}ca\sin\angle B$$
$$= \frac{a^2\sin\angle B\sin\angle C}{2\sin\angle A} = \frac{abc}{4R} = sr$$
$$= \sqrt{s(s-a)(s-b)(s-c)}$$

ここで $s = \dfrac{1}{2}(a + b + c)$ は三角形の**半周長**であり，R, r はそれぞれ外接円および内接円の半径である．公式 $\triangle ABC = \sqrt{s(s-a)(s-b)(s-c)}$ は**ヘロンの公式** (Heron's formula) とよばれる．定理 5.3 には，a, b, c が与えられたら R, r が求められるという特長がある．

証明 まず $\triangle ABC = \dfrac{1}{2}ab\sin\angle C$ を示す（続く 2 式も同様に成り立つ）．$\sin$ があるので，垂線をおろそう．図 5.2A にあるとおり，A から BC におろした垂線の足を X とすれば，$\triangle ABC = \dfrac{1}{2}AX \cdot BC = \dfrac{1}{2}a \cdot AX$ である．ここで $AX = AC\sin\angle C = b\sin\angle C$ に注意すれば（これは $\angle C$ が鋭角か否かによらず成り立つ），$\triangle ABC = \dfrac{1}{2}ab\sin\angle C$ を得る．

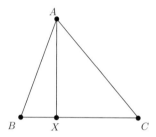

図 5.2A $\triangle ABC = \dfrac{1}{2}AX \cdot BC = \dfrac{1}{2}ab\sin\angle C$ を得る．これは位置関係によらない．

続く 2 式は，正弦定理を用いてそれぞれ $b, \sin\angle C$ を消去することにより得られる．具体的には，

$$\frac{1}{2}ab\sin\angle C = \frac{1}{2}a\left(\frac{a\sin\angle B}{\sin\angle A}\right)\sin\angle C = \frac{a^2\sin\angle B\sin\angle C}{2\sin\angle A}$$

および

$$\frac{1}{2}ab\sin\angle C = \frac{1}{2}ab\left(\frac{c}{2R}\right) = \frac{abc}{4R}$$

である．$\triangle ABC = sr$ の証明は問題 5.5 としておく．

さて，最も非自明なステップであるヘロンの公式の証明にうつろう．ここでは，三角比に関する次の事実を用いた証明を紹介する．

> x, y, z が $x + y + z = 180°$ および $0° < x, y, z < 90°$ をみたす
> とき，$\tan x + \tan y + \tan z = \tan x \tan y \tan z$ である．

これは命題 6.39 においてより一般的な形で証明する．図 5.2B に示すとおり，三
角形 ABC の接触三角形*DEF をとる．

補題 2.15 を適用して，

$$\tan\left(90° - \frac{1}{2}\angle A\right) = \tan\angle AIE = \frac{s-a}{r}$$

を得る．同様にして，

$$\tan\left(90° - \frac{1}{2}\angle B\right) = \frac{s-b}{r}, \quad \tan\left(90° - \frac{1}{2}\angle C\right) = \frac{s-c}{r}$$

を得る．$270° - \dfrac{1}{2}(\angle A + \angle B + \angle C) = 180°$ であるから，上述の等式を適用する
ことで

$$\frac{s-a}{r} \cdot \frac{s-b}{r} \cdot \frac{s-c}{r} = \frac{s-a}{r} + \frac{s-b}{r} + \frac{s-c}{r} = \frac{3s - (a+b+c)}{r} = \frac{s}{r}.$$

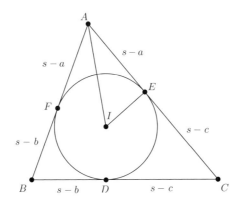

図 5.2B 接触三角形を用いてヘロンの公式を得る．

---

*第 2 章で定義されたとおり，三角形 ABC の接触三角形とは，三角形 ABC の内接円と各辺の
接点を頂点とする三角形をさす．

これにより，目標の $(sr)^2 = s(s-a)(s-b)(s-c)$ を得る． □

これで章の冒頭の質問に答えることができる．

▶**例5.4.**

$AB = 13$, $BC = 14$, $CA = 15$ なる三角形 ABC において，外接円と内接円の半径を求めよ．

解答 まず，面積を求めるためにヘロンの公式を用いる． $a = 14$, $b = 15$, $c = 13$ とすれば， $s = \dfrac{1}{2}(a+b+c) = 21$ であるから，

$$\triangle ABC = \sqrt{s(s-a)(s-b)(s-c)} = \sqrt{21 \cdot 7 \cdot 6 \cdot 8} = 84$$

が成り立つ．よって，

$$\triangle ABC = \frac{abc}{4R} \implies R = \frac{abc}{4\triangle ABC} = \frac{13 \cdot 14 \cdot 15}{4 \cdot 84} = \frac{65}{8}$$

を得る．さらに，

$$r = \frac{\triangle ABC}{s} = \frac{84}{21} = 4$$

を得る． □

もちろん，数学オリンピックにおいてこうした計算問題に出会うことは一度もないだろうが，単に公式の使い方を説明するためにこの問題を紹介したのである．計算をするときには，三角形に関する値を相互に素早く結び付けられるとよく，そのための手段の1つが面積なのである．

練習問題

▶**問題5.5.** $\triangle ABC = sr$ が成り立つことを示せ． **ヒント:** 462

▶**問題5.6.** $AB = 13$, $BC = 14$, $CA = 15$ なる三角形 ABC において， A から辺 BC におろした垂線の長さを求めよ．

5.3 三角比

三角形における三角比の絡んだ主要な関係式として，1つ目に正弦定理（定理 3.1)

$$\frac{a}{\sin \angle A} = \frac{b}{\sin \angle B} = \frac{c}{\sin \angle C} = 2R$$

があった．2つ目が，以下に示す余弦定理である．

▶**定理 5.7（余弦定理 (law of cosine)）.**

　三角形 ABC において，

$$a^2 = b^2 + c^2 - 2bc \cos \angle A$$

が成り立つ．すなわち，

$$\cos \angle A = \frac{b^2 + c^2 - a^2}{2bc}$$

が成り立つ．

　正弦定理と余弦定理はともに三角比の威力の根幹をなしている．これから見ていくように，これら2つを組みあわせて問題を一網打尽に解くことができる．

　そのために考えるべきことが**自由度** (degree of freedom) である．基本的に，数学オリンピックの幾何における主張には，いくつかの選択可能な変数があって，それ以外の残りの図が（平行移動と回転移動を除いて）一意に定まるようになっている．たとえば，三角形は3つの変数によって決定される．具体的には，3つの辺の長さ，2つの辺の長さとそれらに挟まれる角度，あるいは1つの辺の長さと2つの角度などである．したがって，これを「一般の (generic) 三角形は自由度3をもつ」という．

　さらにわかりにくい例として，問題 1.43 を再び取り上げよう．

> 円 ω 上の点 A, B, C, D, E および ω の外部の点 P があり，直線 PB, PD が ω に接している．P, A, C が共線であり，また $DE \parallel AC$ が成り立っているとき，直線 BE は線分 AC の中点を通ることを示せ．

この問題の自由度はいくつだろうか？　まず，平面上のどこかに円の中心 O をとったとしよう〔平行移動は除いて考えるから，ここでは自由度は考えない〕．その半径を選ぶのに自由度が 1 あり〔この時点で円 ω が決まる〕，線分 OP の長さを選ぶのに別の自由度がある（線分 OP の長さを決めれば，ω と点 P の位置関係は O 中心の回転移動を除いて一意に定まる）．この時点で，接線 PB, PD を描くことができる．円上に点 A をとるのにもう 1 つ自由度があり，これで C と E はともに一意に定まる．すなわち，全体ではこの問題は自由度 3 をもつ．

それがどうしたというのだろうか？　三角比による計算の核心は，自由度がどれだけ多く与えられていても，それぞれに変数を割りふっていくことで，残りの長さや角度をそれらの変数を用いてひたすら求めていけることにある．これがまさに余弦定理と正弦定理の担う役割である．

あいにく，三角比の見苦しい積がしばしばたくさん登場する．そこで，三角比に関する恒等式の出番だ．もちろん，読者は以下のような恒等式にはすでになじみがあるだろう．

$$1 = \sin^2\theta + \cos^2\theta, \quad \sin(-\theta) = -\sin\theta, \quad \cos(-\theta) = \cos\theta,$$
$$\sin(\alpha+\beta) = \sin\alpha\cos\beta + \sin\beta\cos\alpha, \quad \cos(\alpha+\beta) = \cos\alpha\cos\beta - \sin\alpha\sin\beta$$

さらに次の**積和公式** (product-to-sum identity) とよばれる恒等式は，三角比による計算には必要不可欠である．

▶**命題 5.8（積和公式）.**

任意の実数 α, β に対し，

$$2\cos\alpha\cos\beta = \cos(\alpha-\beta) + \cos(\alpha+\beta),$$
$$2\sin\alpha\sin\beta = \cos(\alpha-\beta) - \cos(\alpha+\beta),$$
$$2\sin\alpha\cos\beta = \sin(\alpha-\beta) + \sin(\alpha+\beta)$$

が成り立つ．

これらは簡単に導出できるので，覚える必要はない．

$$\cos(x-y) \pm \cos(x+y)$$

を展開すると，いくつかの項が打ち消しあうことさえ覚えておけばよいのだ．cos を sin に変えることで他の式も得られる．

積和公式によって，計算で得られた複雑な三角比の式を整理することができる．例として，第 5.4 節でトレミーの定理が登場する．

5.4 トレミーの定理

考察する対象が 1 つの三角形にとどまらないときは，三角比以外の方法で辺の長さを関係付けることもできる．内接四角形においてしばしば有用なのが，トレミーの定理である*.

▶ **定理 5.9 (トレミーの定理 (Ptolemy's theorem)).**
内接四角形 $ABCD$ において，

$$AB \cdot CD + BC \cdot DA = AC \cdot BD$$

が成り立つ．

ここでは三角比を用いた証明を与えるが，第 8 章ではさらにエレガントな証明を紹介する．

三角比でアタックする前に，変数として何を設定すべきかをまず考えるとよい．1 つ目の発想として，長さを変数に設定しようとしたかもしれないが，良いことはほとんどない．2 つ目の発想は角度を見ることだ．正弦定理によって外接円の半径と結び付けられるから，角度は都合が良い．実際，円 $ABCD$ の半径を $R = \dfrac{1}{2}$ とすれば（一般性を失わず，直径を 1 としているということ），円上の任意の点 X に対して

$$AB = \sin \angle AXB$$

をただちに得る．したがって，角度を変数として用いることは理にかなっている．

合理的な変数の選択の 1 つは，$\angle ADB, \angle BAC, \angle CBD, \angle DCA$ である．最も重要なこととして，これら 4 つの角度は図を一意に定める．これは本当に重要

---

*トレミーの定理は実際には不等式である．すなわち，任意の 4 点 A, B, C, D に対し，$AB \cdot CD + BC \cdot DA \geqq AC \cdot BD$ であり，等号が成り立つことは A, B, C, D がこの順に同一円周上または同一直線上にあることと同値である．

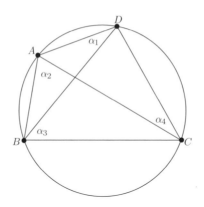

図 5.4A トレミーの定理の証明.

である．そうでなければ，すべての条件に対処できたかを知る術がないからである．実は，これら 4 つの角度のあいだには関係があることに注意しよう．それは，総和が $180°$ だということだ．対称性を保つために 4 つの変数を用いることができるが，この条件は計算を進めるにあたって念頭に置かねばならない．幸いにも，この条件はそれほど悪くない．最悪の場合でも，$180° - (\alpha_1 + \alpha_2 + \alpha_3)$ に置きかえることで α_4 を処分できる．

　こうした事実に注意を払うことは，一般論としても重要である．計算を行うときは，いつも自由度を考慮に入れたほうがよく，それらをすべて含むよう変数を設定するとよい．

　今回の選択が好都合な別の理由として，これらの角度を使って求めたいすべての長さをただちに表せることが挙げられる

証明　$\angle ADB, \angle BAC, \angle CBD, \angle DCA$ の大きさをそれぞれ $\alpha_1, \alpha_2, \alpha_3, \alpha_4$ で表し，計算を単純にするため四角形 $ABCD$ の外接円の直径を 1 として考える．このとき，正弦定理によって

$$AB = \sin\alpha_1, \quad BC = \sin\alpha_2, \quad CD = \sin\alpha_3, \quad DA = \sin\alpha_4$$

を得る．さらに，

$$AC = \sin\angle ABC = \sin(\alpha_3 + \alpha_4), \quad BD = \sin\angle DAB = \sin(\alpha_2 + \alpha_3)$$

が成り立つ．なお，$BD = \sin\angle BCD = \sin(\alpha_1 + \alpha_4)$ としてもよいことに注意

しよう．これらの値は等しいから，どちらを選んでも問題ない．

いま，$\alpha_1 + \alpha_2 + \alpha_3 + \alpha_4 = 180°$ に対して

$$\sin \alpha_1 \sin \alpha_3 + \sin \alpha_2 \sin \alpha_4 = \sin(\alpha_3 + \alpha_4) \sin(\alpha_2 + \alpha_3)$$

を示したい．

これで幾何の要素はすべて取り払われたので，三角比の積に対処するために命題 5.8 を利用すると，以下を得る．

$$\sin \alpha_1 \sin \alpha_3 = \frac{1}{2}\Big(\cos(\alpha_1 - \alpha_3) - \cos(\alpha_1 + \alpha_3) \Big),$$

$$\sin \alpha_2 \sin \alpha_4 = \frac{1}{2}\Big(\cos(\alpha_2 - \alpha_4) - \cos(\alpha_2 + \alpha_4) \Big),$$

$$\sin(\alpha_2 + \alpha_3) \sin(\alpha_3 + \alpha_4) = \frac{1}{2}\Big(\cos(\alpha_2 - \alpha_4) - \cos(\alpha_2 + 2\alpha_3 + \alpha_4) \Big).$$

かなりうまくいっているように見える．なぜなら，条件によって

$$\cos(\alpha_1 + \alpha_3) + \cos(\alpha_2 + \alpha_4) = \cos(\alpha_1 + \alpha_3) + \cos\Big(180° - (\alpha_1 + \alpha_3) \Big) = 0$$

であるので，左辺で項の相殺が起こるからだ．奇妙に見える $\alpha_2 + 2\alpha_3 + \alpha_4$ を整理するために再び和の条件を用いると，

$$\cos(\alpha_2 + 2\alpha_3 + \alpha_4) = \cos(180° - \alpha_1 + \alpha_3) = -\cos(\alpha_1 - \alpha_3)$$

を得るから，主張は示された． □

ここで三角比の威力に注目することが重要だ．ひとたび幾何の要素がすべて取り払われてしまえば，何らかの式が成り立つはずだということがわかった．したがって，問題は帳尻（両辺？）をあわせることに帰着された．積和公式が〔三角比の積を含む〕式を整理するためにどのように使われたかに注目しよう．

最終的には三角比がうまくいくだろうということを，全幅の信頼をもって知ることができるのは，実に心強い．唯一の欠点は，しばしば手計算では手に負えなくなるということだ．

実は，トレミーの定理は以下のように改良できる．

▶ **定理 5.10（トレミーの定理の強形）.**

内接四角形 $ABCD$ において，$AB = a, BC = b, CD = c, DA = d$ とすれば，

$$AC^2 = \frac{(ac + bd)(ad + bc)}{ab + cd}, \quad BD^2 = \frac{(ac + bd)(ab + cd)}{ad + bc}$$

が成り立つ.

トレミーの定理が定理 5.10 からただちに従うことを理解するのは難しくない. ここでは 2 つの証明の概略を述べよう. 1 つ目では，単純に

$$AC^2 = a^2 + b^2 - 2ab \cos \angle ABC = c^2 + d^2 - 2cd \cos \angle ADC$$

とする. ここで，$\angle ADC + \angle ABC = 180°$ に注意すれば，適当な計算によって結論が得られる.

2 つ目の証明では，3 つの内接四角形に対して元々のトレミーの定理を利用する. 具体的には，次のような 3 つの内接四角形を考える.

(i) 1 つ目の内接四角形は，四角形 $ABCD$ である. すなわち，各辺の長さは順に a, b, c, d である.

(ii) 2 つ目の内接四角形は，順に a, b, d, c を各辺の長さとし，四角形 $ABCD$ と外接円の半径が等しい.

(iii) 3 つ目の内接四角形は，順に a, c, b, d を各辺の長さとし，四角形 $ABCD$ と外接円の半径が等しい.

〔(ii) と (iii) の内接四角形は，四角形 $ABCD$ の外接円の弧を並びかえることで構成できる.〕これら 3 つの四角形の対角線の長さとしては，3 種類しか現れないことがわかる. それぞれの四角形に元々のトレミーの定理を適用し，多少の代数的操作を行うことで結論を得る. 詳細は問題 5.12 とする.

トレミーの定理から導かれる結果の 1 つに，いわゆるスチュワートの定理があるので，ここではちょっとした豆知識として紹介する.

▶**定理 5.11 (スチュワートの定理 (Stewart's theorem))**.

三角形 ABC において，辺 BC 上に点 D があり，$m = DB, n = DC, d = AD$ とする．このとき，

$$a(d^2 + mn) = b^2 m + c^2 n$$

が成り立つ．

しばしば，"a *man* and his *dad* put a *bomb* in the *sink*"〔ある男とその父親が流しに爆弾を置いた〕という語呂あわせに対応させて

$$man + dad = bmb + cnc$$

とも書かれる．

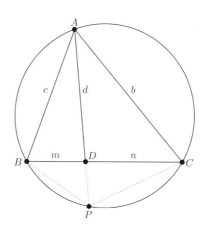

図 5.4B　スチュワートの定理の主張と証明.

証明　半直線 AD と円 ABC の交点のうち A でない方を P とする．三角形の相似によって，

$$\frac{BP}{m} = \frac{b}{d}, \quad \frac{CP}{n} = \frac{c}{d}$$

が成り立つ．さらに，方べきの定理により

$$DP = \frac{mn}{d}$$

が成り立つ. ここで, トレミーの定理を適用することで

$$BC \cdot AP = AC \cdot BP + AB \cdot CP$$

を得るから,

$$a \cdot \left(d + \frac{mn}{d} \right) = b \cdot \frac{bm}{d} + c \cdot \frac{cn}{d}$$

となり, スチュワートの定理が示される. □

スチュワートの定理は, 余弦定理を用いても証明できる.

$$\frac{m^2 + d^2 - c^2}{2md} = \cos \angle ADB = -\cos \angle ADC = -\frac{n^2 + d^2 - b^2}{2nd}$$

が成り立つことがわかるから, これを整理することで $m(n^2 + d^2 - b^2) + n(m^2 + d^2 - c^2) = 0$, すなわち $a(mn + d^2) = b^2 m + c^2 n$ を得る.

トレミーの定理とは違って, スチュワートの定理は数学オリンピックではめったに使われない. しかし, 〔日本（ジュニア）数学オリンピックの予選のように〕数値のみを解答する短答式のコンテストでは, チェバ線の長さを計算する手段として顕著に現れる.

練習問題

▶**問題 5.12.** トレミーの定理の強形（定理 5.10）の 2 つ目の証明を完成させよ.

ヒント: 67

5.5 例題

まず手始めに, どのように直交座標と長さ追跡が組みあわせられるのかを示す例を示そう. この例は, 2014 年のハーバード・MIT 数学トーナメントの団体戦からの問題である.

▶**例 5.13（Harvard-MIT Math Tournament 2014）.**

$AB = 4$, $AC = 5$, $BC = 6$ なる鋭角三角形 ABC があり, その外心を O とする. A から辺 BC におろした垂線の足を D とし, 直線 AO と辺 BC の交点を E とする. 辺 BC 上の D と E のあいだにある点 X と, 線分 AD 上に

ある点 Y が，$XY \parallel AO$ および $YO \perp AX$ をみたすとき，線分 BX の長さを求めよ．

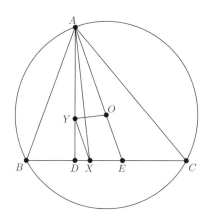

図 5.5A D を原点とする座標平面に落としこむ．

これはどんなコンテストにも出題できそうな素敵な難問である．これを力任せに解いてしまう前に，初等解の概略を示そう．半直線 AX と円 ABC の交点のうち A でない方を P とする．まず，A における外接円の接線が，直線 OY および直線 BC と共点であることを示す（これは角度追跡によってできる〔さらに簡単にいえば，直線 OY と直線 BC の交点が三角形 AXY の垂心であることから従う〕）．これを用いて，P における接線もまた同じ点を通ることを示す．すると，補題 4.26 によって，直線 AX が類似中線であることが従う．したがって，

$$\frac{BX}{CX} = \left(\frac{AB}{AC}\right)^2$$

を得るから，この時点で線分 BX の長さは容易に計算できる．

さて，これが求値問題であることを利用して，力任せの解法を提示しよう．どう進めていくかを定めるために，どのような条件が与えられているか考えよう．

- 点 D は，A から辺 BC におろした垂線の足である．
- 点 E は，外心 O を通る直線と辺 BC の交点である．
- 点 X および点 Y には，平行条件と垂直条件がある．

直角があることを考えると，直交座標を使いたくなる．それならば，どこを原点にすべきだろうか？　点 D は良い候補に見える．なぜなら，垂線が扱いやすくなり，点 A, B, C を辺の長さに関係づけることができるからだ．さらに，$XY \parallel AO$ という条件もうまく言いかえられる（実のところ，点 E はこの問題ではほとんど何もしていないことに気付くだろう．しかしながら，計算にあたっては有用となる）．

例 5.13 の解答　まず線分 AD の長さを計算せねばならない．これは，三角形 ABC の面積（ヘロンの公式によって得られる）を利用することでできる．

$$AD = \frac{2\triangle ABC}{BC} = \frac{2}{6} \cdot \sqrt{\frac{15}{2} \cdot \frac{7}{2} \cdot \frac{5}{2} \cdot \frac{3}{2}} = \frac{1}{3} \cdot \frac{15}{4}\sqrt{7} = \frac{5}{4}\sqrt{7}$$

ここから $BD = \sqrt{4^2 - \frac{25}{16} \cdot 7} = \frac{9}{4}$，そして $CD = 6 - \frac{9}{4} = \frac{15}{4}$ が得られる．したがって，

$$D = (0,0), \quad B = (-9,0), \quad C = (15,0), \quad A = (0,5\sqrt{7})$$

と設定できる．ここで，（分母を払うことで）計算を簡単にするため，座標系を $\frac{1}{4}$ 倍に拡大している．

　次に，O の座標を計算せねばならない．まず，外接円の半径が

$$\frac{abc}{4R} = \frac{15}{4}\sqrt{7} \implies R = \frac{8}{\sqrt{7}}$$

と計算できる．よって，O と辺 BC の距離は

$$\sqrt{\frac{8^2}{7} - 3^2} = \frac{1}{\sqrt{7}} = \frac{\sqrt{7}}{7}$$

である．また，O は辺 BC の中点のちょうど「真上」にあることに注意すれば，座標としては

$$O = \left(3, \frac{4}{7}\sqrt{7}\right)$$

と計算できる（余分な 4 という因子は拡大によるものである）．

　次に，E の座標を計算する．これは定理 4.22 を用いるか（直線 AD と直線 AE が等角共役であることから），あるいは単に直線 AO の x 切片を求めること

によってできる．ここでは後者を実行する．直線 AO の傾きは

$$\frac{5\sqrt{7} - \frac{4}{7}\sqrt{7}}{0 - 3} = -\frac{31}{21}\sqrt{7}$$

であるから，E の座標は $\left(\dfrac{5\sqrt{7}}{\frac{31}{21}\sqrt{7}}, 0\right)$，すなわち $\left(\dfrac{105}{31}, 0\right)$ である．

ここでひと工夫．線分 XY と線分 AE の長さの比を r とおくことで，平行条件を言いかえられる．すなわち，

$$X = \left(\frac{105}{31}r, 0\right), \quad Y = (0, 5\sqrt{7} \cdot r)$$

となる（相似なる三角形よ，永遠なれ！）．このとき，$AX \perp YO$ は単なる傾きについての条件となる．

$$-1 = (\text{直線 } AX \text{ の傾き}) \cdot (\text{直線 } YO \text{ の傾き})$$

$$= \frac{5\sqrt{7} - 0}{0 - \frac{105}{31}r} \cdot \frac{\frac{4}{7}\sqrt{7} - 5\sqrt{7} \cdot r}{3 - 0} = \frac{-31}{21r} \cdot \frac{4 - 35r}{3}$$

$$\Longrightarrow \frac{21r}{31} = \frac{4 - 35r}{3} \Longrightarrow 63r = 124 - 1085r \Longrightarrow r = \frac{31}{287}.$$

うまくいきそうだ．X の座標が $\left(\dfrac{105}{31} \cdot \dfrac{31}{287}, 0\right)$，すなわち $\left(\dfrac{15}{41}, 0\right)$ であることに注意すれば，差をとって拡大を元に戻すことで

$$BX = \frac{1}{4}\left(\frac{15}{41} + 9\right) = \frac{96}{41}$$

を得る． $\qquad\qquad\qquad\qquad\qquad\qquad\qquad\qquad\qquad\qquad\qquad\qquad\qquad$ □

これは典型的な直交座標による解法である．はじめの数行のあとは，ほとんど幾何学的な洞察が求められていないことは，注目に値する．残りは単なる代数的操作である．数学オリンピックの問題では，一般的にはここで取り扱ったような定数 $a = 4$, $b = 5$, $c = 6$ のかわりに，変数が設定される．

次に，三角比による解法の例を示す．これは 2009 年の国際数学オリンピックの第 4 問である．

▶**例 5.14 (IMO 2009/4).**

$AB = AC$ なる三角形 ABC がある．$\angle CAB$, $\angle ABC$ の二等分線が，辺 BC, CA とそれぞれ D, E で交わっている．三角形 ADC の内心を K とする．$\angle BEK = 45°$ であるとき，$\angle CAB$ の大きさとしてありうる値をすべて求めよ．

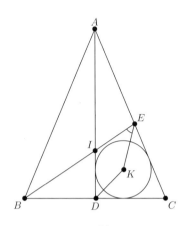

図 5.5B 例 5.14.

この問題が計算にとても適するのはなぜだろうか？ 図の縮尺を定めれば（自由度を落とす），すべての点は 1 つの角のみによって定まる．そして，$\angle BEK = 45°$ という条件がある．したがって，縮尺の違いを除いてこの問題の自由度は 0 である．それゆえに，計算でアプローチしたくなる．

まず，図のすべての角を文字におこう．$\angle DAC = 2x$ とおくことにすれば，

$$\angle ACI = \angle ICD = 45° - x$$

である．ここで，I は三角形 ABC の内心である．このとき $\angle AIE = \angle DIC$ が成り立つが（なぜか？），$\angle DIC = \dfrac{1}{2}\angle BIC = x + 45°$ であるから．$\angle AIE = x + 45°$ が従う．さらなる角度追跡によって，$\angle KEC = 3x$ がわかる．

めぼしい角がすべて追えたので，関係式がほしい．これは長さの比 $\dfrac{IK}{KC}$ を考えることで見つけられる．角の二等分線定理を適用すれば，これは三角形 IDC を用いて表現できる．一方で，三角形 IEC を用いても表現できる．これによっ

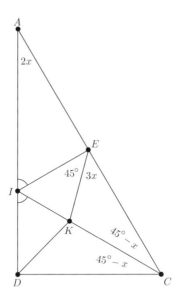

図 5.5C 三角比計算のための準備.

て，解くべき代数方程式が得られる．

例 5.14 の解答 I を内心とし，$\angle DAC = 2x$ とおく（ただし $0° < x < 45°$）．$\angle AIE = \angle DIC$ であるから，

$$\angle KIE = 90° - 2x, \quad \angle ECI = 45° - x, \quad \angle IEK = 45°, \quad \angle KEC = 3x$$

と容易に計算できる．したがって，正弦定理により

$$\frac{IK}{KC} = \frac{\sin 45° \cdot \frac{EK}{\sin(90° - 2x)}}{\sin 3x \cdot \frac{EK}{\sin(45° - x)}} = \frac{\sin 45° \sin(45° - x)}{\sin 3x \sin(90° - 2x)}$$

を得る．また，三角形 IDC における角の二等分線定理により，

$$\frac{IK}{KC} = \frac{ID}{DC} = \frac{\sin(45° - x)}{\sin(45° + x)}$$

が成り立つ．これらを連立させて，$\sin(45° - x) \neq 0$ を打ち消すことで，

$$\sin 45° \sin(45° + x) = \sin 3x \sin(90° - 2x)$$

が従う.

積和公式を適用すれば（ここでも, とにかく三角比の積を含む項をできるだけ分解しようとしている）, これは単に

$$\cos x - \cos(90° + x) = \cos(5x - 90°) - \cos(90° + x)$$

すなわち $\cos x = \cos(5x - 90°)$ となる.

この時点でほとんどできている. あとはすべての解を漏らさないようにして, 上手に答案を書きあげればよい. 1 つの良い方法は, 積和公式を逆向きに使い〔和積公式を使い〕,

$$0 = \cos(5x - 90°) - \cos x = 2\sin(3x - 45°)\sin(2x - 45°)$$

とすることだ. こうすれば, ただ

$$\sin(3x - 45°) = 0, \quad \sin(2x - 45°) = 0$$

の 2 つの場合のみ考えればよい. $\sin\theta = 0$ は θ が $180°$ の整数倍であることと同値であることに注意する. $0° < x < 45°$ の範囲で, x のとりうる値は $x = 15°$ と $x = \dfrac{45°}{2}$ であることが容易に確かめられる. $\angle A = 4x$ であるから, これらは $\angle A = 60°$ と $\angle A = 90°$ に対応し, これらが求める解である*. □

最後の例は, 2004 年の中国女子数学オリンピックからである.

▶ **例5.15 (CGMO 2004/6).**

鋭角三角形 ABC があり, その外心を O とする. 直線 AO は辺 BC と点 D で交わる. それぞれ辺 AB, AC 上にある点 E, F について, 4 点 A, E, D, F は共円であるとする. このとき, 線分 EF の辺 BC への正射影の長さは, E と F の位置によらないことを示せ.

図において, E, F から辺 BC におろした垂線の足をそれぞれ X, Y とした.

どのように計算でこの問題にアプローチしようか？ 我々の目標はすべてを三角形に関係する値で表すことであり, この問題の自由度は 1 である.

---

* （著者訂正）厳密には, ここまでで得られたのはあくまで必要条件のみであり, 逆に $\angle A = 60°$ および $\angle A = 90°$ のとき $\angle BEK = 45°$ であることも示さなくてはいけない.

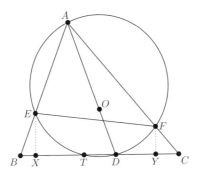

図 5.5D 線分 XY の長さが三角形 ABC だけで決まることを示す.

線分 XY の長さに興味があるのだから,

$$XY = BC - (BX + CY)$$

と表すのは自然に見える. なぜなら, 線分 BX, CY の長さは簡単に計算できるからだ. これらは直角三角形の辺にあたる. 実際, 単純に

$$BX = BE\cos\angle B, \quad CY = CF\cos\angle C$$

と表せる.

$\cos\angle B$ についてはもう気にしなくてよいから, BE について考える. 自然に方べきの定理を着想できる. すなわち,

$$BE \cdot BA = BT \cdot BD$$

である. ここで, T は円 $AEDF$ と辺 BC の交点のうち D でない方である（これはある種の補助点である）. 同様にして $CF \cdot CA = CD \cdot CT$ である. このとき, 自由度を表現するための自然な選択の 1 つとして, $u = BT, v = CT$ とおく. このとき, $u + v = a$ が成り立つ. すると, 線分 BD, CD の長さをどのような手段によっても計算できるから, $BX + CY$ の値を直接求めて, 一定になってくれればよい.

例 5.15 の解答 $\angle BAD = \angle BAO = 90° - \angle C$ および $\angle CAD = \angle CAO = 90° - \angle B$ に注意する. まず, 正弦定理を用いることで

$$\frac{BD}{CD} = \frac{\sin \angle BAD \cdot \frac{AB}{\sin \angle ADB}}{\sin \angle CAD \cdot \frac{AC}{\sin \angle ADC}} = \frac{c\cos\angle C}{b\cos\angle B}$$

と計算できる. ここで, E, F から辺 BC におろした垂線の足をそれぞれ X, Y とし, 円 AEF と辺 BC の交点のうち D でない方を T とする. $u = BT$, $v = CT$ とおけば, $u + v = a$ であり,

$$BX + CY = BE\cos\angle B + CF\cos\angle C = \frac{u \cdot BD}{c}\cos\angle B + \frac{v \cdot CD}{b}\cos\angle C$$

$$= \cos\angle B\cos\angle C\left(\frac{BD}{c\cos\angle C}u + \frac{CD}{b\cos\angle B}v\right)$$

である. いま,

$$\frac{BD}{c\cos\angle C} = \frac{CD}{b\cos\angle B}, \quad u + v = a$$

であるから, $BX + CY$ は u と v の選択によらない. 以上で示された. □

章末問題

追加の演習問題としては, これまでの章で登場しているが初等的に解けなかった問題が挙げられる. これまでたどりつけなかった考察を, 計算によってどのように補えるかを確認してほしい (このアドバイスは, 続く 2 つの章にも適用される).

▶**問題5.16 (星形定理).** 凸五角形 $A_1A_2A_3A_4A_5$ がある. 半直線 A_2A_3 と A_5A_4 は点 X_1 で交わり, 同様に X_2, X_3, X_4, X_5 も定まるとする. このとき,

$$X_1A_3 \cdot X_2A_4 \cdot X_3A_5 \cdot X_4A_1 \cdot X_5A_2 = X_1A_4 \cdot X_2A_5 \cdot X_3A_1 \cdot X_4A_2 \cdot X_5A_3$$

が成り立つことを示せ. ヒント: 407 448 **解答**: p.332

▶**問題5.17.** 三角形 ABC において, その内接円の半径を r とし, 3 つの傍接円の半径をそれぞれ r_A, r_B, r_C とする. このとき, 三角形 ABC の面積は $\sqrt{r \cdot r_A \cdot r_B \cdot r_C}$ に等しいことを示せ. ヒント: 38

▶**問題5.18 (APMO 2013/1).** 鋭角三角形 ABC において, A, B, C から対辺におろした垂線の足をそれぞれ D, E, F とし, 外心を O とする. 線分 OA, OF,

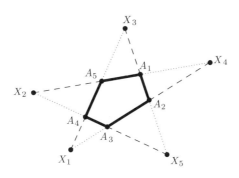

図 5.6A 破線の長さの積は，点線の長さの積に等しい（星形定理）．

OB, OD, OC, OE によって，三角形 ABC は面積が等しい 3 対の三角形に分割されることを示せ． **ヒント**： 162　678

▶**問題 5.19 (EGMO 2013/1)．** 三角形 ABC において，辺 BC の C 側の延長線上に $CD = BC$ なる点 D をとり，辺 CA の A 側の延長線上に $AE = 2CA$ なる点 E をとる．$AD = BE$ が成り立つとき，三角形 ABC は直角三角形であることを示せ． **ヒント**： 202　275

▶**問題 5.20 (Harvard-MIT Math Tournament 2013)．** $2BC = AB + AC$ なる三角形 ABC があり，その内心を I，外接円を ω とする．直線 AI と ω の交点のうち A でない方を D とするとき，I は線分 AD の中点であることを示せ．
ヒント： 372　477

▶**問題 5.21 (USAMO 2010/4)．** $\angle A = 90°$ なる三角形 ABC があり，それぞれ辺 AC, AB 上にある点 D, E が $\angle ABD = \angle DBC$ および $\angle ACE = \angle ECB$ をみたす．線分 BD と線分 CE は点 I で交わる．このとき，線分 $AB, AC, BI,$ ID, CI, IE の長さがすべて整数値となることはありうるか． **ヒント**： 437　603
565　**解答**：p.332

▶**問題 5.22 (Iran Olympiad 1999)．** 三角形 ABC において，その内心を I とし，半直線 AI と三角形 ABC の外接円の交点のうち A でない方を D とする．I から直線 BD, CD におろした垂線の足をそれぞれ E, F とする．$IE +$ $IF = \dfrac{1}{2}AD$ が成り立つとき，$\angle BAC$ の大きさとしてありうる値をすべて求め

▶**問題5.23 (CGMO 2002/4).** 円 Γ_1 と Γ_2 が 2 点 B, C で交わっており．BC は Γ_1 の直径をなす．C における Γ_1 の接線と Γ_2 の交点のうち C でない方を A とする．直線 AB と Γ_1 の交点のうち B でない方を E とし，直線 CE と Γ_2 の交点のうち C でない方を F とする．点 H を線分 AF 上に任意にとる．直線 HE と Γ_1 の交点のうち E でない方を G とし，直線 BG と直線 AC の交点を D とする．このとき，

$$\frac{AH}{HF} = \frac{AC}{CD}$$

が成り立つことを示せ．ヒント：452 62 344 219

▶**問題5.24 (IMO 2007/4).** 三角形 ABC がある．$\angle BCA$ の二等分線と ABC の外接円の交点のうち C でない方を R とし，線分 BC, AC それぞれの垂直二等分線と $\angle BCA$ の二等分線の交点を P, Q とする．線分 BC, AC の中点をそれぞれ K, L とする．このとき，三角形 RPK と三角形 RQL は面積が等しいことを示せ．ヒント：457 291 139 161

▶**問題5.25 (USAJMO 2013/5).** 四角形 $XABY$ が線分 XY を直径とする半円〔弧〕ω に内接している．線分 AY と線分 BX は点 P で交わる．P から直線 XY におろした垂線の足を Z とする．ω 上の点 C が $XC \perp AZ$ をみたし，線分 AY と線分 XC は点 Q で交わる．このとき，

$$\frac{BY}{XP} + \frac{CY}{XQ} = \frac{AY}{AX}$$

が成り立つことを示せ．ヒント：622 476 299 656

▶**問題5.26 (CGMO 2007/5).** 三角形 ABC があり，その内部の点 D が $\angle DAC = \angle DCA = 30°$，$\angle DBA = 60°$ をみたす．線分 BC の中点を E とし，線分 AC 上に $AF = 2FC$ なる点 F をとる．このとき，$DE \perp EF$ が成り立つことを示せ．ヒント：483 690 180 542 693

▶**問題5.27 (IMO Shortlist 2011/G1).** 鋭角三角形 ABC と，その辺 BC 上の点 L を中心とする円 ω があり，ω は辺 AB, AC とそれぞれ B', C' で接している．三角形 ABC の外心 O が ω の劣弧 $B'C'$ 上にあるとき，円 ABC と ω は 2

点で交わることを示せ． **ヒント**： 13 87 93 500 60 **解答**：p.333

▶**問題 5.28 (IMO 2001/1)**． 鋭角三角形 ABC があり，その外心を O，A から辺 BC におろした垂線の足を P とする．$\angle BCA \geqq \angle ABC + 30°$ が成り立つとき，$\angle CAB + \angle COP < 90°$ が成り立つことを示せ． **ヒント**： 619 246 522

▶**問題 5.29 (IMO 2001/5)**． 三角形 ABC がある．線分 BC 上の点であって直線 AP が $\angle BAC$ を二等分するものを P とし，線分 CA 上の点であって直線 BQ が $\angle ABC$ を二等分線するものを Q とする．これらが $AB + BP = AQ + QB$ および $\angle BAC = 60°$ をみたすとき，この三角形の残り 2 つの角度としては，どのような組みあわせがありうるか． **ヒント**： 43 71 441 226 **解答**：p.334

▶**問題 5.30 (IMO 2001/6)**． 整数 a, b, c, d が $a > b > c > d > 0$ および

$$ac + bd = (b + d + a - c)(b + d - a + c)$$

をみたすとき，$ab + cd$ は素数でないことを示せ*． **ヒント**： 166 555 523 429 515 **解答**：p.336

---

* 2001 年の国際数学オリンピックは「奇妙」であった〔国際数学オリンピックでは，代数・組合せ・幾何・整数の 4 分野から 6 問が出題されるため，幾何の問題は 1 年に最大でも 2 問しか出ないのが通例である．しかし，2001 年には実質的に 3 問も現れたうえに，すべて直交座標に関係しているというのは異例の事態であった〕．

第6章

複素座標

> 代数学と幾何学が別々のものであった間は，その進歩は遅く，応用するにも制限
> があった．しかし一旦この二つの学問が融合されるや，互いを支えあい，完成に
> 向かって急速に発展し始めたのだ.
>
> ジョセフ＝ルイ・ラグランジュ [†22, p.2]

この章では，複素数を用いて幾何学の問題を解く方法[21]を説明する．最初の3つの節ではいくつかの前提となる知識が詳しく説明され，実際(リアル)の幾何学は単位円が現れる第6.4節から始まる．

6.1 複素数とは何か

高校の代数で習ったことを思いだそう．**複素数** (complex number) とは，

$$z = a + bi$$

という形で表される数のことである．ここで，aとbは実数であり，iは$i^2 = -1$をみたす．実数aを**実部** (real part) とよび，$\mathrm{Re}\, z$で表す．複素数全体からなる集合は$\mathbb{C}$で表す．

また，任意の複素数は**極形式** (polar form)

$$z = r(\cos\theta + i\sin\theta) = re^{i\theta}$$

で表せる．ここで，rは非負実数であり，θは実数である（$e^{i\theta} = \cos\theta + i\sin\theta$は**オイラーの公式**として知られる有名な結果である）．このことは図を描くことでより明らかになる．xy平面とほぼ同じように，任意の複素数は**複素数平面** (complex plane) 上の点 (a, b) として表せる．図 6.1A を参照のこと．

$z = a + bi = re^{i\theta}$ の**絶対値** (absolute value) $|z|$ は $\sqrt{a^2 + b^2}$ で定義される．これは r に等しい．実数 θ は z の**偏角** (argument) とよび，$\arg z$ で表す．これ

---

21 （訳注）「複素幾何」という語が用いられることがあるが，大学以降の数学では複素多様体を研
　　究する一分野をさすことが多いので注意しよう.

は，図 6.1A に示すように，実軸〔の正の部分〕から反時計回りに測られる角度
である．$z = 0$ という特殊な場合を除いて，r が正の実数であるという事実から，
θ は $360°$ の不定性を除いて一意に定まることが導かれる（具体的には，たとえ
ば $\cos 50° + i \sin 50° = \cos 410° + i \sin 410°$ である）．したがって，この章の残
りの部分では，偏角を $360°$ を法としてとることにする．

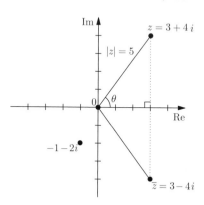

図 6.1A $z = 3 + 4i$ と $-1 - 2i$ が複素数平面に表されている．$\overline{z} = 3 - 4i$ は z の共役複素数
である．

最後に，z の**共役複素数** ((complex) conjugate) とは

$$\overline{z} = a - bi = re^{-i\theta}$$

で表される数のことである．複素数平面で考えれば，$\overline{z}$ は実軸に関して z と対称
な点を表している．

共役複素数には多くの良い性質が存在し，基本的にすべての演算に対して良く
ふるまう．たとえば，任意の複素数 w, z に対して

$$\overline{w + z} = \overline{w} + \overline{z}, \quad \overline{w - z} = \overline{w} - \overline{z}, \quad \overline{w \cdot z} = \overline{w} \cdot \overline{z}, \quad \overline{w/z} = \overline{w}/\overline{z}$$

といったことが成り立つ（確認してほしい）．このことによって，たとえば

$$\overline{\left(\frac{z - a}{b - a} \right)} = \frac{\overline{z} - \overline{a}}{\overline{b} - \overline{a}}$$

と変形でき，同様にして複雑な式でも変形できる．別の重要な性質は，任意の複
素数 z に対して

$$|z|^2 = z\bar{z}$$

が成り立つことである．これは容易に証明でき，今後わかるようにきわめて有用でもある．

この章を通して，複素数 a に対応する複素数平面上の点を A で表し，他の文字についても同様に，小文字で複素数を，大文字で点を表す．

6.2 複素数の加法と乗法

複素数は $u + vi$ と成分表示できるので，ベクトル (u, v) のように考えることができる．複素数の加法がベクトルの加法に対応することに注意しよう．

これによって，ベクトルの加法構造（付録 A.3 を参照のこと）がすべて引き継がれることになる．たとえば，以下のようなことが成り立つ．

(1) 線分 AB の中点 M について，$m = \dfrac{1}{2}(a + b)$ が成り立つ．

(2) 3 点 A, B, C が共線であることと，$c = \lambda a + (1 - \lambda)b$ をみたす実数 λ が存在することは同値である．

(3) 三角形 ABC の重心 G について，$g = \dfrac{1}{3}(a + b + c)$ が成り立つ．

(4) 四角形 $ABCD$ が平行四辺形であることと，$a + c = b + d$ が成り立つことは同値である．

特に，複素数の加法は，ベクトルの加法と同様に平面上の点の平行移動に対応している．

さらに，複素数は**乗法**というきわめて強力な構造をもっているのである．鍵となる事実は，$z_1 = r_1 e^{i\theta_1}$ かつ $z_2 = r_2 e^{i\theta_2}$ のとき $z_1 z_2 = r_1 r_2 e^{i(\theta_1 + \theta_2)}$ が成り立つということであり，ここから任意の複素数 z_1, z_2 に対して

$$|z_1 z_2| = |z_1||z_2|, \quad \arg z_1 z_2 = \arg z_1 + \arg z_2$$

が成り立つことが導かれる．ここで（そしてこの章を通して）$\arg z$ が $360°$ を法としていることに注意しよう．よって，上の等式は実際には $\arg z_1 z_2 \equiv \arg z_1 + \arg z_2 \pmod{360°}$ を意味している．

▶**例6.1.**

i を掛けることは，原点を中心として反時計回りに $90°$ 回転させることと等価である．

証明 $|i| = 1$ かつ $\arg i = 90°$ であることに注意すればよい． □

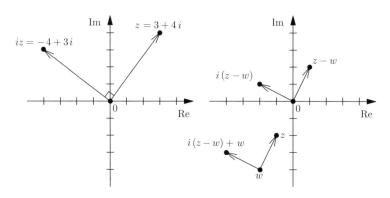

図 6.2A $90°$ 回転させることは，i を掛けることと等価である．

これはこれで良いのだが，任意の点を中心として回転させるにはどうすればよいのだろうか？ $z = -1 - 2i$ を，点 $w = -2 - 4i$ を中心として反時計回りに $90°$ 回転させたいとしよう．答えは単純で，図の全体を（w を引くことで）$w \mapsto 0$ となるように平行移動して，i を掛けてから，また平行移動しなおせばよいのである．式で書けば

$$z \mapsto i(z - w) + w$$

のようになり，図で見ればさらに直観的にわかる．図 6.2A を参照のこと．

これは i 以外の任意の複素数にも一般化できる．任意の複素数 w と 0 でない複素数 α に対し，写像

$$z \mapsto \alpha(z - w) + w$$

は**回転相似** (spiral similarity) である．つまり，〔w を中心として〕$\arg \alpha$ だけ回転して $|\alpha|$ だけ拡大する写像であり，回転と相似拡大の合成になっている．回転相似については第 10.1 節でさらに詳しく議論する．

次の補題が示すように，さらに多くのことができる．

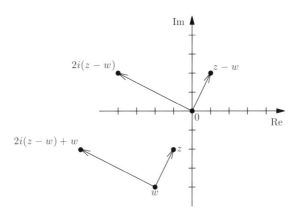

図 6.2B　回転相似 $z \mapsto 2i(z-w)+w$ による，90° 回転と倍率 2 の相似拡大.

▶**補題 6.2（複素座標における対称移動）.**

直線 AB に関して点 Z と対称な点を W とする．このとき

$$w = \frac{(a-b)\overline{z} + \overline{a}b - a\overline{b}}{\overline{a} - \overline{b}}$$

が成り立つ．

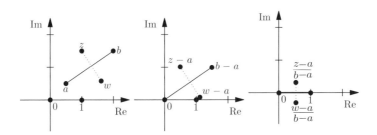

図 6.2C　直線 AB に関して対称な点.

証明　すでに写像 $z \mapsto \overline{z}$ が実軸に関する対称移動であることは述べたので，a と b について同様のことをしよう．

図 6.2C が本質的に証明を与えている．まず a を引くことで図全体を動かす．そして，移動によって得られた $b-a$ で割ることにより回転相似を施し，対称軸

を実軸に一致させる．この 2 つの変換のもとで

$$z \mapsto \frac{z-a}{b-a}, \quad w \mapsto \frac{w-a}{b-a}$$

となり，これらはいま共役の関係にある！ すなわち，

$$\frac{w-a}{b-a} = \overline{\left(\frac{z-a}{b-a} \right)} = \frac{\overline{z}-\overline{a}}{\overline{b}-\overline{a}}$$

である．これを w について解き，少し計算することで，

$$w = \frac{a(\overline{b}-\overline{a}) + (b-a)(\overline{z}-\overline{a})}{\overline{b}-\overline{a}} = \frac{(a-b)\overline{z}+\overline{a}b-a\overline{b}}{\overline{a}-\overline{b}}$$

となり，目標の結果が得られる． □

練習問題

▶**補題 6.3.**

点 Z から直線 AB におろした垂線の足が

$$\frac{(\overline{a}-\overline{b})z + (a-b)\overline{z} + \overline{a}b - a\overline{b}}{2(\overline{a}-\overline{b})}$$

で与えられることを示せ．

6.3 共線性と垂直性

共役複素数について，2 つの明らかな事実を述べることから始めよう．

▶**命題 6.4（共役複素数の性質）.**

z を複素数とする．

(a) $z = \overline{z}$ であることと，z が実数であることは同値である．

(b) $z + \overline{z} = 0$ であることと，z が**純虚数** (pure imaginary) であること，すなわち $z = ri$ となる実数 r が存在することは同値である．

まず，$AB \perp CD$ となるための判定法を詳しく述べよう．4 つの複素数 a, b, c, d を考え，対応するベクトル $b-a$ と $d-c$ に注目する．

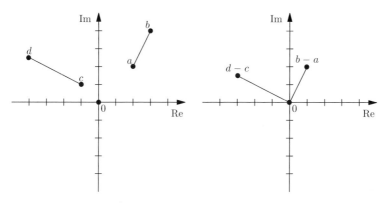

図 6.3A $\dfrac{d-c}{b-a}$ が純虚数であれば $AB \perp CD$ である.

$\arg z/w = \arg z - \arg w$ であったので,$d-c$ と $b-a$ が垂直であることと,偏角が $\pm 90°$ だけ異なっていること,すなわち $\dfrac{d-c}{b-a}$ が純虚数であることは同値である.共役複素数の観点からは,次のように結論できる.

▶**補題 6.5（複素座標における垂直性判定法）.**

4 点 A, B, C, D が $AB \perp CD$ をみたすことと,

$$\frac{d-c}{b-a} + \overline{\left(\frac{d-c}{b-a}\right)} = 0$$

が成り立つことは同値である.

ほとんど同様にして,共線性判定法も得られる.

▶**補題 6.6（複素座標における共線性判定法）.**

3 点 Z, A, B が共線であることと,

$$\frac{z-a}{z-b} = \overline{\left(\frac{z-a}{z-b}\right)}$$

が成り立つことは同値である.

証明は補題 6.5 と本質的に同じである.変位 $z-a$ と $z-b$ を考えて,その商が実数となればよい.詳しい証明は問題 6.8 とする.

しかしながら，補題 6.6 が残念ながら非対称であることに読者も気付いたかもしれない．実際，第 5.1 節で共線性の良い判定法を探そうとしているときに，まったく同じ問題に突きあたったのだった．驚くべきことに，そのときと同じ手法がここでも使えるのである．

▶**定理 6.7（複素靴紐公式）.**
　3点 A, B, C に対して，三角形 ABC の符号付き面積は

$$\frac{i}{4} \begin{vmatrix} a & \overline{a} & 1 \\ b & \overline{b} & 1 \\ c & \overline{c} & 1 \end{vmatrix}$$

で与えられる．特に，3点 A, B, C が共線であることと，この行列式が 0 であることは同値である．

　ここで，符号付き面積とは第 5.1 節で定義されたものである．実はこの公式は標準的な靴紐公式〔定理 5.1〕から従う．$a = a_x + a_y i$, $b = b_x + b_y i$, $c = c_x + c_y i$ とし，a, b, c に靴紐公式を適用すればよい．これは完全に線形代数であるが，詳しくは問題 6.21 とする．

練習問題

▶**問題 6.8.** 補題 6.6 を示せ．

6.4 単位円

　これまで，多くの式で共役複素数を使ってきた．ここでは，共役複素数の扱い方を示し，数学オリンピックの幾何と複素数との隔たりを埋めていく．

　複素数平面において，**単位円** (unit circle) とは $|z| = 1$ をみたす複素数 z 全体の集合，すなわち 0 を中心とする半径 1 の円のことである．ここで，次のことがわかる．

▶**命題 6.9.**
　単位円上の任意の複素数 z に対し，$\overline{z} = \dfrac{1}{z}$ が成り立つ．

これは，一般に $z\overline{z} = |z|^2$ が成り立つことに注意すれば，$|z| = 1$ により従う．この命題はつまり，単位円上では共役複素数が元の複素数を用いて表現できるようになったことを意味する．ここでは，わかりやすい応用例を 2 つ紹介しよう．

▶**例 6.10.**
　相異なる 4 点 A, B, C, X が単位円上にあるとき，$ax + bc = 0$ となることと，$AX \perp BC$ が成り立つことは同値である．

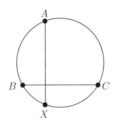

図 6.4A　$AX \perp BC$ ならば $ax + bc = 0$ である．

証明　補題 6.5 によって，$AX \perp BC$ であることと

$$0 = \frac{x-a}{b-c} + \overline{\left(\frac{x-a}{b-c}\right)} = \frac{x-a}{b-c} + \frac{\overline{x}-\overline{a}}{\overline{b}-\overline{c}}$$

が成り立つことは同値であるとわかる．命題 6.9 により，

$$\frac{x-a}{b-c} + \frac{\overline{x}-\overline{a}}{\overline{b}-\overline{c}} = \frac{x-a}{b-c} + \frac{\frac{1}{x}-\frac{1}{a}}{\frac{1}{b}-\frac{1}{c}} = \frac{x-a}{b-c} + \frac{\frac{a-x}{xa}}{\frac{c-b}{bc}} = \frac{x-a}{b-c}\left(1 + \frac{bc}{xa}\right).$$

A, B, C, X は相異なる点であったので，$\dfrac{x-a}{b-c}$ は 0 ではない．したがって $\dfrac{bc}{xa} = -1$，すなわち $ax + bc = 0$ を得る． □

　ここで，補題 6.3 の改良版を提示する．きわめて頻繁に使われるので，覚えるように！

▶**補題 6.11（複素座標における垂線の足）.**

相異なる 2 点 A, B が単位円上にあるとき，任意の点 Z から直線 AB におろした垂線の足は

$$\frac{1}{2}(a + b + z - ab\bar{z})$$

で与えられる.

証明 補題 6.3 で $\bar{a} = \dfrac{1}{a}$, $\bar{b} = \dfrac{1}{b}$ とおくと

$$\frac{1}{2}\left(z + \frac{(a-b)\bar{z} + \frac{b}{a} - \frac{a}{b}}{\frac{1}{a} - \frac{1}{b}}\right) = \frac{1}{2}(z + a + b - ab\bar{z})$$

を得る. □

極限をとった状況を考えて $a = b$ とすれば，Z から A における単位円の接線におろした垂線の足を得る.

これで，すでに知っている幾何学とは無関係に，いくつかの有用な結果を導きだせるようになった. 次の美しい結果はとても重要であり，複素数がいかに強力であるかを如実に示している.

▶**補題 6.12（複素座標におけるオイラー線）.**

相異なる 3 点 A, B, C が単位円上にあるとする. このとき，三角形 ABC について，

(a) 外心を O とすると，$o = 0$ が成り立つ.

(b) 重心を G とすると，$g = \dfrac{1}{3}(a + b + c)$ が成り立つ.

(c) 垂心を H とすると，$h = a + b + c$ が成り立つ.

特に，3 点 O, G, H は共線であり，その内分比は $1 : 2$ である.

証明 三角形 ABC の外接円を単位円としていたので，$o = 0$ は明らかである. $g = \dfrac{1}{3}(a + b + c)$ は複素数をベクトルと解釈することにより従う.

$h = a + b + c$ であることを示す[22]には多くの方法があるが，ここでは図形的

考察を使わない方法を提示しよう．補題 6.5 により，$AH \perp BC$ は

$$0 = \frac{h-a}{b-c} + \frac{\overline{h}-\overline{a}}{\overline{b}-\overline{c}} = \frac{h-a}{b-c} + \frac{\overline{h}-\frac{1}{a}}{\frac{1}{b}-\frac{1}{c}} = \frac{h-a}{b-c} - bc\frac{\overline{h}-\frac{1}{a}}{b-c}$$

と同値であることがわかる．これはさらに

$$bc\left(\overline{h}-\frac{1}{a}\right) = h-a \iff abc\overline{h} - bc = ah - a^2 \iff abc\overline{h} - ah = bc - a^2$$

と変形され，$BH \perp CA$ や $CH \perp AB$ からも同様の式が得られる．したがって，次の連立方程式

$$\begin{cases} abc\overline{h} - ah = bc - a^2 \\ abc\overline{h} - bh = ca - b^2 \\ abc\overline{h} - ch = ab - c^2 \end{cases}$$

が解きたい．最初の 2 式を辺々引いて

$$(b-a)h = b^2 - a^2 + bc - ca = (b-a)(a+b+c)$$

を得る．$b \neq a$ であったので，$h = a+b+c$ を得る．これがたしかに 3 つの式すべての解であることを確認するのはそれほど難しくないので，垂心が存在し，その座標が $h = a+b+c$ であることが示された．最後に，$h = 3g$ であったので，O, G, H は共線であり，$OH = 3OG$ となることがわかる．これがオイラー線である． $\square$

▶**例 6.13（九点円）．**

相異なる 3 点 A, B, C が単位円上にあり，三角形 ABC の垂心を H とする．このとき，線分 BC の中点，線分 AH の中点，A から直線 BC におろした垂線の足は，いずれも点 $n_9 = \frac{1}{2}(a+b+c)$ との距離が $\frac{1}{2}$ である．

証明 まず，線分 BC の中点との距離を確認すると，

22（訳注，p.140）ここでは，垂心の存在を認めてその座標が $a+b+c$ で与えられることを示すのではなく，垂心が存在することも含めて証明している．

$$\left| n_9 - \frac{b+c}{2} \right| = \left| \frac{a}{2} \right| = \frac{1}{2} |a| = \frac{1}{2}$$

となる．次に，線分 AH の中点との距離を確認すると，

$$\left| n_9 - \frac{1}{2} \big(a + (a+b+c) \big) \right| = \left| -\frac{a}{2} \right| = \frac{1}{2}$$

となる．最後に，垂線の足との距離も $\frac{1}{2}$ であることを確認しよう．補題 6.11 により，垂線の足は $\frac{1}{2} \left(a + b + c - \frac{bc}{a} \right)$ であることに注意すれば，

$$\left| n_9 - \frac{1}{2} \left(a + b + c - \frac{bc}{a} \right) \right| = \left| \frac{1}{2} \cdot \frac{bc}{a} \right| = \frac{1}{2} \frac{|b||c|}{|a|} = \frac{1}{2}$$

となる．いずれも容易であった． □

これらの結果によって，円 ABC を単位円とすることが非常に有力な手法であることを納得していただければ幸いである．というのも，第 3 章の大部分は自明な主張になったからである．

練習問題

▶**問題 6.14（補題 1.17）**．　三角形 ABC があり，その垂心を H とする．辺 BC に関して H と対称な点を X，辺 BC の中点に関して H と対称な点を Y とする．このとき，X, Y は円 ABC 上にあり，線分 AY はこの円の直径となることを示せ．

6.5 有用な公式

他にも有用な公式をいくつか紹介しよう．まずは 4 点が共円であるための判定法を与える．

▶**定理 6.15（複素座標における共円性判定法）**．
　相異なる 4 点 A, B, C, D があり，すべてが共線になることはないとする．このとき，A, B, C, D が共円であることと，

$$\frac{b-a}{c-a} \div \frac{b-d}{c-d}$$

が実数となることは同値である.

証明は問題 6.20 とする（実は第 9 章において, A, B, C, D が共円であれば, この値が 4 点 A, B, C, D の複比となることを学ぶ）.

複素靴紐公式（定理 6.7）と同じように考えれば, 次の相似判定法が得られる. 三角形 ABC と三角形 XYZ が同じ向きに相似であることを示すために, ほとんどの人は $\dfrac{c-a}{b-a} = \dfrac{z-x}{y-x}$ かそれに似た式を示そうと試みる. しかし, 次の相似判定法は, この公式を対称的にしたもの* になっている.

▶**定理 6.16（複素座標における相似判定法）.**

三角形 ABC と三角形 XYZ が同じ向きに相似であることと,

$$0 = \begin{vmatrix} a & x & 1 \\ b & y & 1 \\ c & z & 1 \end{vmatrix}$$

が成り立つことは同値である.

証明 　三角形 ABC と三角形 XYZ が同じ向きに相似であることと,

$$\frac{c-a}{b-a} = \frac{z-x}{y-x}$$

が成り立つことは同値である. これが結論と同値であることは各自で確認されたい. 　　　　　　　　　　　　　　　　　　　　　　　　　　　　□

さて, ここで 2 直線の交点を完全な形で表してみよう.

▶**定理 6.17（複素座標における交点）.**

直線 AB と直線 CD が平行でないとき, その交点は

$$\frac{(\overline{a}b - a\overline{b})(c-d) - (a-b)(\overline{c}d - c\overline{d})}{(\overline{a} - \overline{b})(c-d) - (a-b)(\overline{c} - \overline{d})}$$

で与えられる. 特に, もし $|a| = |b| = |c| = |d| = 1$ であれば, さらに単純に

$$\frac{ab(c+d) - cd(a+b)}{ab - cd}$$

---

*$x = \overline{a}$, $y = \overline{b}$, $z = \overline{c}$ とすれば, 何が起こるだろうか?

と書ける.

証明 連立方程式

$$0 = \begin{vmatrix} z & \bar{z} & 1 \\ a & \bar{a} & 1 \\ b & \bar{b} & 1 \end{vmatrix} = \begin{vmatrix} z & \bar{z} & 1 \\ c & \bar{c} & 1 \\ d & \bar{d} & 1 \end{vmatrix}$$

を解く. これはあまり楽しくないが, 十分に根気強くやれば前者が得られる. $\bar{a} = \dfrac{1}{a}$ や類似の式を代入すれば, 後者を得ることができる. □

定理 6.17 の 2 番目の式で共役複素数をとったものが $\dfrac{a+b-c-d}{ab-cd}$ になることは注目に値する.

この定理は, なぜ単位円を選ぶことがきわめて重要なのかを教えてくれる. a, b, c, d が単位円上にあれば, この公式ははるかに単純になる. 一般的に, より多くの点が単位円上にあればあるほどよい. なぜなら, そのとき共役複素数は複雑な式を生み出すどころか, むしろ単純な逆数になるからである.

しかし, 一般的な場合の交点の公式〔定理 6.17 の前者〕も重要になることがある. 特に $d = 0$ であれば, 式は少し扱いやすくなる. この定理を適用する前に平行移動させることで計算を簡単にできることもよくある (例 6.26 を参照のこと).

2 つの円の交点のようなものさえ得ることができる. ここではその主張を紹介するにとどめる. ここで示すこともできるが, 第 10.1 節で改めて証明を与える.

▶**補題 6.18.**

2 点 X, Y で交わる 2 つの円がある. 点 A と B が 1 番目の, C と D が 2 番目の円上にあり, 直線 AC と直線 BD がともに X を通るとする. このとき,

$$y = \frac{ad - bc}{a + d - b - c}$$

が成り立つ.

最後に, 複素数を使えばうまく扱える一般的な構図として, 単位円の 2 接線の交点が挙げられる.

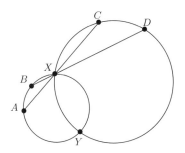

図 6.5A 複素数平面で円の交点を扱う.

▶**補題 6.19（複素座標における〔単位円の〕接線の交点）.**

2 点 A, B が単位円上にあり，$a + b \neq 0$ をみたす．このとき

$$\frac{2ab}{a + b} = \frac{2}{\overline{a} + \overline{b}}$$

は，A, B それぞれにおける接線の交点である.

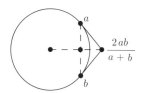

図 6.5B 複素数平面で交わる 2 本の接線.

証明 図 6.5B を眺める．線分 AB の中点を M とし，求める交点を P とする．相似な三角形を考えて $OM \cdot OP = 1$（ここで $o = 0$ とする）を示すことは難しくない．したがって $|m||p| = 1$ である.

これにより，$\overline{m} \cdot p = 1$ が導かれる．実際，両辺で絶対値は一致しており，O, M, P が共線なので偏角も一致している．したがって，

$$p = \frac{1}{\overline{m}} = \frac{2}{\overline{a} + \overline{b}} = \frac{2}{\frac{1}{a} + \frac{1}{b}} = \frac{2ab}{a + b}$$

を得る. □

練習問題

▶**問題 6.20.** 定理 6.15 を示せ. **ヒント**: 217

▶**問題 6.21.** 複素靴紐公式（定理 6.7）が定理 5.1 から従うことを示せ. **ヒント**: 644

▶**問題 6.22.** 三角形 ABC において，その垂心を H とし，外接円上に点 P がある.

(a) シムソン線（補題 1.48）が存在することを示せ. すなわち，P から直線 AB, BC, CA それぞれへおろした垂線の足が共線であることを示せ.

(b) 補題 4.4 を示せ. すなわち，P のシムソン線が線分 PH の中点を通ることを示せ.

ヒント: 535

6.6 複素座標における内心と外心

複素座標において特筆すべき武器が他に 2 つあり，それは内心と外心である.

少し趣向を変えた質問から始めよう．点 B, C が単位円上にあるとき，劣弧 BC の中点は何になるだろうか？ $\sqrt{bc}$ と答えたくなるところだろうが，残念ながら複素数の平方根をとろうとすると問題が起こる．たとえば

$$(1 - i)^2 = (i - 1)^2 = -2i$$

を考えると，複素数には〔四則演算と整合的な〕「正」も「負」もないから，「正の平方根」をとることができない.

幸いなことに，この問題は回避できる．$b = w^2$, $c = v^2$ とおけば，弧 BC の中点を vw か $-vw$ のどちらか一方で表せる．こう考えると次の補題を思いつくのは自然なことである[23].

▶**補題 6.23（複素座標における内心）.**

相異なる 3 点 A, B, C が単位円上にあるとき，次の条件をともにみたす複素数 u, v, w が存在する.

23（訳注）この証明に関する著者による補足は [†5] を参照のこと.

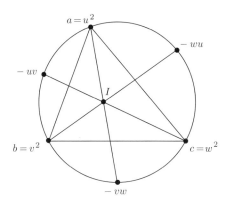

図 6.6A 補題 1.42.

(a) $a = u^2$, $b = v^2$, $c = w^2$ が成り立つ.

(b) A を含まない方の弧 BC の中点,B を含まない方の弧 CA の中点,C を含まない方の弧 AB の中点は,それぞれ $-vw$, $-wu$, $-uv$ である.

このとき,三角形 ABC の内心 I は $-(uv + vw + wu)$ で与えられる.

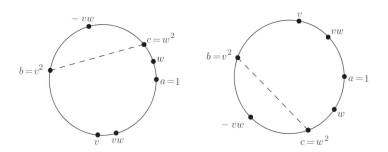

図 6.6B 補題 6.23 を示す.

証明 三角形を回転させることで $a = 1$ としてよい.このとき,$u = -1$ とし,$v = -uv$, $w = -wu$ をそれぞれ C を含まない方の弧 AB の中点,B を含まない方の弧 CA の中点とすれば,これが目標の (u, v, w) の候補である.図 6.6B を参照のこと.

構成から $b = v^2$, $c = w^2$ がわかる. あとは $-vw$ がたしかに A を含まない方の弧 BC の中点であることを示せばよい.

一般性を失わずに, A, B, C が反時計回りに並んでいると仮定し, 偏角を $0°$ 以上 $360°$ 未満に制限することができる. このとき

$$0° = \arg a < \arg b < \arg c < 360°$$

であり, v と w の定め方から

$$0° < \arg v < 180° < \arg w < 360°$$

である. したがって, $\arg v^2 = 2\arg v$ は $0°$ 以上 $360°$ 未満であり, $\arg w^2 = 2\arg w$ は $360°$ 以上 $720°$ 未満なので,

$$\arg b = 2\arg v, \quad \arg c = 2\arg w - 360°$$

が成り立つ. $\arg b < \arg c$ であるから $\arg v < \arg w - 180°$ となるので,

$$0° = \arg a < \arg b = 2\arg v < \arg v + \arg w - 180°$$
$$< 2\arg w - 360° = \arg c < 360°$$

である. 以上により $\arg b < \arg(-vw) < \arg c$ が示されたから, $(-vw)^2 = v^2 w^2$ とあわせれば, $-vw$ が弧 BC の中点となることが従う.

最も興味深い部分を示そう. 補題 1.42 を思いだすと, I が $-vw, -wu, -uv$ を頂点とする三角形の垂心であることがわかる. 3 点すべてが単位円上にあることから, I が $-(uv + vw + wu)$ であることが従う. □

この補題を使うとき, $|u| = |v| = |w| = 1$ なので, 特に $\overline{u} = \dfrac{1}{u}, \overline{v} = \dfrac{1}{v}, \overline{w} = \dfrac{1}{w}$ が成り立っていることにも注意しよう.

最後に, 外心についての公式を紹介する. ふつうは考えている外心を 0 に設定してしまうわけだが, 実は一般の三角形の外心を計算することが (つねに現実的な時間で手計算できるわけではないが) 可能なのである.

▶補題 6.24 (複素座標における外心).

三角形 XYZ において, その外心は

$$\begin{vmatrix} x & x\overline{x} & 1 \\ y & y\overline{y} & 1 \\ z & z\overline{z} & 1 \end{vmatrix} \div \begin{vmatrix} x & \overline{x} & 1 \\ y & \overline{y} & 1 \\ z & \overline{z} & 1 \end{vmatrix}$$

で与えられる．特に，$z = 0$ であれば上の式は

$$\frac{xy(\overline{x} - \overline{y})}{\overline{x}y - x\overline{y}}$$

に等しい．

証明 三角形 XYZ の外心を P とし，外接円の半径を R とする．

$$R^2 = |x - p|^2 = (x - p)(\overline{x} - \overline{p})$$

であるから，

$$\overline{x}p + x\overline{p} + R^2 = p\overline{p} + x\overline{x}$$

となる．したがって，連立方程式

$$\begin{cases} x\overline{p} + \overline{x}p + R^2 - p\overline{p} = x\overline{x} \\ y\overline{p} + \overline{y}p + R^2 - p\overline{p} = y\overline{y} \\ z\overline{p} + \overline{z}p + R^2 - p\overline{p} = z\overline{z} \end{cases}$$

が得られる．クラメルの公式（定理 A.4）により，$\overline{p}, p, R^2 - p\overline{p}$ を未知数と見ることで（！）

$$p = \begin{vmatrix} x & x\overline{x} & 1 \\ y & y\overline{y} & 1 \\ z & z\overline{z} & 1 \end{vmatrix} \div \begin{vmatrix} x & \overline{x} & 1 \\ y & \overline{y} & 1 \\ z & \overline{z} & 1 \end{vmatrix}$$

がたしかに得られる〔X, Y, Z は共線でないから，分母の行列式は 0 でないことに注意〕． □

外心の公式を適用する前に，点 X, Y, Z を平行移動して共通項を消しておくと，役に立つことが多い．特に，行列式を計算する前に $z = 0$ となるように平行移動しておけば，（対称性は崩れるものの）計算はかなり簡単になる．この場合，〔平行移動する前の〕外心は

$$z + \frac{-x'y'(\overline{x'} - \overline{y'})}{x'\overline{y'} - \overline{x'}y'}$$

で与えられる．ただし，$x' = x - z, y' = y - z$ である．

6.7 例題

まず，九点円に関する古典的な結果から始めよう．

▶**命題6.25（フォイエルバッハ点）．**
　（正三角形でない）三角形において，その内接円と九点円は接する（その接点を**フォイエルバッハ点** (Feuerbach point) という）．

複素数を用いて示したいとしよう．まず，接するという条件をどのように扱えばよいだろうか？　複素数で円を考えるのは得策ではないから，長さに持ちこむのが良さそうだ．内心を I，九点円の中心を N_9，外接円の半径を R，内接円の半径を r とすれば，九点円の半径は $\dfrac{R}{2}$ なので，

$$IN_9 = \left| \frac{R}{2} - r \right| \quad \text{すなわち} \quad 2IN_9 = |R - 2r|$$

を示すことに帰着された．

　実は，右辺に見覚えがあるのではないだろうか？　補題 2.22 によると，外心を O とすれば，$R - 2r = \dfrac{1}{R}IO^2$ であった．つまり，単に

$$R \cdot 2IN_9 = IO^2$$

を示すことに帰着される．これで準備万端だ．$R = 1$ として複素数平面に落としこめば，絶対値をいくつか計算するだけでよい．

　内心を扱うので，補題 6.23 のように $a = x^2, b = y^2, c = z^2$ とおこう．特に $R = 1$ に注意しよう．このとき，内心は $-(xy + yz + zx)$ で，九点円の中心は $\dfrac{1}{2}(x^2 + y^2 + z^2)$ で与えられる．どうやら

$$2IN_9 = 2\left| \frac{x^2 + y^2 + z^2}{2} - \left(-(xy + yz + zx)\right) \right| = |x + y + z|^2$$

という完全平方が得られたようだ！　これは奇跡だ．いま IO^2 を計算すれば，もちろんまったく同じ結果が得られるはずで，そうなれば方が付いたことになる．

$$IO^2 = |-(xy + yz + zx) - 0|^2 = |xy + yz + zx|^2$$

となる……. 待てよ, これらは同じようには見えない.

問題はいまとなっては $|x + y + z|^2 = |xy + yz + zx|^2$ という一見すると意外な式を示すことに帰着された. 幸いなことに, 絶対値の平方は単なる共役複素数を用いて書けてしまう. 左辺は

$$(x + y + z)\left(\frac{1}{x} + \frac{1}{y} + \frac{1}{z}\right)$$

であり, 右辺は

$$(xy + yz + zx)\left(\frac{1}{xy} + \frac{1}{yz} + \frac{1}{zx}\right)$$

である. どちらも $\dfrac{(x + y + z)(xy + yz + zx)}{xyz}$ に等しいので, これで決着がついた.

命題 6.25 の解答 〔A, B, C が単位円上にあるとしてよい.〕補題 6.23 により, 絶対値が 1 である複素数 x, y, z を用いて, A, B, C, I をそれぞれ $x^2, y^2, z^2,$ $-(xy + yz + zx)$ とおくことができる. 九点円の中心を N_9, 外心を O とする. また, 外接円と内接円の半径をそれぞれ R, r とすると,

$$\begin{aligned}
2IN_9 &= 2\left|\frac{x^2 + y^2 + z^2}{2} - \left(-(xy + yz + zx)\right)\right| = |x + y + z|^2 \\
&= \left|\frac{(x + y + z)(xy + yz + zx)}{xyz}\right| = |xy + yz + zx|^2 \\
&= IO^2 = R(R - 2r) = R - 2r
\end{aligned}$$

となることに注意しよう (単位円上で考えているので $R = 1$ である). したがって $IN_9 = \dfrac{1}{2}R - r$ であり, 2 円は互いに接している. □

2 つ目の例として, アメリカ合衆国代表候補選考試験からの問題を検討してみよう. 提示する 2 つの解答のうち, 1 つは完全に計算によるもの (基本的にはまったく幾何学的な技術を要求しないもの) であり, もう 1 つは複素数による計算を最小限にとどめたものである.

▶**例 6.26（USA TSTST 2013/1）.**

三角形 ABC があり，その外接円における〔A を含まない方の〕弧 BC，〔B を含まない方の〕弧 CA，〔C を含まない方の〕弧 AB の中点をそれぞれ D, E, F とする．A から直線 DB, DC にそれぞれおろした垂線の足をともに通る直線を l_a とし，D から直線 AB, AC にそれぞれおろした垂線の足をともに通る直線を m_a とする．l_a と m_a の交点を A_1 とし，同様に点 B_1, C_1 を定める．このとき，三角形 DEF と三角形 $A_1B_1C_1$ が相似であることを示せ．

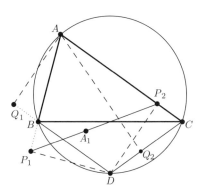

図 6.7A 2013 年のアメリカ合衆国代表候補選考試験の第 1 問.

この問題が複素数に向いているのはなぜだろうか？ まず，大量の点が三角形 ABC の外接円という 1 つの円上に並んでいるから，これを単位円とすればほとんど間違いないだろう．また，垂線もここでは計算に適しており，円の弦に垂線をおろしているので補題 6.11 を用いることができる．さらに，対称性が高く，A_1 を計算してしまえば B_1 や C_1 の座標を求めるのは簡単である．そして最後に，相似を扱う方法はすでに知っているのであった．

さっそくやっていこう．A_1 の座標を計算するのが目標である．D から直線 AB におろした垂線の足 P_1 は

$$p_1 = \frac{1}{2}(a + b + d - ab\bar{d})$$

で与えられる．〔補題 6.23 のように〕$a = x^2$, $b = y^2$, $c = z^2$ とおけば $d = -yz$ となり，これは

$$p_1 = \frac{1}{2}\left(x^2 + y^2 - yz + \frac{x^2 y}{z}\right)$$

になる．同様に，D から直線 AC におろした垂線の足 P_2 は

$$p_2 = \frac{1}{2}\left(x^2 + z^2 - yz + \frac{x^2 z}{y}\right)$$

になる．A から直線 BD, CD それぞれにおろした垂線の足 Q_1, Q_2 についても，

$$q_1 = \frac{1}{2}\left(x^2 + y^2 - yz + \frac{y^3 z}{x^2}\right), \quad q_2 = \frac{1}{2}\left(x^2 + z^2 - yz + \frac{yz^3}{x^2}\right)$$

とわかる．これらをもとに A_1 の座標を計算しなければならないが，残念なことに，定理 6.17 をそのまま適用しようとすると（実行可能ではあるものの）しんどいことになってしまう．この 4 点に多くの項が繰り返し現れていることに気付けば，もっと良い方法で対処できる．つまり，写像

$$\tau : \alpha \mapsto 2\alpha - (x^2 + y^2 + z^2 - yz)$$

を考えよう．これはどこから来たのだろうか？　鍵となる観察として，τ は相似拡大と平行移動を合成しただけなので，交点が保たれる．すなわち，もし A_1 が直線 $P_1 P_2$ と直線 $Q_1 Q_2$ の交点であれば，$\tau(A_1)$ は直線 $\tau(P_1)\tau(P_2)$ と直線 $\tau(Q_1)\tau(Q_2)$ の交点であるということである．これこそがこの写像を選んだ理由である．τ のもとではすべてが見事なまでに簡潔になる．あちこちに顔を出していた $\frac{1}{2}$ を取り除き，$x^2 - yz$ を含む贅肉をすべて削ぎ落としたのだ．これを用いると，

$$\tau(p_1) = -z^2 + \frac{x^2 y}{z}, \quad \tau(p_2) = -y^2 + \frac{x^2 z}{y},$$

$$\tau(q_1) = -z^2 + \frac{y^3 z}{x^2}, \quad \tau(q_2) = -y^2 + \frac{z^3 y}{x^2}$$

となり，かなり親しみやすくなったように見える．もしかしたらまだ雑然としているかもしれないが，実はもう計算はそこまで重くないのだ．$\tau(x)$ を x' と略記して，定理 6.17 を適用すれば，$\tau(a_1)$ は

$$\frac{(\overline{p_1'}p_2' - p_1'\overline{p_2'})(q_1' - q_2') - (\overline{q_1'}q_2' - q_1'\overline{q_2'})(p_1' - p_2')}{(\overline{p_1'} - \overline{p_2'})(q_1' - q_2') - (p_1' - p_2')(\overline{q_1'} - \overline{q_2'})}$$

に等しいことがわかる．この段階で，この計算がいったいどれほどかかるのか気になったかもしれない．非常に長い計算になりそうだ．しかし幸いなことに，この試験の制限時間は 3 問に対して 4 時間半であり，この計算は 15 分から 20 分で終わるように見えるので，そう悪い話ではないのである．

千里の道も一歩から．まずは，

$$\overline{p_1'p_2'} - p_1'\overline{p_2'} = \left(-\frac{1}{z^2} + \frac{z}{x^2y}\right)\left(-y^2 + \frac{x^2z}{y}\right) - \left(-\frac{1}{y^2} + \frac{y}{x^2z}\right)\left(-z^2 + \frac{x^2y}{z}\right)$$

である．いくつか注意すべき点がある．まず，$\overline{p_1'}p_2'$ と $p_2'\overline{p_1'}$ が y と z を入れかえただけであることに気付けば，労力を多少は割かずに済むことに注意しよう．そうすれば 1 回だけ展開すればよいことになる．また，すべての項が同じ次数であることにも注意しよう．扱っている式がこの性質を持っているときは，次数を確認することで明らかな誤りを簡単に見つけることができる．

さて，展開していくと

$$\overline{p_1'p_2'} - p_1'\overline{p_2'} = \left(\frac{y^2}{z^2} + \frac{z^2}{y^2} - \frac{x^2}{yz} - \frac{yz}{x^2}\right) - \left(\frac{z^2}{y^2} + \frac{y^2}{z^2} - \frac{x^2}{yz} - \frac{yz}{x^2}\right) = 0$$

となり，結局 $\tau(q_1) - \tau(q_2)$ を計算する必要はないようだ．そして，

$$\overline{q_1'q_2'} - q_1'\overline{q_2'} = \left(-\frac{1}{z^2} + \frac{x^2}{y^3z}\right)\left(-y^2 + \frac{yz^3}{x^2}\right) - \left(-\frac{1}{y^2} + \frac{x^2}{yz^3}\right)\left(-z^2 + \frac{y^3z}{x^2}\right)$$
$$= \left(\frac{y^2}{z^2} - \frac{yz}{x^2} - \frac{x^2}{yz} + \frac{z^2}{y^2}\right) - \left(\frac{z^2}{y^2} - \frac{yz}{x^2} - \frac{x^2}{yz} + \frac{y^2}{z^2}\right) = 0$$

と計算できるので，驚くべきことに $\tau(a_1) = 0$ になる（ふつうはここまでうまくはいかない）．10 行程度の代数計算をやるだけで，$\tau(a_1) = 0$，すなわち

$$a_1 = \frac{1}{2}(x^2 + y^2 + z^2 - yz)$$

が得られたのである．では，B_1 と C_1 についても同じことをしなければならないのか？ そんなわけがない．対称性を利用することで確かに

$$b_1 = \frac{1}{2}(x^2 + y^2 + z^2 - zx), \quad c_1 = \frac{1}{2}(x^2 + y^2 + z^2 - xy)$$

が得られる．あとはこの三角形 $A_1B_1C_1$ が $-yz, -zx, -xy$ を頂点にもつ三角形 DEF と相似であることを示せばよい．定理 6.16 を持ちだせば何の造作もな

く示せてしまうが，単に A_1, B_1, C_1 が $x^2 + y^2 + z^2$ と D, E, F のそれぞれを結ぶ線分の中点であることに注意するだけでよい．これで問題は解けた．

そういえば，ほとんど初等的な解答を与えることも約束していたのだった．鋭い読者は $x^2 + y^2 + z^2 = a + b + c$ が三角形 ABC の垂心であることに気付いているだろう．つまり，A_1 は線分 DH の中点となっているのだ．この構図に見覚えはないだろうか？

例 6.26 の解答　三角形 ABC の垂心を H とする．

まず，m_a は三角形 ABC に関する D のシムソン線であるので，補題 4.4 により線分 DH の中点 M_1 を通る．次に三角形 DBC の垂心を H_A とする．l_a は三角形 BCD に関する A のシムソン線であったので，線分 AH_A の中点 M_2 を通る．

これらの中点は同一である．実際，複素数の言葉では

$$m_1 = \frac{(a+b+c)+d}{2} = \frac{a+(b+c+d)}{2} = m_2$$

となる．

したがって A_1 は線分 DH の中点である．同様に，B_1 は線分 EH の中点であり，C_1 は線分 FH の中点である．これらにより，H は三角形 $A_1B_1C_1$ を三角形 DEF にうつす相似拡大の中心であり，これで問題が解けた．　　　　□

上の解答で D が弧 AB の中点であるという事実を一度も使わなかったことに注意しよう．実際のところ，この問題は外接円上の任意の点 D, E, F に対して成立する．

単位円に内接する四角形 $ABCD$ に対して，点 $\frac{1}{2}(a+b+c+d)$ はその内接四角形の**オイラー点** (Euler point) や**反中心** (anticenter) とよばれる．上の計算から従う系として，三角形 BCD に関する A のシムソン線，三角形 CDA に関する B のシムソン線，三角形 DAB に関する C のシムソン線，三角形 ABC に関する D のシムソン線はすべて，反中心を通ることに注意しよう．

3つ目の例として，2012 年のアメリカ合衆国数学オリンピックの問題を紹介しよう．特に行列式の知識があれば，より簡単である．

▶ **例 6.27（USAMO 2012/5）.**

　三角形 ABC と直線 γ があり，γ 上に点 P をとる．γ に関して直線 PA，PB，PC と対称な直線が，それぞれ直線 BC，AC，AB と点 A'，B'，C' で交わっている．このとき，3 点 A'，B'，C' は共線であることを示せ．

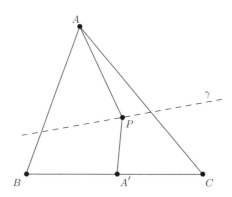

図 6.7B　2012 年のアメリカ合衆国数学オリンピックの問題．辺に関して直線を対称移動する．

　三角形 ABC の外接円を単位円とおきたくなるかもしれないが，そうすると任意の点 P を通る直線に関する対称移動は非常に扱いづらくなってしまう．ここで，対称移動そのものを避けようとするのではなく，むしろ都合の良いように利用することを考える方がまだましであろう．γ を実軸とおくことで，γ に関して A と対称な点の座標が $\overline{a}$ となるようにしよう．もちろん，この段階で $p = 0$ とおいてもよい．

　このように下準備をしておけば，残りはただの計算である．行列式を考えれば計算が非常に簡潔になることに注意しよう．

例 6.27 の解答　P を複素数平面の原点とし（つまり $p = 0$ とし）γ を実軸とする．ここで A' が直線 BC と直線 $P\overline{A}$（$\overline{A}$ は $\overline{a}$ に対応する点）の交点であることに注意しよう．直線の交点の公式を適用することで，

$$a' = \frac{\overline{a}(\overline{b}c - b\overline{c})}{(\overline{b} - \overline{c})\overline{a} - (b - c)a}, \quad \overline{a'} = \frac{a(b\overline{c} - \overline{b}c)}{(b - c)a - (\overline{b} - \overline{c})\overline{a}}$$

がわかる．

文字を巡回させた式を考えることで，三角形 $A'B'C'$ の〔符号付き〕面積は

$$\begin{vmatrix} \dfrac{\overline{a}(\overline{b}c - b\overline{c})}{(\overline{b}-\overline{c})a - (b-c)a} & \dfrac{a(b\overline{c} - \overline{b}c)}{(b-c)a - (\overline{b}-\overline{c})\overline{a}} & 1 \\[2mm] \dfrac{\overline{b}(\overline{c}a - c\overline{a})}{(\overline{c}-\overline{a})\overline{b} - (c-a)b} & \dfrac{b(c\overline{a} - \overline{c}a)}{(c-a)b - (\overline{c}-\overline{a})\overline{b}} & 1 \\[2mm] \dfrac{\overline{c}(\overline{a}b - a\overline{b})}{(\overline{a}-\overline{b})\overline{c} - (a-b)c} & \dfrac{c(a\overline{b} - \overline{a}b)}{(a-b)c - (\overline{a}-\overline{b})\overline{c}} & 1 \end{vmatrix}$$

の定数倍であるとわかる．これの分母を払った

$$\begin{vmatrix} \overline{a}(\overline{b}c - b\overline{c}) & -a(b\overline{c} - \overline{b}c) & (\overline{b}-\overline{c})a - (b-c)a \\ \overline{b}(\overline{c}a - c\overline{a}) & -b(c\overline{a} - \overline{c}a) & (\overline{c}-\overline{a})\overline{b} - (c-a)b \\ \overline{c}(\overline{a}b - a\overline{b}) & -c(a\overline{b} - \overline{a}b) & (\overline{a}-\overline{b})\overline{c} - (a-b)c \end{vmatrix}$$

が 0 に等しいことを示せばよい[24]．ここで，

$$\sum_{\mathrm{cyc}} \overline{a}(\overline{b}c - b\overline{c}) = \sum_{\mathrm{cyc}} \left(-a(b\overline{c} - \overline{b}c) \right) = \sum_{\mathrm{cyc}} \left((\overline{b}-\overline{c})\overline{a} - (b-c)a \right) = 0$$

である（$\displaystyle\sum_{\mathrm{cyc}}$ は第 0.3 節で定義されている）ので，第 1 行に第 2 行と第 3 行を足すことですべての成分が 0 になり，したがってこの行列式も 0 になるので，目標の結果が示された． □

最後に，複素数平面上の正三角形に関する補題を紹介して終えることとしよう．

▶**補題 6.28（複素座標における正三角形）．**

三角形 ABC が正三角形であることと，$a^2 + b^2 + c^2 = ab + bc + ca$ が成り立つことは同値である．

証明 $u = a - b,\, v = b - c,\, w = c - a$ とおく．三角形 ABC が正三角形であることと，u, v, w を根にもつ 3 次式 $z^3 - \alpha = 0$ が存在することは同値である（なぜだろうか？）．そこで，多項式

$$(z - u)(z - v)(z - w)$$

を考えよう．$u + v + w = 0$ であることに注意してこれを展開すれば，

---

24 （訳注）このように変形することで，原著よりも計算がかなり簡単になる．

$$z^3 + (uv + vw + wu)z - uvw$$

となる．したがって，三角形 ABC が正三角形であることと，$uv + vw + wu = 0$ が成り立つことは同値である．

ここからは代数である．この式を

$$a^2 + b^2 + c^2 = ab + bc + ca$$

すなわち

$$0 = (a-b)^2 + (b-c)^2 + (c-a)^2 = u^2 + v^2 + w^2$$

と書き直せばよい．ここで，よくある対称式の変形を用いることで

$$0 = (u+v+w)^2 = u^2 + v^2 + w^2 + 2(uv + vw + wu)$$

が得られる．したがって，$uv + vw + wu = 0$ が成り立つことと，目標の $a^2 + b^2 + c^2 = ab + bc + ca$ という結果が成り立つことは同値である．　　　　□

6.8　いつ複素数を用いるべき（でない）か

この節では，これまでの例で述べたコメントのいくつかを再確認する．

まず，どのような問題だと複素数を使うべきでないかを簡潔に述べる．複素数の最大の敵は，複数の円である．複素数を用いれば単位円は自在に操れるようになるが，それ以外の円を扱うにはほとんど役立たない．また，任意の直線の交点も扱いにくい（任意の外心や内心は言うまでもない）．

しかし，首尾よくほとんどの点を 1 つの円の上に集められれば，こちらのものである．さらに，重要な三角形がその円で目立って特徴的であれば，その三角形の中心を扱えることはすでに見たとおりである．実際，三角形 ABC の外接円を単位円とおくことは，最も一般的な手法の 1 つである．そうすることで問題の対称性を利用でき，計算が簡単になるという思いがけないおまけも付いてくる．

最後に，何か初等的な観察を行うことで，複素座標による解法が単純にならないかつねに考えるべきである．私が幾何の問題を解くときには，計算が容易でないうちは初等的な手法を使うことを心がけている．

章末問題

▶**問題 6.29.** 複素数を用いて円周角の定理〔命題 1.24〕を示せ. **ヒント**: 506 343

▶**補題 6.30 (複素座標における弦).**
単位円上に相異なる 2 点 A, B があるとき, 点 P が直線 AB 上にあることと, $p + ab\overline{p} = a + b$ が成り立つことが同値であることを示せ. **ヒント**: 86 **解答**: p.337

▶**問題 6.31.** 内接四角形 $ABCD$ があり, 三角形 BCD, CDA, DAB, ABC の垂心をそれぞれ H_A, H_B, H_C, H_D とする. 4 直線 AH_A, BH_B, CH_C, DH_D が共点であることを示せ. **ヒント**: 132

▶**問題 6.32.** 四角形 $ABCD$ があり, I を中心とする内接円をもつ. このとき, I は線分 AC と線分 BD の中点を結ぶ直線上にあることを示せ. **ヒント**: 526 395
解答: p.337

▶**問題 6.33 (Chinese TST 2011).** 三角形 ABC があり, その外接円上に点 A', B', C' を線分 AA', BB', CC' がそれぞれ直径となるようにとる. 三角形 ABC の内部に点 P があり, P から直線 BC, CA, AB におろした垂線の足をそれぞれ D, E, F とする. D, E, F に関してそれぞれ A', B', C' と対称な点を X, Y, Z とする. このとき, 三角形 XYZ と三角形 ABC は相似であることを示せ.
ヒント: 141 149

▶**命題 6.34 (ナポレオンの定理 (Napoleon's theorem)).**
三角形 ABC において, 外部にそれぞれ BC, CA, AB を辺にもつ 3 つの正三角形をとり, それぞれの中心を O_A, O_B, O_C とする. 三角形 $O_A O_B O_C$ もまた正三角形であり, その中心は三角形 ABC の重心に一致することを示せ.
ヒント: 380 237 558

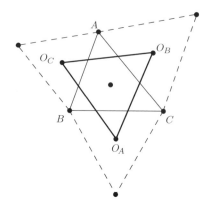

図 6.9A ナポレオンの定理.

▶**問題 6.35 (USAMO 2015/2).** 四角形 $APBQ$ が円 ω に内接しており，$\angle P =$
$\angle Q = 90°$ および $AP = AQ < BP$ をみたす．線分 PQ 上に点 X を任意にと
り，直線 AX と ω の交点のうち A でない方を S とする．ω の弧 AQB 上の点 T
は $AX \perp XT$ をみたし，弦 ST の中点を M とする．X が線分 PQ 上を動くと
き，M はある円上を動くことを示せ．**ヒント**: 133　361　316　283　**解答**：p.338

▶**問題 6.36 (MOP 2006).** 三角形 ABC があり，その垂心を H とする．三角形
ABC の外接円上の点 D, E, F が $AD \parallel BE \parallel CF$ をみたす．直線 BC, CA,
AB に関してそれぞれ D, E, F と対称な点を S, T, U とする．4 点 S, T, U, H
が共円であることを示せ．**ヒント**: 313　173　513　**解答**：p.339

▶**問題 6.37 (USA January TST for IMO 2014).** 内接四角形 $ABCD$ があり，線
分 AB, BC, CD, DA の中点をそれぞれ E, F, G, H とする．三角形 AHE,
BEF, CFG, DGH の垂心をそれぞれ W, X, Y, Z とする．このとき，四角形
$ABCD$ と四角形 $WXYZ$ の面積が等しいことを示せ．**ヒント**: 552　85　187　296

▶**問題 6.38 (Online Math Open Fall 2013).** $AB = 13$, $AC = 25$, $\tan \angle A = \dfrac{3}{4}$
なる三角形 ABC がある．線分 AC, AB に関してそれぞれ B, C と対称な点を
D, E とし，三角形 ABC の外心を O とする．三角形 DPO と三角形 PEO が
同じ向きに相似となるような点 P をとり，三角形 ABC の外接円の優弧 BC，劣
弧 BC の中点をそれぞれ X, Y とする．$PX \cdot PY$ を求めよ．**ヒント**: 30　303　608
解答：p.339

▶**命題 6.39（正接の加法）.**

開区間 $(-90°, 90°)$ 内の実数 $\theta_1, \theta_2, \theta_3$ を考える.

(a) $x_1 = \tan\theta_1$, $x_2 = \tan\theta_2$, $x_3 = \tan\theta_3$ とする. $x_1 x_2 + x_2 x_3 + x_3 x_1 \neq 1$ ならば

$$\tan(\theta_1 + \theta_2 + \theta_3) = \frac{(x_1 + x_2 + x_3) - x_1 x_2 x_3}{1 - (x_1 x_2 + x_2 x_3 + x_3 x_1)}$$

が成り立ち，そうでなければ〔上式の左辺が〕定義されないことを示せ.

(b) 一般の個数の変数に拡張せよ.

ヒント： 32 650 408 589   解答：p.340

▶**命題 6.40（シフラー点）.**

三角形 ABC があり，その内心を I とする. 三角形 AIB, BIC, CIA, ABC それぞれのオイラー線が共点であることを示せ（三角形 ABC の**シフラー点** (Schiffler point) とよばれる）. ヒント： 547 586 332

▶**問題 6.41（IMO 2009/2）.** 三角形 ABC があり，その外心を O とする. 辺 CA, AB 上（端点を除く）にそれぞれ点 P, Q がある. 線分 BP, CQ, PQ の中点をそれぞれ K, L, M とし，3 点 K, L, M を通る円を Γ とする. Γ と直線 PQ が接しているとき，$OP = OQ$ が成り立つことを示せ. ヒント： 50 72 357

▶**問題 6.42（APMO 2010/4）.** $BC < AB$, $BC < AC$ をみたす鋭角三角形 ABC があり，その外心を O，垂心を H とする. 三角形 AHC の外接円と直線 AB の交点のうち A でない方を M とし，三角形 AHB の外接円と直線 AC の交点のうち A でない方を N とする. このとき，三角形 MNH の外心は直線 OH 上にあることを示せ. ヒント： 642 121 445   解答：p.341

▶**問題 6.43（IMO Shortlist 2006/G9）.** 三角形 ABC において，辺 BC, CA, AB 上にそれぞれ点 A_1, B_1, C_1 がある. 三角形 $AB_1 C_1$, $BC_1 A_1$, $CA_1 B_1$ の外接円が三角形 ABC の外接円とそれぞれ A, B, C でない点 A_2, B_2, C_2 で交わるとする. 辺 BC, CA, AB の中点に関してそれぞれ A_1, B_1, C_1 と対称な点を A_3, B_3, C_3 とする. 三角形 $A_2 B_2 C_2$ と三角形 $A_3 B_3 C_3$ は相似であることを示

せ．**ヒント**：509 210 167

▶**問題 6.44 (MOP 2006)．** 平面上に O を中心とする円に内接する四角形 $ABCD$ と点 P があり，三角形 PAB, PBC, PCD, PDA の外心をそれぞれ O_1, O_2, O_3, O_4 とする．3 線分 O_1O_3, O_2O_4, OP のそれぞれの中点が共線であることを示せ．**ヒント**：29 431　**解答**：p.342

▶**問題 6.45 (IMO Shortlist 1998/G6)．** 凸六角形 $ABCDEF$ が $\angle B + \angle D + \angle F = 360°$ かつ

$$\frac{AB}{BC} \cdot \frac{CD}{DE} \cdot \frac{EF}{FA} = 1$$

をみたす．このとき，

$$\frac{BC}{CA} \cdot \frac{AE}{EF} \cdot \frac{FD}{DB} = 1$$

が成り立つことを示せ．**ヒント**：153 668 649 197　**解答**：p.343

▶**問題 6.46 (ELMO Shortlist 2013)．** 三角形 ABC があり，その外接円を ω とする．B 中線，C 中線と ω の交点のうちそれぞれ B, C でない方を D, E とする．D を通り C で直線 AC と接する円の中心を O_1 とし，E を通り B で直線 AB と接する円の中心を O_2 とする．O_1, O_2 と三角形 ABC の九点円の中心が共線であることを示せ．**ヒント**：371 655 554 203

第7章

重心座標

> もし自分のもつたった一つの道具が金づちであれば，すべてのものを釘のように
> 扱いたくなるのではないかと想像する．
>
> マズローの金槌 [†24, p.40]

それでは，新たな手法として重心座標を紹介しよう．本書を執筆した時点では，数学オリンピックのほとんどの選手や作問者が重心座標を知らないのである．

この章では，三角形 XYZ の符号付き面積（第 5.1 節）を $[XYZ]$ で表す．つまり，X, Y, Z が反時計回りに並んでいれば $[XYZ]$ は正であり，そうでなければ負である．〔また，第 0.3 節で定めたとおり，特に断りなく a, b, c といったとき，それぞれ三角形 ABC の辺 BC, CA, AB の長さを表すものとする．〕

7.1 定義と最初の定理

この節を通して，非退化な三角形 ABC を固定し，これを**基準三角形** (reference triangle) とよぶこととする（これは直交座標系において原点と軸を選ぶのとほぼ同じことである）．平面上の点 P に対し，3 つの実数の組 (x, y, z) を

$$\vec{P} = x\vec{A} + y\vec{B} + z\vec{C} \quad かつ \quad x + y + z = 1$$

をみたすように割りあてる〔第 7.4 節で示されるように，(x, y, z) は零ベクトル（付録 A.3 を参照のこと）のとり方によらない〕．これを三角形 ABC を基準三角形とする P の**重心座標** (barycentric coordinates) という．

重心座標は**面積座標** (areal coordinates) ともよばれる．これは，点 P の重心座標が (x, y, z) であるときに，符号付き面積 $[PBC]$ が $x[ABC]$ に，$[PCA]$ が $y[ABC]$ に，$[PAB]$ が $z[ABC]$ に等しいことに由来する．すなわち，重心座標は

$$P = \left(\frac{[PBC]}{[ABC]}, \frac{[PCA]}{[BCA]}, \frac{[PAB]}{[CAB]} \right)$$

と捉えることができる．符号付き面積としたのは，点 P が三角形の外側にある

ことも許すためである. $P = (x, y, z)$ と A が直線 BC に関して反対側にあれば $[PBC]$ と $[ABC]$ は符号が異なり, $x < 0$ となる. 特に, P が三角形 ABC の内部にあることと, x, y, z がすべて正であることは同値である.

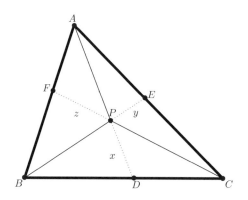

図 7.1A 重心座標と面積比は対応する.

まず, $A = (1, 0, 0)$, $B = (0, 1, 0)$, $C = (0, 0, 1)$ がすぐにわかる. これこそが, 三角形に関する標準的な幾何の問題に対して重心座標が非常に適している理由である. すなわち, 基準三角形の頂点の座標が単純かつ対称的なのである.

重心座標の本質は, 次の事実にある (証明は省く).

▶**定理 7.1 (重心座標の面積公式).**

3 点 P_1, P_2, P_3 があり, それぞれの重心座標を (x_1, y_1, z_1), (x_2, y_2, z_2), (x_3, y_3, z_3) とする. このとき, 三角形 $P_1 P_2 P_3$ の符号付き面積について

$$\frac{[P_1 P_2 P_3]}{[ABC]} = \begin{vmatrix} x_1 & y_1 & z_1 \\ x_2 & y_2 & z_2 \\ x_3 & y_3 & z_3 \end{vmatrix}$$

が成り立つ.

この系として, 直線の方程式が導かれる.

▶**定理 7.2（重心座標における直線の方程式）.**

　直線の方程式は，実数 u, v, w を用いて $ux + vy + wz = 0$ と表すことがで
き，u, v, w は定数倍の違いを除いて一意である．

証明　大筋としては，3 点が共線であることと，その 3 点のなす「三角形」
の符号付き面積が 0 になることの同値性を用いる．$X = (x_1, y_1, z_1)$ と $Y = (x_2, y_2, z_2)$ に対し，直線 XY 上の点 $P = (x, y, z)$ を特徴付けたいとする．上の
面積公式を $[PXY] = 0$ として用いれば，3 点が共線であることと，

$$0 = (y_1 z_2 - y_2 z_1)x + (z_1 x_2 - z_2 x_1)y + (x_1 y_2 - x_2 y_1)z$$

が成り立つことは同値であるとわかる．ゆえに，直線の方程式は定数 u, v, w を
用いて $0 = ux + vy + wz$ と書ける．　　　　　　　　　　　　　　　　□

　特に，$ux + vy + wz = 0$ に $(1, 0, 0)$ と $(0, 1, 0)$ を代入することで，直線 AB の
方程式は単に $z = 0$ であることがわかる．一般に A を通るチェバ線の方程式に
ついては，$A = (1, 0, 0)$ を代入することで，$vy + wz = 0$ と表せることがわかる．

　実は，上記の手法だけでチェバの定理とメネラウスの定理を証明することがで
きる．

▶**例 7.3（チェバの定理〔定理 3.3〕）.**

　三角形 ABC において，辺 BC, CA, AB 上（端点を除く）にそれぞれ点 D, E, F がある．このとき，3 本のチェバ線 AD, BE, CF が共点であることと，

$$\frac{BD}{DC} \cdot \frac{CE}{EA} \cdot \frac{AF}{FB} = 1$$

が成り立つことは同値である．

証明　0 より大きく 1 より小さい実数 d, e, f を用いて，

$$D = (0, d, 1-d), \quad E = (1-e, 0, e), \quad F = (f, 1-f, 0)$$

とおける．このとき，チェバ線 AD, BE, CF の方程式は，それぞれ

$$dz = (1-d)y, \quad ex = (1-e)z, \quad fy = (1-f)x$$

となる．この連立方程式[25]に非自明解（すなわち $(0, 0, 0)$ でない解）が存在する

25　（訳注）$x + y + z = 1$ という条件を無視しているが，なぜこうしてよいかは後述される．

ことと，$def = (1-d)(1-e)(1-f)$（これは結論の $\dfrac{BD}{DC} \cdot \dfrac{CE}{EA} \cdot \dfrac{AF}{FB} = 1$ と明らかに等価である）が成り立つことは同値であることを示したい[26]．

まずは非自明解 (x, y, z) の存在を仮定する．このとき，x, y, z のいずれかが 0 とすると残りもすべて 0 となるので，x, y, z はいずれも 0 でない．そこで 3 式を掛けあわせて $xyz(\neq 0)$ で割ることで，$def = (1-d)(1-e)(1-f)$ を得る．

一方，$def = (1-d)(1-e)(1-f)$ のとき，x, y, z を天下り的に構成する．$y_1 = d, z_1 = 1-d$ として，$x = x_1, y = y_1, z = z_1$ が連立方程式の解となるような x_1 を考えると，

$$x_1 = \frac{1-e}{e}(1-d) = \frac{f}{1-f}d$$

が必要十分条件となる．$def = (1-d)(1-e)(1-f)$ であるから，これは問題ない．

しかし，$x_1 + y_1 + z_1 = 1$ であるとは限らないので，見つかった三つ組が実際の点に対応しているとは限らない（ただし，少なくとも $x_1, y_1, z_1 > 0$ ではある）．ところが，これは大きな問題ではない．かわりに

$$(x, y, z) = \left(\frac{x_1}{x_1 + y_1 + z_1}, \frac{y_1}{x_1 + y_1 + z_1}, \frac{z_1}{x_1 + y_1 + z_1} \right)$$

を考えれば，これも条件をみたしており，かつ和が 1 となっている．したがってこの三つ組は 3 本のチェバ線が交わる点の座標に対応する．　□

上の証明の最後のステップは，重心座標が**同次座標** (homogeneous coordinates) であることを表している．詳しく説明すると，(x, y, z) が方程式

$$ux + vy + wz = 0$$

をみたすとすると，「三つ組」$(2x, 2y, 2z)$, $(1000x, 1000y, 1000z)$ やその他の定数倍も同じ 1 次方程式をみたす．これをふまえて，$x + y + z \neq 0$ であれば，適切な三つ組

26（訳注）この同値性は，両者が $\begin{vmatrix} 0 & 1-d & -d \\ -e & 0 & 1-e \\ 1-f & -f & 0 \end{vmatrix} = 0$ と同値であることからも従う．

$$\left(\frac{x}{x+y+z}, \frac{y}{x+y+z}, \frac{z}{x+y+z} \right)$$

を単に $(x:y:z)$ と略記する**正規化されていない重心座標** (unhomogenized bar-ycentric coordinates) も認めることにする．カンマのかわりにコロンを用いることに注意する．これと等価な定義は次のとおりである．任意の $k \neq 0$ に対し，$(x:y:z)$ と $(kx:ky:kz)$ は同一の点を表すものとする．このとき，特に $x+y+z=1$ であれば，$(x:y:z)$ は (x,y,z) と同じものと思える．

この記法を用いれば，これを直線の方程式にそのまま「代入」することができ，しばしば計算の手間が省けて便利である．たとえば，次の便利な結果が系として得られる．

▶**例7.4（重心座標におけるチェバ線）.**

　$P = (x_1:y_1:z_1)$ を A でない点とする．このとき，直線 AP 上の A でない点は $t+y_1+z_1 \neq 0$ をみたす実数 t によって

$$(t:y_1:z_1)$$

と媒介変数表示される．

一方で，正規化されていない重心座標を，たとえば面積公式に代入するのは意味がない．そこで，$x+y+z=1$ という制約の付いていた座標 (x,y,z) を**正規化された重心座標** (homogenized barycentric coordinates) とよび，カンマで区切って表す．

練習問題

▶**問題7.5.**　線分 AB の中点の重心座標を求めよ．　ヒント: 623

▶**補題7.6（重心座標における等角共役点・等長共役点）.**

　$P = (x:y:z)$ が $x,y,z \neq 0$ をみたすとする．このとき，P の等角共役点は

$$P^* = \left(\frac{a^2}{x} : \frac{b^2}{y} : \frac{c^2}{z} \right)$$

で与えられ，P の等長共役点は

$$P^t = \left(\frac{1}{x} : \frac{1}{y} : \frac{1}{z} \right)$$

で与えられることを示せ． **ヒント**: 419

7.2 三角形の中心

基準三角形のいくつかの中心を明示的に表したものを，表 7.1 にまとめた．ここで，$(u : v : w)$ は座標 $\left(\dfrac{u}{u+v+w}, \dfrac{v}{u+v+w}, \dfrac{w}{u+v+w} \right)$ の点をさしており，正規化されていないことに注意しよう．

大事なことなのでもう一度言う．**ここでの座標は正規化されていない**．

点・座標	証明の概略
$G = (1 : 1 : 1)$	自明
$I = (a : b : c)$	面積による定義
$I_A = (-a : b : c)$ （I_B, I_C も同様）	面積による定義
$K = (a^2 : b^2 : c^2)$	等角共役
$H = (\tan \angle A : \tan \angle B : \tan \angle C)$	面積による定義
$O = (\sin 2\angle A : \sin 2\angle B : \sin 2\angle C)$	面積による定義

表 7.1 三角形の中心の重心座標.

ここで，G, I, H, O はそれぞれ通常の重心，内心，垂心，外心をさし，$\angle A$ 内の傍心を I_A，類似重心を K とする．O と H は重心座標では（たとえば複素座標と比べて）特に扱いやすいわけではないが，I と K は非常にエレガントであることに注意されたい．

O と H は三角比ではなく，完全に辺の長さで表す方が便利なことが多い．つまり，

$$S_A = \frac{b^2 + c^2 - a^2}{2}, \quad S_B = \frac{c^2 + a^2 - b^2}{2}, \quad S_C = \frac{a^2 + b^2 - c^2}{2}$$

とおけば，

$$O = (a^2 S_A : b^2 S_B : c^2 S_C), \quad H = (S_B S_C : S_C S_A : S_A S_B)$$

となる．第 7.6 節では，S_A, S_B, S_C の特性を調べることで，これらをより現実

的に扱えるようになる方法を学ぶ.

表 7.1 と定理 7.4 の使いやすさが直観的にわかるような簡単な例を挙げよう.

▶**例 7.7.**

∠A の二等分線と B 類似中線の交点の重心座標を求めよ.

解答 交点を $P = (x : y : z)$ とおく. これは直線 AI と直線 BK の交点である. 定理 7.4 により, $I = (a : b : c)$ であるから $y : z = b : c$ がわかり, 同様に $K = (a^2 : b^2 : c^2)$ であるから $x : z = a^2 : c^2$ がわかる. よって, 点 P の座標は容易に

$$P = (a^2 : bc : c^2)$$

と求められる. □

教訓 —— チェバ線は重心座標において非常に扱いやすい. そして, 長さの比ではなく角度の情報があるときは, 正弦定理を使ってみよう.

練習問題

▶**問題 7.8.** 面積による定義を用いて, $I = (a : b : c)$ が成り立つことを示し, 角の二等分線定理を導け. **ヒント**: 605

▶**問題 7.9.** A 類似中線と B 中線の交点の重心座標を求めよ. **ヒント**: 463

7.3 共線性・共点性と無限遠点

定理 7.1 は 3 点が共線であることを示すために使えることが多い. 具体的には, 次の結果が得られる.

▶**定理 7.10（重心座標における共線性判定法）.**

3 点 P_1, P_2, P_3 があり, それぞれの重心座標を $(x_1 : y_1 : z_1)$, $(x_2 : y_2 : z_2)$, $(x_3 : y_3 : z_3)$ とする. これら 3 点が共線であることと,

$$0 = \begin{vmatrix} x_1 & y_1 & z_1 \\ x_2 & y_2 & z_2 \\ x_3 & y_3 & z_3 \end{vmatrix}$$

が成り立つことは同値である.

座標は正規化されていないことに注意しよう．この定理によって，計算量を大幅に削減できる．

証明 三角形 $P_1 P_2 P_3$ の符号付き面積が 0 である（すなわち，これらの点が共線である）ことと，

$$0 = \begin{vmatrix} \frac{x_1}{x_1+y_1+z_1} & \frac{y_1}{x_1+y_1+z_1} & \frac{z_1}{x_1+y_1+z_1} \\ \frac{x_2}{x_2+y_2+z_2} & \frac{y_2}{x_2+y_2+z_2} & \frac{z_2}{x_2+y_2+z_2} \\ \frac{x_3}{x_3+y_3+z_3} & \frac{y_3}{x_3+y_3+z_3} & \frac{z_3}{x_3+y_3+z_3} \end{vmatrix} \cdot [ABC]$$

が成り立つことは同値である．右辺を整理すると，

$$\frac{[ABC]}{(x_1 + y_1 + z_1)(x_2 + y_2 + z_2)(x_3 + y_3 + z_3)} \begin{vmatrix} x_1 & y_1 & z_1 \\ x_2 & y_2 & z_2 \\ x_3 & y_3 & z_3 \end{vmatrix}$$

となり，$[ABC] \neq 0$ であるから結論を得る． $\square$

この定理は，次の便利な形に言いかえられる．

▶**命題 7.11.**
　2 点 $P = (x_1 : y_1 : z_1), Q = (x_2 : y_2 : z_2)$ を通る直線は，

$$0 = \begin{vmatrix} x & y & z \\ x_1 & y_1 & z_1 \\ x_2 & y_2 & z_2 \end{vmatrix}$$

で表される．

この命題は，2 点を通る直線とチェバ線の交点を求めるために，定理 7.4 と組みあわせてよく用いられる．

3 直線が共点であることについても同様の判定法があるが，その前に**無限遠点** (points at infinity) について述べておく．以前

$$(x : y : z) = \left(\frac{x}{x+y+z}, \frac{y}{x+y+z}, \frac{z}{x+y+z} \right)$$

を $x + y + z \neq 0$ の場合に定義したが，$x + y + z = 0$ の場合はどうなるだろうか？

平行な 2 直線 $u_1x + v_1y + w_1z = 0$, $u_2x + v_2y + w_2z = 0$ について考える. これらは平行なので, 連立方程式

$$\begin{cases} 0 = u_1x + v_1y + w_1z \\ 0 = u_2x + v_2y + w_2z \\ 1 = x + y + z \end{cases}$$

は解 (x, y, z) をもたず, このとき

$$\begin{vmatrix} u_1 & v_1 & w_1 \\ u_2 & v_2 & w_2 \\ 1 & 1 & 1 \end{vmatrix} = 0$$

である. しかし, これは連立方程式

$$\begin{cases} 0 = u_1x + v_1y + w_1z \\ 0 = u_2x + v_2y + w_2z \\ 0 = x + y + z \end{cases}$$

が非自明解をもつことを意味するのである! (逆に, 2 直線が平行でないときはこの行列式は 0 でないので, 1 つの解 $(0, 0, 0)$ しかもたない)

そこで, 直線に 1 つの**無限遠点**を加えて「少し長く」してみる. この無限遠点 $(x : y : z)$ は, 直線の方程式および追加の条件 $x + y + z = 0$ をみたす点のことである. 〔すなわち, 直線 $ux + vy + wz = 0$ 上の無限遠点は $(v - w : w - u : u - v)$ である. 実際, これは上の方程式の非自明解となっているから, 〕これによって, いままで平行だった直線は無限遠点で交わるようになるから, すべての 2 直線が交わるようになるのである. 無限遠点については第 9 章の冒頭でさらに正確に定義することにする.

▶例 7.12.

$\angle A$ の二等分線上の無限遠点の座標を求めよ.

解答 求める無限遠点は $\left(-(b+c) : b : c\right)$ である. これは確かに $\angle A$ の二等分線の方程式をみたし, かつ座標の和が 0 である. □

▶**定理 7.13（重心座標における共点性判定法）.**

3 直線

$$l_1: u_1x+v_1y+w_1z = 0, \quad l_2: u_2x+v_2y+w_2z = 0, \quad l_3: u_3x+v_3y+w_3z = 0$$

について考える．これらが共点または互いに平行であることと，

$$0 = \begin{vmatrix} u_1 & v_1 & w_1 \\ u_2 & v_2 & w_2 \\ u_3 & v_3 & w_3 \end{vmatrix}$$

が成り立つことは同値である．

証明 これは本質的には線形代数である．連立方程式

$$\begin{cases} 0 = u_1x + v_1y + w_1z \\ 0 = u_2x + v_2y + w_2z \\ 0 = u_3x + v_3y + w_3z \end{cases}$$

を考える．これはつねに解 $(x, y, z) = (0, 0, 0)$ を持ち，その他の解が存在することと 3 直線が共点である（無限遠点で交わることも許す）ことは同値である．その他の解が存在することは，上の行列式が 0 となることと同値であるから，結論を得る． □

7.4 変位ベクトル

この節では，ベクトルを用いて距離と方向を扱っていく．これにより，2 点のあいだの距離公式が得られるから，円の方程式や 2 直線のあいだの距離公式も得ることができる．

根幹となる定義は，次のとおりである．（正規化された）2 点 $P = (p_1, p_2, p_3)$ と $Q = (q_1, q_2, q_3)$ の**変位ベクトル**（displacement vector）を $(q_1 - p_1, q_2 - p_2, q_3 - p_3)$ と定義し，$\overrightarrow{PQ}$ と書く．変位ベクトルの成分の和は 0 となる．

この節では，外心 O を零ベクトル $\overrightarrow{0}$ にとることにする．これにより，付録 A.3 で説明した内積の性質が使えるようになる．このことが許されるのは，点 (x, y, z) が $x + y + z = 1$ をみたすことから，点の座標が零ベクトルのとり方によらないためである．より明示的に述べれば，$x + y + z = 1$ が成り立つことから，

$$\overrightarrow{P} - \overrightarrow{O} = x(\overrightarrow{A} - \overrightarrow{O}) + y(\overrightarrow{B} - \overrightarrow{O}) + z(\overrightarrow{C} - \overrightarrow{O})$$

となるためである.

結果として,次の教訓を得る.

> 変位ベクトルの計算をするときは,$x + y + z = 1$ であることが重要である.

最初の大きな結果は距離公式である.

▶**定理 7.14(重心座標における距離公式).**

2 点 P, Q の変位ベクトルを $\overrightarrow{PQ} = (x, y, z)$ とする.このとき,P と Q の距離 PQ について

$$PQ^2 = -a^2yz - b^2zx - c^2xy$$

が成り立つ.

証明 外心 O を零ベクトルにとる.付録 A.3 を思いだすと,

$$\overrightarrow{A} \cdot \overrightarrow{A} = R^2, \quad \overrightarrow{A} \cdot \overrightarrow{B} = R^2 - \frac{1}{2}c^2$$

であった(ここで三角形 ABC の外接円の半径を R とした).あとは単に

$$PQ^2 = (x\overrightarrow{A} + y\overrightarrow{B} + z\overrightarrow{C}) \cdot (x\overrightarrow{A} + y\overrightarrow{B} + z\overrightarrow{C})$$

を計算すればよい.内積の性質と(第 0.3 節で定義した)巡回和の記法を用いれば

$$PQ^2 = \sum_{\text{cyc}} x^2 \overrightarrow{A} \cdot \overrightarrow{A} + 2\sum_{\text{cyc}} xy \overrightarrow{A} \cdot \overrightarrow{B} = R^2(x^2 + y^2 + z^2) + 2\sum_{\text{cyc}} xy\left(R^2 - \frac{1}{2}c^2\right)$$

となる.さらに,R^2 でまとめれば

$$PQ^2 = R^2(x^2 + y^2 + z^2 + 2xy + 2yz + 2zx) - (c^2xy + a^2yz + b^2zx)$$
$$= R^2(x + y + z)^2 - a^2yz - b^2zx - c^2xy = -a^2yz - b^2zx - c^2xy$$

を得る.ただし,〔3 つ目の等号で〕変位ベクトルの成分の和についての式 $x + y + z = 0$ を用いた. □

この結果として，円の方程式を導くことができる．これは見た目に反してうまく扱えることが多い．証明のあとに続く備考も参照のこと．

▶ **定理 7.15（重心座標における円の方程式）.**

円の一般式は

$$-a^2yz - b^2zx - c^2xy + (ux + vy + wz)(x + y + z) = 0 \quad (u, v, w \text{ は実数})$$

である[27].

証明 円の中心を (j, k, l)，半径を r とする．距離公式を適用することにより，この円は

$$-a^2(y - k)(z - l) - b^2(z - l)(x - j) - c^2(x - j)(y - k) = r^2.$$

で与えられることがわかる．すべてを展開して整理すると，定数 C_1, C_2, C_3, C を用いて

$$-a^2yz - b^2zx - c^2xy + C_1x + C_2y + C_3z = C$$

の形に表せる．さらに $u = C_1 - C$, $v = C_2 - C$, $w = C_3 - C$ とおくと，$x + y + z = 1$ であるから，

$$-a^2yz - b^2zx - c^2xy + ux + vy + wz = 0$$

となり，これは

$$-a^2yz - b^2zx - c^2xy + (ux + vy + wz)(x + y + z) = 0$$

と変形できる．　　　　　　　　　　　　　　　　　　　　　　　　□

一見すると複雑な式だが，実は基準三角形の頂点や辺上の点を通る円であれば，非常に扱いやすい式で表されることがわかる．たとえば，円が $A = (1, 0, 0)$ を通る場合にどうなるかを考えてみよう．このとき，a^2yz, b^2zx, c^2xy の項はすべて消え，$u = 0$ が得られる．0 である成分が 1 つだけの場合であっても，多くの項が消える．そのような例は今後も現れるだろう．

---

27 （訳注）この方程式はどの項も x, y, z について 2 次であるから，正規化されていない座標に対しても用いることができる．

したがって、外接円の絡む問題を重心座標で解くときは、その円が基準三角形の辺上の点、欲を言えば頂点を通るように座標を設定したい。つまり、円が出てくるときは、基準三角形をどう選ぶかが最も重要なのである。

この節の締めくくりとして、2 つの変位ベクトルの直交性判定法を紹介する。

▶**定理 7.16（重心座標における直交性判定法）.**
2 つの変位ベクトル $\overrightarrow{MN} = (x_1, y_1, z_1)$, $\overrightarrow{PQ} = (x_2, y_2, z_2)$ について、2 直線 MN, PQ が垂直であることと

$$0 = a^2(z_1 y_2 + y_1 z_2) + b^2(x_1 z_2 + z_1 x_2) + c^2(y_1 x_2 + x_1 y_2)$$

が成り立つことは同値である。

証明は先ほどと本質的には変わらない。つまり、外心 O を零ベクトルにとって、$MN \perp PQ$ と同値な条件 $\overrightarrow{MN} \cdot \overrightarrow{PQ} = 0$ を展開する。以下の証明を読む前に自力で挑戦することを推奨する。

証明 外心 O を零ベクトルにとる。$MN \perp PQ$ であることは、

$$(x_1 \overrightarrow{A} + y_1 \overrightarrow{B} + z_1 \overrightarrow{C}) \cdot (x_2 \overrightarrow{A} + y_2 \overrightarrow{B} + z_2 \overrightarrow{C}) = 0$$

が成り立つことと同値である。左辺を展開すると、

$$
\begin{aligned}
&(x_1 \overrightarrow{A} + y_1 \overrightarrow{B} + z_1 \overrightarrow{C}) \cdot (x_2 \overrightarrow{A} + y_2 \overrightarrow{B} + z_2 \overrightarrow{C}) \\
&= \sum_{\mathrm{cyc}} (x_1 x_2 \overrightarrow{A} \cdot \overrightarrow{A}) + \sum_{\mathrm{cyc}} \left((x_1 y_2 + x_2 y_1) \overrightarrow{A} \cdot \overrightarrow{B} \right) \\
&= \sum_{\mathrm{cyc}} (x_1 x_2 R^2) + \sum_{\mathrm{cyc}} (x_1 y_2 + x_2 y_1) \left(R^2 - \frac{c^2}{2} \right) \\
&= R^2 \left(\sum_{\mathrm{cyc}} (x_1 x_2) + \sum_{\mathrm{cyc}} (x_1 y_2 + x_2 y_1) \right) - \frac{1}{2} \sum_{\mathrm{cyc}} \left(c^2 (x_1 y_2 + x_2 y_1) \right) \\
&= R^2 (x_1 + y_1 + z_1)(x_2 + y_2 + z_2) - \frac{1}{2} \sum_{\mathrm{cyc}} \left(c^2 (x_1 y_2 + x_2 y_1) \right) \\
&= -\frac{1}{2} \sum_{\mathrm{cyc}} \left(c^2 (x_1 y_2 + x_2 y_1) \right)
\end{aligned}
$$

となる. ただし, 変位ベクトルの性質 $x_1 + y_1 + z_1 = x_2 + y_2 + z_2 = 0$ を用いた. よって, $MN \perp PQ$ であることは,

$$-\frac{1}{2}\sum_{\text{cyc}}\Big(c^2(x_1 y_2 + x_2 y_1)\Big) = 0$$

すなわち

$$0 = a^2(z_1 y_2 + y_1 z_2) + b^2(x_1 z_2 + z_1 x_2) + c^2(y_1 x_2 + x_1 y_2)$$

が成り立つことと同値である. □

定理 7.16 は変位ベクトルの 1 つが三角形の辺であるときに特に有効である. 応用例を問題 7.18 と補題 7.19 に, さらに第 7.8 節で紹介する.

練習問題

▶**補題 7.17 (重心座標における外接円).**
基準三角形 ABC の外接円の方程式は

$$a^2 yz + b^2 zx + c^2 xy = 0$$

で与えられることを示せ. **ヒント:** 688

▶**問題 7.18.** 変位ベクトル $\overrightarrow{PQ} = (x_1, y_1, z_1)$ について, $PQ \perp BC$ であることと

$$0 = a^2(z_1 - y_1) + (c^2 - b^2)x_1$$

が成り立つことは同値であることを示せ.

▶**補題 7.19 (重心座標における垂直二等分線).**
辺 BC の垂直二等分線の方程式は

$$0 = a^2(z - y) + (c^2 - b^2)x$$

で与えられることを示せ.

7.5 国際数学オリンピック候補問題への挑戦

さらに細かい理論を学ぶ前に，ここでは理解に役立つ例題を取りあげよう．2011 年の国際数学オリンピック候補問題からの 1 問を紹介する．

▶例 7.20（IMO Shortlist 2011/G6）．

$AB = AC$ をみたす三角形 ABC があり，辺 AC の中点を D とする．$\angle BAC$ の二等分線と円 DBC が三角形 ABC の内部の点 E で交わっており，直線 BD と円 AEB が B でない点 F で交わっている．また，直線 AF と直線 BE が点 I で，直線 CI と直線 BD が点 K で交わっている．このとき，I は三角形 KAB の内心であることを示せ．

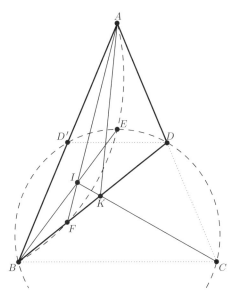

図 7.5A 2011 年の国際数学オリンピック候補問題の幾何第 6 問（例 7.20）．

この問題では，あまり難しくない初等的な良い観察をいくつかすることができるが，議論の都合上，それらをすべて見逃したことにする．どのように重心座標を適用すべきだろうか？

おそらくより良い質問は、そもそも重心座標を用いるべきかどうか、というものだろう。2つの円があるが、比較的扱いやすいように見える。また、直線と直線の交点が多くあるが、それらの直線はほとんどチェバ線になりうるものばかりである。結論は角の二等分線に関するもので難しそうに見えるが、なんとかなるかもしれない。

重心座標を用いるべきかどうかを判断するうえで重要となるのは、基準三角形をうまく選べるかどうかである。最初は三角形 ABC を選びたくなるかもしれない。問題文中の2つの円が少なくとも2つの基準三角形の頂点を通り、$AB = AC$ という条件を簡単に記述できるからである。しかし、直線 BI, AI がそれぞれ $\angle ABD$, $\angle BAK$ を二等分することを証明するのは、あまり楽ではなさそうである。せめて、いずれか一方だけでも楽にならないだろうか？

そこで、基準三角形を選びなおすことにしよう。かわりに三角形 ABD を選べば、直線 BE が $\angle ABD$ を二等分するという条件は非常に扱いやすくなり、実際、（最初に座標を計算する点が E なので）序盤でほとんど即座に処理できる。また、すべての円が2つの頂点を通るという性質も残る。さらに良いことに、F と K がチェバ線上の点であるだけでなく（チェバ線もたいていの場合は扱いやすいが）基準三角形の辺上にある点となる。そして、直線 AI が $\angle BAK$ を二等分するという主張も $\dfrac{AB^2}{AK^2} = \dfrac{BF^2}{FK^2}$ を確認することに帰着され、とても良くなった。F, K が直線 BD 上にあることから、右辺は求めやすそうであり、非自明なステップは AK^2 を求める部分だけだろう。さらに、二等辺三角形であるという条件は $AB = 2AD$ と言いかえられ、これも簡単に表せる。

すべてがうまくいくことは極めて重要である。たった1つでも綻びが生じれば、解法全体が崩壊することさえあるからだ。計画を立てるうえでは、最も時間のかかるステップをつねに一番に心配する必要があり、そのボトルネックはそれ以外のすべての部分よりも時間を要することがしばしばである。

それでは始めよう。$A = (1, 0, 0)$, $B = (0, 1, 0)$, $D = (0, 0, 1)$ とおき、$a = BD$, $b = AD$, $c = AB = 2b$ とする。また、$\angle A = \angle BAD$, $\angle B = \angle DBA$, $\angle D = \angle ADB$ と略記する。

最初の目標は E の座標を計算することだから、円 BDC の方程式を求める必要がある。C は D に関して A と対称な点であるから、$C = (-1, 0, 2)$ である。

そこで，$B = (0,1,0)$, $C = (-1,0,2)$, $D = (0,0,1)$ を円 BDC の方程式

$$-a^2yz - b^2zx - c^2xy + (x+y+z)(ux+vy+wz) = 0$$

に代入することを考える．B, D を代入すると $v = w = 0$ がわかり，このことこそが，円が基準三角形の頂点を通るようにしたい理由であった．ここで C を代入すれば

$$2b^2 - u = 0 \implies u = 2b^2$$

となる．良い感じだ．いま，E は $\angle BAD$ の二等分線上にあるので，ある実数 t を用いて $E = (t : 1 : 2)$（これは $(bt : b : 2b) = (bt : b : c)$ に等しい）とおける．t を求めるためにこれを円の方程式に代入すると

$$-a^2 \cdot 1 \cdot 2 - b^2 \cdot 2 \cdot t - c^2 \cdot t \cdot 1 + (3+t)(2b^2 \cdot t) = 0$$

となる．$c = 2b$ を用いると，t の 1 次の項が打ち消されて $2b^2 \cdot t^2 = 2a^2$ だけが残り，$t = \pm\dfrac{a}{b}$ となる．E は基準三角形の内部の点であるから $t > 0$ の方を選べば，$E = \left(\dfrac{a}{b} : 1 : 2\right)$，すなわち

$$E = (a : b : 2b) = (a : b : c)$$

を得る．

　これは E が三角形 ABD の内心であることを意味している．これは直線 BE が $\angle ABD$ の二等分線であることを導くが，図をもう一度見ると，これは初等的かつ単純に説明できることがわかる．というのも，直線 AE に関して D と対称な点を D' とすると，円 BCD の弧 $D'E$ と弧 DE は単純な対称性により合同であるから，$\angle D'BE = \angle EBD$ である．おっと，こんなことに気付かなかったなんて！　しかし先を急ごう．

　次のステップは，F の座標を計算することだ．まずは，円 AEB の方程式が必要である．u, v, w を用いた一般式で同様に計算すれば，A と B がその上にあることから $u = v = 0$ を得られる．E からは

$$-a^2bc - b^2ca - c^2ab + (a+b+c)(cw) = 0 \implies w = ab$$

が得られる．いま，$F = (0 : m : n)$ とおき，求めた方程式に代入することで

$$-a^2mn + (m+n)(abn) = 0 \implies -am + b(m+n) = 0.$$

すなわち $m : n = b : (a-b)$ を得る．したがって，

$$F = (0 : b : a-b) = \left(0, \frac{b}{a}, \frac{a-b}{a}\right)$$

となる．

待てよ，これは非常にきれいだ．なぜだろうか？

よくよく考えれば，

$$DF = \frac{b}{a} \cdot BD = b = AD$$

がわかる．つまり，F は角の二等分線 ED に関して A と対称であるということだが，これは明らかだろうか？　答えはイエスである．〔三角形 DAB において〕おなじみの補題 1.18 により，円 AEB の中心が直線 ED 上にあるとわかるからだ．たしかにそのとおりである．

（この段階で，位置関係の問題を解消するために $a > b$ を確かめようとして一瞬手が止まるかもしれないが，これは単に三角不等式 $a + b > 2b$ から従う．）

次に I の座標を求める．これは直線 AF, BE がチェバ線であるから容易であり，

$$I = \Big(a(a-b) : bc : c(a-b)\Big) = \Big(a(a-b) : 2b^2 : 2b(a-b)\Big)$$

となる．

K の座標を計算したい．$K = (0 : y : z)$ とおき，$y : z$ を求める．I, K, C が共線であることから，共線性判定法（定理 7.10）により

$$0 = \begin{vmatrix} 0 & y & z \\ -1 & 0 & 2 \\ a(a-b) & 2b^2 & 2b(a-b) \end{vmatrix}$$

を得る．さらに 0 を作れるかどうかを見ると，第 2 行の $a(a-b)$ 倍を第 3 行に加えることで，

$$0 = 2 \begin{vmatrix} 0 & y & z \\ -1 & 0 & 2 \\ 0 & b^2 & (b+a)(a-b) \end{vmatrix}$$

を得る（第3行に自然に発生した因数2をくくりだした）．これにより明らかに，（第1列について）展開することで，

$$0 = \begin{vmatrix} y & z \\ b^2 & a^2 - b^2 \end{vmatrix}$$

がわかる．よって，$K = (0 : b^2 : a^2 - b^2) = \left(0, \dfrac{b^2}{a^2}, \dfrac{a^2 - b^2}{a^2} \right)$ となる．これもまたきれいである．実際，先ほどと同様にして

$$DK = \frac{b^2}{a} = \frac{AD^2}{BD} \implies DB \cdot DK = AD^2$$

がわかる．では他に何か初等的な観察を見逃していないだろうか？　新たに見つけたこの事実により，三角形 DAK と三角形 DBA が相似であることがわかり，$\angle KAD = \angle KBA$ を得る．よって，$\angle BAK = \angle A - \angle B$ が従う（$a > b$ であるからこの値は正である）．

　以上の計算で得られた $\angle BAK = \angle A - \angle B$ という式によって，$\angle BAF = \dfrac{1}{2}(\angle A - \angle B)$ を示せばよいことがわかる．また，$\angle BAE = \dfrac{1}{2}\angle A$ であるから，示すことは $\angle FAE = \dfrac{1}{2}\angle B$ に帰着できるが，これは火を見るよりも明らかであり，$\angle FAE = \angle FBE = \dfrac{1}{2}\angle B$ となり証明が完了する．

　すべての非自明な初等的考察が，F を用いて K の座標を計算する部分に現れている．結果として得られた K が驚くほどきれいだったので，証明が自然と完結した．これらの初等的な考察を見逃してばかりいたことは秘密にして，解答をきれいに書きあげよう．

例 7.20 の解答　線分 AB の中点を D' とする．明らかに B, D', D, E, C は共円であり，また〔直線 AE に関する〕対称性により $DE = D'E$ であるから，直線 BE は $\angle D'BD$ を二等分する．よって E は三角形 ABD の内心であり，補題 1.18 により円 AEB の中心は半直線 DE 上にある．これにより直線 ED に関して A と対称な点が円 AEB 上にあることがわかり，この点はまさに F である．

　$DK \cdot DB = DA^2$ を示す．三角形 ABD を基準三角形とする重心座標を用いる．$A = (1, 0, 0), B = (0, 1, 0), D = (0, 0, 1)$ とおき，$a = BD, b = AD, c = AB = 2b$ とする．上の観察により $F = (0 : b : a - b), E = (a : b : c)$ であると

わかるから，

$$I = \Big(a(a-b) : bc : c(a-b)\Big) = \Big(a(a-b) : 2b^2 : 2b(a-b)\Big)$$

を得る．最後に，$C = (-1, 0, 2)$ であるから $K = (0 : y : z)$ とおけば

$$0 = \begin{vmatrix} 0 & y & z \\ -1 & 0 & 2 \\ a(a-b) & 2b^2 & 2b(a-b) \end{vmatrix} = \begin{vmatrix} 0 & y & z \\ -1 & 0 & 2 \\ 0 & 2b^2 & 2(a^2-b^2) \end{vmatrix}$$

が成り立つため，$y : z = b^2 : (a^2 - b^2)$ となり，$K = \left(0, \dfrac{b^2}{a^2}, 1 - \dfrac{b^2}{a^2}\right)$ が成り立つことがわかる．これにより，ただちに $DK = \dfrac{b^2}{a}$ を得る．

ここで，

$$DK \cdot DB = DA^2 \implies \triangle DAK \sim \triangle DBA \implies \angle KAD = \angle B$$

であるから，$\angle BAK = \angle A - \angle B$ がわかる．さらに，$\angle EAD = \dfrac{1}{2}\angle A$ および $\angle FAE = \angle FBE = \dfrac{1}{2}\angle B$ により $\angle BAF = \dfrac{1}{2}(\angle A - \angle B)$ が得られるので，結論を得る．　　　　　　□

7.6 コンウェイの記法

$$S_A = \frac{b^2 + c^2 - a^2}{2}, \quad S_B = \frac{c^2 + a^2 - b^2}{2}, \quad S_C = \frac{a^2 + b^2 - c^2}{2}$$

という記法は，**コンウェイの記法** (Conway's notation)* とよばれる．また，$S_{BC} = S_B S_C$ と略記することにする（S_{CA}, S_{AB} なども同様に定める）．

この記法は〔第 7.2 節で〕外心の座標を得たときに初めて現れたが，見た目よりは扱いやすいとそのとき述べた．これは，多くの良い恒等式が成り立つからである．たとえば，$S_B + S_C = a^2$ が成り立つことはすぐにわかるが，次のように非自明なものもある．

---

*この記法は，イギリスの数学者であるジョン・ホートン・コンウェイ (John Horton Conway) にちなんでいる．

▶**命題 7.21（コンウェイの恒等式）.**

　三角形 ABC の面積の 2 倍を S とするとき,

$$S^2 = S_{AB} + S_{BC} + S_{CA} = S_{BC} + a^2 S_A$$
$$= \frac{1}{2}(a^2 S_A + b^2 S_B + c^2 S_C) = (bc)^2 - S_A^2$$

が成り立ち, 特に

$$a^2 S_A + b^2 S_B - c^2 S_C = 2S_{AB}$$

である.

　$a^2 S_A$ や S_{AB} といった項が多く現れることに気付くかもしれない. それはこれらが外心や垂心の座標に現れることに由来する. したがって, これらの項は自然に現れる傾向があり, コンウェイの恒等式によりそれらが扱えるようになるのである.

　より一般的に, 三角形 ABC の符号付き面積の 2 倍を S としたうえで,

$$S_\theta = S \cot \theta = S \cdot \frac{\cos \theta}{\sin \theta}$$

と定義する（角度は $180°$ を法とした有向角とする）. $S_A = \frac{1}{2}(b^2 + c^2 - a^2)$ は, 上で $\theta = \angle BAC$ とした特別な場合である.

　この記法を用いることで, ときどき役立つ次の結果が得られる.

▶**定理 7.22（コンウェイの公式）.**

　平面上に任意の点 P がある. $\beta = \angle PBC$, $\gamma = \angle BCP$ とするとき,

$$P = (-a^2 : S_C + S_\gamma : S_B + S_\beta)$$

が成り立つ.

　この定理は, 三角形 PBC, PAB, PCA の符号付き面積を計算し, 多少の式変形をすることにより証明できる. この証明は特段興味深くないため, 練習問題として熱心な読者にゆだねることにする. 応用例としては, 問題 7.37 を紹介しておく.

7.7 変位ベクトル 再論

この節では，第 7.4 節で行ったいくつかの議論について，さらに詳しく学ぶことにする．

まずは，再び円の方程式に注目しよう．

$$-a^2yz - b^2zx - c^2xy + (x+y+z)(ux+vy+wz) = 0$$

u, v, w の符号を簡単に変えられるにもかかわらず，最初の 3 項にマイナスをつけることにこだわるのは，奇妙に思えたかもしれない．しかし，これには十分な理由がある．円の方程式は

$$(中心と (x,y,z) の距離)^2 - (半径)^2 = 0$$

から導きだしたことを思いだそう．これには見覚えがあるはずだ！　この式に任意の点 (x,y,z) を代入したらどうなるだろうか？　円に関するその点の方べき^{パワー}が得られるのである．明示的に書けば，次の補題を得る．

▶**補題 7.23（重心座標における方べき）.**

円 ω の方程式が

$$-a^2yz - b^2zx - c^2xy + (x+y+z)(ux+vy+wz) = 0$$

で与えられている．このとき，任意の点 $P = (x,y,z)$ に対し，ω に関する P の方べきについて

$$\mathrm{Pow}_\omega(P) = -a^2yz - b^2zx - c^2xy + (x+y+z)(ux+vy+wz)$$

が成り立つ．

ここでは (x,y,z) は正規化されていることに注意しよう．正規化していないと距離公式が壊れるため，この補題も成り立たない．

補題 7.23 の簡単だが必要不可欠な帰結として，2 円の根軸の方程式を与える次の補題が得られる．

▶**補題 7.24（重心座標における根軸）.**

中心が異なる 2 円

$$-a^2yz - b^2zx - c^2xy + (x + y + z)(u_1x + v_1y + w_1z) = 0,$$
$$-a^2yz - b^2zx - c^2xy + (x + y + z)(u_2x + v_2y + w_2z) = 0$$

について，それらの根軸は

$$(u_1 - u_2)x + (v_1 - v_2)y + (w_1 - w_2)z = 0$$

で与えられる.

証明 2 円に関する方べきが等しいという条件を記述し，$x + y + z \neq 0$ を用いる. この式が同次式であることに注意しよう. □

次に，定理 7.16 を改良することを考えよう. 定理 7.16 の証明の中で，外心 O を零ベクトルにとったことから，

$$R^2(x_1 + y_1 + z_1)(x_2 + y_2 + z_2) = R^2 \cdot 0 \cdot 0 = 0$$

が成り立つことを用いた. しかし，実はこの全体の積が 0 になるためには，変位ベクトルの成分の和のうち片方でも 0 であればよい. もう一方については〔成分の和が 0 でなくてもよいような〕「擬変位ベクトル」（pseudo displacement vector）を使えばやり過ごせる. つまり，たとえば H が垂心のとき，

$$\overrightarrow{OH} = \vec{H} - \vec{O} = \vec{H} = \vec{A} + \vec{B} + \vec{C} = (1, 1, 1)$$

のように書いてズルをすることができる（ここでも $\vec{O}$ は零ベクトルであり，$\vec{H} = \vec{A} + \vec{B} + \vec{C}$ が成り立つことは第 6 章で示した）.

もちろん，これでは厳密には無意味だが，発想自体には意味がある. そのことをきちんと記述したのが，次の定理である.

▶**定理 7.25（重心座標における直交性判定法の一般化）.**

基準三角形 ABC の外心を O とする. 4 点 M, N, P, Q について，

$$\overrightarrow{MN} = x_1\overrightarrow{OA} + y_1\overrightarrow{OB} + z_1\overrightarrow{OC},$$
$$\overrightarrow{PQ} = x_2\overrightarrow{OA} + y_2\overrightarrow{OB} + z_2\overrightarrow{OC}$$

とおくとき，$x_1 + y_1 + z_1 = 0$ または $x_2 + y_2 + z_2 = 0$ が成り立っているとする．このとき，2 直線 MN, PQ が垂直であることと

$$0 = a^2(z_1 y_2 + y_1 z_2) + b^2(x_1 z_2 + z_1 x_2) + c^2(y_1 x_2 + x_1 y_2)$$

が成り立つことは同値である[28]．

証明 定理 7.16 と完全に同様に証明できる． □

これは，O や H が直交条件に絡んでいるときに便利である．たとえば，A を通り直線 AO と垂直な直線を求めることで，次の系が得られる．

▶例 7.26.

円 ABC の A における接線は

$$b^2 z + c^2 y = 0$$

で与えられる．

証明 $P = (x, y, z)$ が接線上の点であるとし，いつものように外心 O を零ベクトルにとる．変位ベクトル $\overrightarrow{AP}$ は

$$\overrightarrow{AP} = (x - 1, y, z) = (x - 1)\vec{A} + y\vec{B} + z\vec{C}$$

である．「擬変位ベクトル」

$$\overrightarrow{OA} = \vec{A} - \vec{O} = 1\vec{A} + 0\vec{B} + 0\vec{C}$$

も用いることができ，$(x_1, y_1, z_1) = (x - 1, y, z)$, $(x_2, y_2, z_2) = (1, 0, 0)$ として定理 7.25 を適用することで結論を得る． □

7.8 さらなる例

最初の例は，射影幾何で有名なパスカルの定理である．

---

28 （訳注）定理 7.16 では変位ベクトルを用いているので，零ベクトルのとり方によらず成立したが，その一方で「擬変位ベクトル」は零ベクトルのとり方に依存するので，定理 7.25 では点 O は外心である必要がある．点 O が外心でないときに反例が構成できないか試してみると，より理解が深まるだろう．

▶**例 7.27 (パスカルの定理 (Pascal's theorem)).**

円 Γ 上に相異なる 6 点 A, B, C, D, E, F がある. このとき, 直線 AB と直線 DE の交点, 直線 BC と直線 EF の交点, 直線 CD と直線 FA の交点が共線であることを示せ.

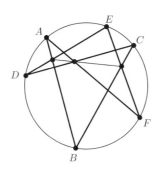

図 7.8A パスカルの定理 (の位置関係の 1 つ).

この問題は, 交点を多く含む一方で円を 1 つしか含まないので, 重心座標で問題なく解けそうだ.

では, 基準三角形を決めよう. つい三角形 ABC を選びたくなるが, そうするとパスカルの定理の主張の対称性が大きく損なわれてしまううえに, 直線 DE と EF がチェバ線にならない. そこで, かわりに三角形 ACE を基準三角形に選べば, 計算が対称的になり, さらに直線 AB, DE, BC, EF, CD, FA がすべて対称になる.

これで, 計算の準備がととのった.

解答 $a = CE$, $c = EA$, $e = AC$ とおき, $A = (1,0,0)$, $C = (0,1,0)$, $E = (0,0,1)$ とする. 他の自由度の多い点を処理しなければならないが, ひとまず

$$B = (x_1 : y_1 : z_1), \quad D = (x_2 : y_2 : z_2), \quad F = (x_3 : y_3 : z_3)$$

と書いてうまくいくことを願おう〔B, D, F がいずれも三角形 ACE の辺上にないことから, $x_1, y_1, z_1, x_2, y_2, z_2, x_3, y_3, z_3$ はいずれも 0 でないことに注意する〕. まず, これらの点は円 ACE 上にあるという制約があるので, 連立方程式

$$\begin{cases} -a^2 y_1 z_1 - c^2 z_1 x_1 - e^2 x_1 y_1 = 0 \\ -a^2 y_2 z_2 - c^2 z_2 x_2 - e^2 x_2 y_2 = 0 \\ -a^2 y_3 z_3 - c^2 z_3 x_3 - e^2 x_3 y_3 = 0 \end{cases}$$

が得られる．これはあとで役に立つとよいのだが，今のところうまく使う方法は見当たらない．

　では交点の座標を求めよう．まずはチェバ線 AB とチェバ線 ED を交わらせる（わかりやすくするため，いつでも基準三角形の頂点を先に書くようにしている）．直線 AB は $y : z = y_1 : z_1$ をみたす (x, y, z) の軌跡であり，直線 ED は $x : y = x_2 : y_2$ をみたす (x, y, z) の軌跡であるから，直線 AB と直線 ED の交点は

$$AB \cap ED = \left(\frac{x_2}{y_2} : 1 : \frac{z_1}{y_1} \right)$$

である（ここで，少し気が早いが第 9 章の交点の記法〔p.234〕を用いた．ご容赦を）．他の交点も同様に

$$CD \cap AF = \left(\frac{x_2}{z_2} : \frac{y_3}{z_3} : 1 \right), \quad EF \cap CB = \left(1 : \frac{y_3}{x_3} : \frac{z_1}{x_1} \right)$$

と求められる．ここで，これらが共線であることを示すには，行列式

$$\begin{vmatrix} 1 & y_3/x_3 & z_1/x_1 \\ x_2/y_2 & 1 & z_1/y_1 \\ x_2/z_2 & y_3/z_3 & 1 \end{vmatrix}$$

が 0 であることを示せばよい（対角成分に 1 を並べた）．これを見ると，先ほど得られた条件は，

$$\begin{cases} a^2 \cdot \dfrac{1}{x_1} + c^2 \cdot \dfrac{1}{y_1} + e^2 \cdot \dfrac{1}{z_1} = 0 \\[2mm] a^2 \cdot \dfrac{1}{x_2} + c^2 \cdot \dfrac{1}{y_2} + e^2 \cdot \dfrac{1}{z_2} = 0 \\[2mm] a^2 \cdot \dfrac{1}{x_3} + c^2 \cdot \dfrac{1}{y_3} + e^2 \cdot \dfrac{1}{z_3} = 0 \end{cases}$$

と書きなおしたくなる．〔これを a^2, c^2, e^2 についての連立方程式と捉えたときに，非自明解をもつことから〕

$$0 = \begin{vmatrix} 1/x_1 & 1/y_1 & 1/z_1 \\ 1/x_2 & 1/y_2 & 1/z_2 \\ 1/x_3 & 1/y_3 & 1/z_3 \end{vmatrix} = \frac{1}{x_2 y_3 z_1} \begin{vmatrix} z_1/x_1 & z_1/y_1 & 1 \\ 1 & x_2/y_2 & x_2/z_2 \\ y_3/x_3 & 1 & y_3/z_3 \end{vmatrix}$$

が従うので，最初の行列式が 0 であることが〔転置しても行列式が不変であることに注意すると〕すぐにわかる． □

ここでのパスカルの定理の証明では，幾何学的な議論がほとんど行われていないことは注目に値する．〔一見すると自由度に対して文字が多すぎるように思えるが，それでも〕行列式の関係する議論をそのまま行うことができたのは，重心座標が同次座標である，つまり $(kx : ky : kz)$ が $(x : y : z)$ と同一の点を表すおかげである．

次は，2 つの内接円を含む例を紹介する．

▶ **例 7.28.**

三角形 ABC と線分 BC 上の点 D があり，三角形 ABD と三角形 ACD の内心をそれぞれ I_1, I_2 とする．直線 BI_2 と直線 CI_1 の交点を K とするとき，K が直線 AD 上にあることと，直線 AD が $\angle A$ の二等分線であることは同値であることを示せ．

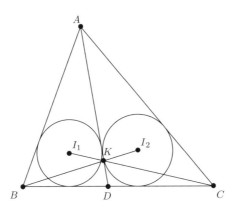

図 7.8B 重心座標を用いて内接円を扱いこなす．

この問題を見て最初に目につくのは内心である．三角形 ABC 以外の内心をどう扱うべきかよく知らないのでたじろいでしまうだろうが，幸いにもここでの内

心は三角形 ABC によってある程度は束縛されていそうなので，問題ないかもしれない．

そこで，三角形 ABC を基準三角形にしよう（共点となるチェバ線の組が得られるので，それを活用したい）．難しい部分は，I_2 をどう求めるかである．

おそらく I_2 は角の二等分線 2 本の交点として言いかえられる．そのうちの 1 本は明らかに $\angle C$ の二等分線であり，もう 1 本としては直線 DI_2 を考えることにする（直線 AI_2 を用いてもよい）．直線 DI_2 と直線 CI_2 を交わらせれば，当然 I_2 を得られる．

ではどのようにして直線 DI_2 を扱えばよいか？ C_1 を直線 DI_2 と辺 AC の交点とすれば，角の二等分線定理により C_1 は辺 AC を $AD : CD$ に内分するから，$d = AD, p = CD, q = BD$ とおけば $p + q = a$ であり，$C_1 = (p : 0 : d)$ となる．

変数が 6 個になったことが心配になるかもしれない．もちろん，$p + q = a$ やスチュワートの定理などが成り立つ〔ので実質的にはそれより少ない〕が，それらの関係式を使いたくはない．しかし，実はこれまでに登場した方程式がすべて 1 次なので，高次の項が現れるとは考えにくく，安心することができる．実際，次のように解法は非常に短く済むことがわかる．

例 7.28 の解答 三角形 ABC を基準三角形とする重心座標を用いる．$AD = d, CD = p, BD = q$ とする．

半直線 DI_2 と辺 AC の交点を C_1 とすると，明らかに $C_1 = (p : 0 : d)$, $D = (0 : p : q)$ である．

よって，$I_2 = (a : b : t)$ とおけば，

$$\begin{vmatrix} p & 0 & d \\ 0 & p & q \\ a & b & t \end{vmatrix} = 0 \implies t = \frac{ad + bq}{p}$$

であるから，

$$I_2 = (ap : bp : ad + bq)$$

がわかる．同様にして

$$I_1 = (aq : ad + cp : cq)$$

を得られるので，直線 BI_2 と直線 CI_1 は

$$K = \Big(apq : p(ad + cp) : q(ad + bq)\Big)$$

で交わることがわかる．

K が直線 AD 上にあることは

$$\frac{p}{q} = \frac{p(ad + cp)}{q(ad + bq)}$$

と同値であり，さらに $cp = bq$，すなわち $p : q = b : c$ と変形できる．これは D が $\angle A$ の二等分線と辺 BC の交点と一致することと同値であるから，題意が示された． □

続いては 2008 年のアメリカ合衆国数学オリンピックの問題である．

▶例7.29 (USAMO 2008/2).

鋭角不等辺三角形 ABC があり，辺 BC, CA, AB の中点をそれぞれ M, N, P とする．また，辺 AB, AC の垂直二等分線と半直線 AM の交点をそれぞれ D, E とする．直線 BD と直線 CE が三角形 ABC の内部の点 F で交わっているとき，A, N, F, P が共円であることを示せ．

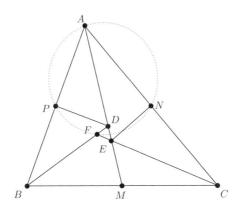

図 7.8C A, N, F, P が共円であることを示せ.

実は，この問題は三角形 ABC を基準三角形とすれば単純な計算で解ける（ただし，初等的な問題としては単純ではない）が，コンウェイの記法の使い方を紹

介するために選んだ．非自明なステップは 2 つだけである．まず 1 つ目は，D を直線 PO と直線 AM の交点として計算することである（O はもちろん外心である）．他の方法もあるが，これが最もきれいだと個人的に思う．2 つ目は，F が円 ANP 上にあることを示すのに，A を中心とする倍率 2 の相似拡大を用いることである．つまり，F に関して A と対称な点が円 ABC 上にあることを示せば，問題は解けたことになる．残りはすべて代数的処理である．

例 7.29 の解答　まず，D の座標を求める．D は直線 AM 上にあるから，ある実数 t を用いて $D = (t : 1 : 1)$ と書ける．ここで，補題 7.19 により

$$0 = c^2(t-1) + (a^2 - b^2) \implies t = \frac{c^2 + b^2 - a^2}{c^2}$$

となるので，

$$D = (2S_A : c^2 : c^2)$$

を得る．同様にして $E = (2S_A : b^2 : b^2)$ も得られるので，

$$F = (2S_A : b^2 : c^2)$$

がわかる．この F の座標の成分の和は

$$(b^2 + c^2 - a^2) + b^2 + c^2 = 2b^2 + 2c^2 - a^2.$$

であるから，F に関して A と対称な点 F' の座標は

$$\left(2 \cdot 2S_A - (2b^2 + 2c^2 - a^2) : 2 \cdot b^2 - 0 : 2 \cdot c^2 - 0 \right) = (-a^2 : 2b^2 : 2c^2)$$

で与えられる[29]．F' が $-a^2yz - b^2zx - c^2xy = 0$ で表される円 ABC 上にあることは明らかなので，結論を得る．　　　□

29（訳注）2 点 P, Q の重心座標をそれぞれ $(x_1 : y_1 : z_1), (x_2 : y_2 : z_2)$ とし，$x_1 + y_1 + z_1 = x_2 + y_2 + z_2$ が成り立っているとする．また，実数 k に対し，線分 PQ を $k : 1 - k$ に内分する点を R とする．このとき，$\overrightarrow{R} = (1-k)\overrightarrow{P} + k\overrightarrow{Q}$ であることに注意すれば，重心座標の定義により R は $\left((1-k)x_1 + kx_2 : (1-k)y_1 + ky_2 : (1-k)z_1 + kz_2 \right)$ であることが従う．ただし，非負実数 n, m に対し，「$n : (-m)$ に内分する」ことと「$(-n) : m$ に内分する」ことは，ともに $n : m$ に外分することをさす．P と Q で重心座標の成分の和が等しくなければ一般には成り立たないため，適用する際は成分の和を揃える必要があることに注意しよう．成分の和が等しくないときの反例を構成し，なぜ成り立たないかを考えてみると，より理解が深まるだろう．

最後の例は, 問題 3.29 である. この問題は重心座標が円との交点さえも扱えることを示しており, その威力が最大限に引き出されている.

▶例 7.30 (USA TSTST 2011/4).

鋭角三角形 ABC が円 ω に内接しており, その垂心を H, 外心を O とする. 辺 AB, AC の中点をそれぞれ M, N とし, 半直線 MH, NH と ω の交点をそれぞれ P, Q とする. 直線 MN と直線 PQ の交点を R とするとき, $OA \perp RA$ が成り立つことを示せ.

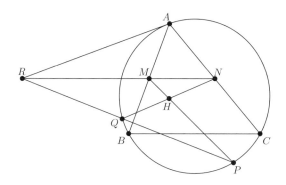

図 7.8D 直線 RA が接線であることを示す.

これはさらに手強い. 作戦を立ててから攻めこもう.

直線 MN と直線 PQ の交点 R の座標が求まったうえで, 直線 RA が接線となることを示すのは, それほど難しくなさそうだ. しかも, M, N, H の座標は計算なしに得ることができる. しかし, P と Q の座標を求めるのは厄介そうである.

まだ希望は残されている. 2 次方程式を解くのは避けたいので, 直線 MH と円 ABC を交わらせると何が起こるかを考える. $M = (1:1:0)$, $H = (S_{BC} : S_{CA} : S_{AB})$ であるから, 直線 MH の方程式は

$$0 = x - y + \left(\frac{S_{AC} - S_{BC}}{S_{AB}} \right) z$$

となり, 円 ω の方程式はもちろん $0 = a^2 yz + b^2 zx + c^2 xy$ である. $P = (x : y : -S_{AB})$ とおけば, x, y についての連立方程式は

$$\begin{cases} x - y = S_C(S_A - S_B) \\ c^2 xy = S_A S_B(a^2 y + b^2 x) \end{cases}$$

となる．x を直接求めようとすると，（多くの項を含む）何らかの α, β, γ によって，$\alpha x^2 + \beta x + \gamma = 0$ と表される小汚い 2 次方程式が得られる．この 2 次方程式を解くのは絶望的なようだ．

まだ道は残されている．x の 2 つの解について考えてみると，これは P と図 7.8E に示すもう 1 点 P' に対応している．

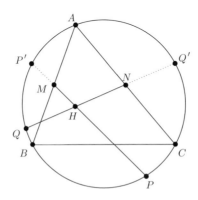

図 7.8E 解と係数の関係を思いついただろうか？

P' はとてもよく知っている点である．これは O に関して C と対称な点であり，また M に関して H と対称な点でもある．したがって，P' に対応する x の値を計算するのは単純な作業である．解と係数の関係により 2 つの解の和は $-\dfrac{\beta}{\alpha}$ であるから，もう一方に対応する x も簡単に得られる．

それでは計算を始めよう．

例 7.30 の解答 三角形 ABC を基準三角形とする重心座標を用いる．

まず，直線 MH と円 ABC の交点のうち P でない方を P' とし，その座標を求める．これは M に関して $H = (S_{BC} : S_{CA} : S_{AB})$ と対称な点であり，また H の座標の成分の和が $S_{AB} + S_{BC} + S_{CA}$ であることから，〔例 7.29 で行ったのと同様の議論によって〕

$$P' = \left(2 \cdot \frac{S_{AB} + S_{BC} + S_{CA}}{2} - S_{BC} : 2 \cdot \frac{S_{AB} + S_{BC} + S_{CA}}{2} - S_{CA} : 2 \cdot 0 - S_{AB} \right)$$

$$= (S_{AB} + S_{AC} : S_{AB} + S_{BC} : -S_{AB})$$

$$= (a^2 S_A : b^2 S_B : -S_{AB})$$

となる.

次に P の座標を求める. $P = (x : y : z) = (x' : y' : -S_{AB})$ とおく ($z' = -S_{AB}$ となるように調整するだけなのでこれは可能). これは直線 MH 上にあるので,

$$0 = x - y + \left(\frac{S_{AC} - S_{BC}}{S_{AB}} \right) z \implies y' = x' + S_{BC} - S_{AC}$$

が得られ, また $a^2 yz + b^2 zx + c^2 xy = 0$ から

$$c^2 x' y' = S_{AB}(a^2 y' + b^2 x')$$

も得られる. これらにより

$$c^2 \Big(x'(x' + S_{BC} - S_{AC}) \Big) = S_{AB} \Big(a^2 (x' + S_{BC} - S_{AC}) + b^2 x' \Big)$$

となり, 同類項をまとめることで 2 次式

$$c^2 x'^2 + \Big(c^2 (S_{BC} - S_{AC}) - (a^2 + b^2) S_{AB} \Big) x' + (定数) = 0$$

が得られる. ここで, 解と係数の関係により, x' は

$$\frac{a^2 + b^2}{c^2} S_{AB} - S_{BC} + S_{AC} - a^2 S_A$$

となることがわかる. いくつかの項が消えることを期待して $a^2 S_A = S_{AB} + S_{AC}$ と書くと,

$$\frac{a^2 + b^2 - c^2}{c^2} S_{AB} - S_{BC} = \frac{2 S_A S_B S_C}{c^2} - S_{BC}$$

と変形できる. これにより $y' = \dfrac{2 S_A S_B S_C}{c^2} - S_{AC}$ が得られるから,

$$P = \Big((-a^2 + b^2) S_{BC} : (a^2 - b^2) S_{AC} : -c^2 S_{AB} \Big)$$

が従う. 同様の計算により

$$Q = \Big((-a^2 + c^2)S_{BC} : -b^2 S_{AC} : (a^2 - c^2)S_{AB}\Big)$$

も従う．直線 PQ の方程式を求めるのは骨が折れそうなので，まず R の座標が何であるはずかを求める．

A における接線と直線 MN の交点を R' とする．〔例 7.26 を用いた〕簡単な計算により $R' = (b^2 - c^2 : b^2 : -c^2)$ が得られる．それでは行列式をとろう．3点 P, Q, R' が共線であることを示すには，

$$0 = \begin{vmatrix} (-a^2 + b^2)S_{BC} & (a^2 - b^2)S_{AC} & -c^2 S_{AB} \\ (-a^2 + c^2)S_{BC} & -b^2 S_{AC} & (a^2 - c^2)S_{AB} \\ b^2 - c^2 & b^2 & -c^2 \end{vmatrix}$$

を示せばよい．再び $b^2 S_B = S_{AB} + S_{BC}$, $c^2 S_C = S_{AC} + S_{BC}$ に注意すれば，第 1 列から第 2 列と第 3 列を引くことで，

$$\begin{vmatrix} c^2\Big((b^2 - a^2)S_C + S_{AB}\Big) & (a^2 - b^2)S_{AC} & -c^2 S_{AB} \\ b^2\Big((c^2 - a^2)S_B + S_{AC}\Big) & -b^2 S_{AC} & (a^2 - c^2)S_{AB} \\ 0 & b^2 & -c^2 \end{vmatrix}$$

と変形できる．これが 0 であることを示すには，第 1 列について展開することで

$$\Big((b^2 - a^2)S_C + S_{AB}\Big)\Big(c^2 S_C - (a^2 - c^2)S_B\Big)$$
$$= \Big((c^2 - a^2)S_B + S_{AC}\Big)\Big(b^2 S_B - (a^2 - b^2)S_C\Big)$$

を確認すればよいことが少しの計算によりわかる．たしかに，

$$(b^2 - a^2)S_C + S_{AB} = (S_A - S_B)S_C + S_{AB} = S_{AB} - S_{BC} + S_{AC}$$
$$= (S_A - S_C)S_B + S_{AC} = (c^2 - a^2)S_B + S_{AC},$$
$$c^2 S_C - (a^2 - c^2)S_B = (S_A + S_B)S_C - (S_C - S_A)S_B = S_{AB} + S_{AC}$$
$$= (S_A + S_C)S_B - (S_B - S_A)S_C = b^2 S_B - (a^2 - b^2)S_C$$

であるから，結論を得る． □

これはたしかに多少力任せな解法であるが，ある程度の経験（と少しの洞察力）があれば，30 分（と数ページ）以内に計算できる．コンウェイの記法を用いれば，扱いやすい形のまま式変形できることに注意しよう．

7.9 いつ重心座標を用いるべき（でない）か

まとめとして，どのような場合に重心座標が使えるかを簡単に説明する．

- チェバ線は姿，形すべてが素晴らしい．知り，使い，そして愛そう．基準三角形は多くの直線がチェバ線となるように選ぶとよい．

- 主役となる三角形の中心が大きく絡む問題は，多くの中心の重心座標がきれいな形をしていることから，一般的に使いやすい．

- 直線どうしの交点や共線，共点は問題ない．チェバ線があるとなお良い．

- 三角形の頂点に関して対称な問題は，重心座標も対称的であるから，直交座標と違って対称性を活かすことができる．

- 比，長さ，面積．

- 点が少ない問題．もちろん，座標を計算する点は少ないほど良いというのは自明なことだが．

逆に，次のようなものに対しては，重心座標をうまく使うことができない．

- 多くの円．ただし，ときどき円を回避する方法が見つかることがある（たとえば，根軸や方べきのみが関係するとき）．

- 基準三角形の頂点を通らない円．一般に，完全に任意の 3 点を通る円の方程式は非常に嫌な形である．ただし，座標の成分に 0 を含む点を通るときは扱いやすくなる．

- 任意の外心．

- 一般的な角度の条件．もちろん，例外はいくつかある．長さの条件に言いかえられるものが典型的である．そのときは，角の二等分線定理があなたの味方だ．

数学オリンピックで重心座標が使える問題はたくさん出題されており，以下は私が出会ったもののうちほんの一部にすぎない．本書の執筆時点では，重心座標が比較的知られていないことが理由の1つである．その結果，作問者は提案した問題が重心座標ですぐに解けることに，複素座標や直交座標のときのようには気付かないのである．

▶**補題 7.31.**
三角形 ABC があり，A から直線 BC におろした垂線の足を L，線分 AL の中点を M とする．三角形 ABC の類似重心を K とするとき，直線 KM は線分 BC を二等分することを示せ．**ヒント**: 652　393

▶**問題 7.32.** 三角形 ABC があり，その内心を I，重心を G とする．また，三角形 ABC の**ナーゲル点** (Nagel point) を N とする．つまり，A 傍接円と BC の接点と A を結ぶチェバ線，および B, C についても同様に定義される 3 本のチェバ線の交点を N とする．このとき，3 点 I, G, N が共線であり，かつ $NG = 2GI$ が成り立つことを示せ．**ヒント**: 271　243

▶**問題 7.33 (IMO 2014/4).** 鋭角三角形 ABC において，辺 BC 上に 2 点 P, Q があり，$\angle PAB = \angle BCA$，$\angle CAQ = \angle ABC$ をみたしている．それぞれ直線 AP, AQ 上に点 M, N があり，P は線分 AM の中点，Q は線分 AN の中点である．このとき，直線 BM と直線 CN は三角形 ABC の外接円上で交わることを示せ．**ヒント**: 486　574　251　　**解答**: p.344

▶**問題 7.34 (EGMO 2013/1).** 三角形 ABC において，辺 BC の C 側の延長線上に $CD = BC$ なる点 D をとり，辺 CA の A 側の延長線上に $AE = 2CA$ なる点 E をとる．$AD = BE$ が成り立つとき，三角形 ABC は直角三角形であることを示せ．**ヒント**: 188

▶**問題 7.35 (ELMO Shortlist 2013).** 三角形 ABC において，直線 BC 上に点 D をとる．三角形 ABD の外接円が辺 AC と A でない点 F で交わっており，また三角形 ADC の外接円が辺 AB と A でない点 E で交わっている．D が直線

BC 上を動くとき，三角形 AEF の外接円はある A 以外の定点を通り，かつこの定点は A 中線上にあることを示せ． **ヒント**: 657 653

▶**問題 7.36 (IMO 2012/1)．** 三角形 ABC があり，その A 傍接円の中心を J とする．A 傍接円は辺 BC と点 M で接し，直線 AB, AC とそれぞれ点 K, L で接する．直線 LM と直線 BJ は点 F で交わり，直線 KM と直線 CJ は点 G で交わる．直線 AF, AG と直線 BC の交点をそれぞれ S, T とするとき，M は線分 ST の中点であることを示せ． **ヒント**: 447 280　　**解答**：p.345

▶**問題 7.37 (IMO Shortlist 2001/G1)．** 三角形 ABC に内接し，2 つの頂点が辺 BC 上にある正方形をとる．つまり，この正方形の残りの 2 頂点はそれぞれ辺 AB, AC 上の点である．この正方形の中心を A_1 とする．同様に，三角形 ABC に内接し 2 つの頂点がともに辺 CA 上にある正方形，辺 AB 上にある正方形をとり，正方形の中心をそれぞれ B_1, C_1 とする．このとき，3 直線 $AA_1, BB_1,$ CC_1 は共点であることを示せ． **ヒント**: 123 466

▶**問題 7.38 (USA TST 2008/7)．** 三角形 ABC があり，その重心を G とする．辺 BC, CA, AB 上にそれぞれ点 P, Q, R があり，$PQ \parallel AB$, $PR \parallel AC$ が成り立っている．P が辺 BC 上を動くとき，三角形 AQR の外接円は $\angle BAG = \angle CAX$ をみたす定点 X を通ることを示せ． **ヒント**: 6 647　　**解答**：p.346

▶**問題 7.39 (USAMO 2001/2)．** 三角形 ABC において，その内接円を ω とし，ω と辺 BC, AC の接点をそれぞれ D_1, E_1 とする．辺 BC, AC 上にそれぞれ点 D_2, E_2 を $CD_2 = BD_1$, $CE_2 = AE_1$ をみたすようにとり，線分 AD_2 と線分 BE_2 の交点を P とする．ω と線分 AD_2 が 2 点で交わっており，そのうち A に近い方を Q とするとき，$AQ = D_2P$ が成り立つことを示せ． **ヒント**: 320 160

▶**問題 7.40 (USA TSTST 2012/7)．** 円 Ω に内接する三角形 ABC がある．$\angle A$ の二等分線と辺 BC の交点を D とし，$\angle A$ の二等分線と Ω の交点のうち A でない方を L とする．辺 BC の中点を M とし，三角形 ADM の外接円と辺 $AB,$ AC の交点のうち A でない方をそれぞれ Q, P とする．線分 PQ の中点を N とし，L から直線 ND におろした垂線の足を H とするとき，直線 ML は三角形 HMN の外接円に接することを示せ． **ヒント**: 381 345 576

▶**問題 7.41.** 三角形 ABC があり，その内心を I，外心を O とする．直線 CI に関して B と対称な点，直線 BI に関して C と対称な点をそれぞれ P, Q とするとき，$PQ \perp OI$ が成り立つことを示せ．**ヒント**: 396　461

▶**補題 7.42.**

三角形 ABC があり，その外接円を Ω，内心を I，外心を O とする．A 混線内接円と Ω の接点を T_A とし，同様に T_B, T_C をとる．このとき，4 直線 AT_A, BT_B, CT_C, IO が共点であることを示せ．**ヒント**: 490　54　602　488　**解答**：p.346

▶**問題 7.43 (USA December TST for IMO 2012).** $\angle A < \angle B$, $\angle A < \angle C$ をみたす鋭角三角形 ABC があり，辺 BC 上に点 P をとる．辺 AB, AC 上にそれぞれ D, E を $BP = PD$, $CP = PE$ をみたすようにとる．P が辺 BC 上を動くとき，三角形 ADE の外接円はある A でない定点を通ることを示せ．**ヒント**: 179　144　137

▶**問題 7.44 (Sharygin 2013).** 三角形 ABC があり，辺 AB 上（端点を含まない）に点 C_1 をとる．半直線 BC, AC 上にそれぞれ点 A_1, B_1 を，$\angle BC_1A_1 = \angle ACB = \angle B_1C_1A$ をみたすようにとる．直線 AA_1 と直線 BB_1 が点 C_2 で交わっているとき，直線 C_1C_2 は C_1 によらないある定点を通ることを示せ．**ヒント**: 51　12　66　304　**解答**：p.347

▶**問題 7.45 (APMO 2013/5).** 円 ω に内接する四角形 $ABCD$ がある．直線 AC 上に点 P があり，直線 PB および直線 PD は ω に接している．ω の点 C における接線は直線 PD と点 Q で交わり，直線 AD と点 R で交わる．直線 AQ と ω の交点のうち A でない方を E とする．このとき，3 点 B, E, R は共線であることを示せ．**ヒント**: 379　524　129

▶**問題 7.46 (USAMO 2005/3).** 鋭角三角形 ABC があり，辺 BC 上に 2 点 P, Q がある．凸四角形 $APBC_1$ が円に内接し，かつ $QC_1 \parallel CA$ をみたすように，直線 AB に関して Q と反対側に点 C_1 をとる．同様に，凸四角形 $APCB_1$ が円に内接し，かつ $QB_1 \parallel BA$ をみたすように，直線 AC に関して Q と反対側に点 B_1 をとる．このとき，4 点 B_1, C_1, P, Q が共円であることを示せ．**ヒント**: 191　325　204

▶**問題 7.47 (IMO Shortlist 2011/G2)**． 内接四角形でない四角形 $A_1A_2A_3A_4$ が
あり，1 以上 4 以下の整数 i に対し，A_i 以外の 3 頂点がなす三角形の外心，外接
円の半径をそれぞれ O_i, r_i とする．このとき，

$$\frac{1}{O_1A_1^2 - r_1^2} + \frac{1}{O_2A_2^2 - r_2^2} + \frac{1}{O_3A_3^2 - r_3^2} + \frac{1}{O_4A_4^2 - r_4^2} = 0$$

が成り立つことを示せ．**ヒント**： 468 588 224 621 　**解答**：p.348

▶**問題 7.48 (Romania TST 2010)**． 不等辺三角形 ABC があり，その内心を I
とする．辺 BC と A 傍接円の接点を A_1 とし，同様に B_1, C_1 を定める．このと
き，三角形 AIA_1, BIB_1, CIC_1 それぞれの外接円がいずれも通るような，I 以
外の点が存在することを示せ．**ヒント**： 549 23 94

▶**問題 7.49 (ELMO 2012/5)**． $AB < AC$ をみたす鋭角三角形 ABC がある．辺
BC 上の 2 点 D, E が $BD = CE$ をみたしており，B, D, E, C はこの順に並ん
でいる．三角形 ABC の内部の点 P が $PD \parallel AE$ および $\angle PAB = \angle EAC$ をみ
たしているとき，$\angle PBA = \angle PCA$ が成り立つことを示せ．**ヒント**： 171 229 　**解
答**：p.348

▶**問題 7.50 (USA TST 2004/4)**． 三角形 ABC とその内部の点 D があり，2 点
B, D を通る円 ω_1 と 2 点 C, D を通る円 ω_2 が辺 AD 上の D でない点で交わっ
ている．ω_1, ω_2 と辺 BC がそれぞれ B, C でない点 E, F で交わっており，直
線 DF と直線 AB の交点を X，直線 DE と直線 AC の交点を Y とする．この
とき，$XY \parallel BC$ が成り立つことを示せ．**ヒント**： 301 206 567 126

▶**問題 7.51 (USA TSTST 2012/2)**． $AC = BD$ をみたす四角形 $ABCD$ があ
り，対角線 AC と対角線 BD が点 P で交わっている．三角形 ABP の外接円，
外心をそれぞれ ω_1, O_1 とし，三角形 CDP の外接円，外心をそれぞれ ω_2, O_2
とする．線分 BC は ω_1, ω_2 とそれぞれ B でない点 S，C でない点 T で交わっ
ている．劣弧 SP（B を含まない），劣弧 TP（C を含まない）の中点をそれぞれ
M, N とするとき，$MN \parallel O_1O_2$ が成り立つことを示せ．**ヒント**： 651 518 664
364

▶**問題 7.52 (IMO 2004/5)**． 凸四角形 $ABCD$ があり，対角線 BD は $\angle ABC$,

$\angle CDA$ のいずれをも二等分していない. また, 四角形 $ABCD$ の内部の点 P が $\angle PBC = \angle DBA$ および $\angle PDC = \angle BDA$ をみたしている. このとき, 四角形 $ABCD$ が内接四角形であることと, $AP = CP$ が成り立つことは同値であることを示せ. **ヒント**: 117　266　641　349　　**解答**: p.349

▶**問題 7.53 (IMO Shortlist 2006/G4).** $\angle C < \angle A < 90°$ をみたす三角形 ABC があり, 辺 AC 上に $BD = BA$ なる点 D をとる. 三角形 ABC の内接円と辺 AB, AC の接点をそれぞれ K, L とし, 三角形 BCD の内心を J とする. このとき, 直線 KL は線分 AJ の中点を通ることを示せ. **ヒント**: 5　295　281　394

第 3 部

高度な
アプローチ

第 8 章

反転

> 私は，無から新しい別世界[30]を創造したのです.
>
> ボーヤイ・ヤーノシュ [†1]

この章では，平面上の反転という手法について議論する．反転は，円を直線に変えるときや，接する図形を扱うときに便利である.

8.1 円は直線である

円と直線をまとめて**広義の円** (cline, generalized circle) とよぶ．この章を通して，「円」や「直線」は通常の意味での図形をさし，「広義の円」はそれら両方をさす.

これは直線を半径が無限大の円とみなすという発想である．平面に特別な点 P_∞ を追加し，すべての直線は P_∞ を通り，すべての円は P_∞ を通らないものとする．この点 P_∞ は**無限遠点** (point at infinity) [31] とよばれる．すると，相異なる 3 点〔無限遠点を含んでもよい〕を通る広義の円はただ 1 つ存在する．無限遠点でない 3 点のうち，共線でないものは円を定め，共線であるものは直線を定める．また，無限遠点を含む 3 点も直線を定める.

以上の準備によって反転が定義できる．O を中心とする半径 r の円を ω とする．ω に関する**反転** (inversion) とは，以下で定められる写像（すなわち変換）である.

- ω の中心 O を P_∞ にうつす.

- P_∞ を O にうつす.

---

30 （訳注）ボーヤイの直筆の手紙には "egy ujj más világot" とあるが，「指」や「袖」を意味する "ujj" は「新しい」や「新鮮な」を意味する "új" の書き間違いであると考えられ，多くのハンガリー語圏の文献では "egy új, más világot" と修正されている.

31 （訳注）第 7 章，第 9 章とは無限遠点の定め方が異なることに注意すること.

- 他の任意の点 A を，半直線 OA 上の点 A^* であって $OA \cdot OA^* = r^2$ なるものにうつす．〔以降，ある図形が反転でうつる先は，単にその名前に $*$ を付けて表す．〕

3つ目の規則を $A = O$ や $A = P_\infty$ に適用させようとすると，1つ目と2つ目の規則を考えた動機がさらに明らかになるだろう．" $\dfrac{r^2}{0} = \infty$ "および" $\dfrac{r^2}{\infty} = 0$ "と認識すればよい．

一見すると，この定義は恣意的で不自然である．これがいったい何の役に立つというのだろうか？ まずは，いくつかの簡単な観察をしよう．

（1）点 A が ω 上にあることと，$A = A^*$ が成り立つことは同値である．すなわち，ω 上の点は不動点である．

（2）反転は点の組を入れかえる．つまり，A^* は反転で A にうつる．すなわち，$(A^*)^* = A$ である．

また，この写像を幾何学的に解釈することもでき，この重要な設定のもとでは反転が自然に現れることがわかる．

▶**補題8.1（反転と接点）．**

点 O を中心とする円 ω があり，その内部に O と異なる点 A をとる．ω に関する反転で A のうつる先を A^* とする．このとき，A^* から ω へ引いた2本の接線それぞれの接点と A は共線である．

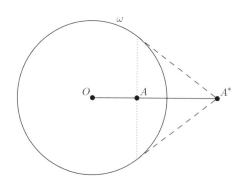

図 8.1A ω に関する反転において，A^* は点 A のうつる先である．

この構図は図 8.1A に描かれている．証明は単純であり，相似な三角形を用いればよい．つまり，単に $OA \cdot OA^* = r^2$ が成り立つことを確かめればよい．

これはこれで良いのだが，反転を考えるべき理由の手がかりにはならない．反転は 1 点に注目するだけではあまり面白くないが，2 点 A, B に注目するとどうだろうか？

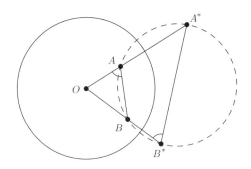

図 8.1B 反転はある意味で角度を保つ.

その状況が図 8.1B に描かれている．このとき，さらにいくつかの構造が得られる．$OA \cdot OA^* = OB \cdot OB^* = r^2$ であるから，方べきの定理の逆により，四角形 ABB^*A^* は内接四角形である．したがって，次の定理を得る．

▶**定理 8.2（反転と角）.**

O を中心とする円に関する反転により，点 A, B のうつる先をそれぞれ A^*, B^* とするとき，$\angle OAB = -\angle OB^*A^*$ が成り立つ.

残念ながら，この定理は角をなす 2 直線のいずれかが反転の中心を通る場合しか扱えないので，任意の角にそのまま一般化することはできない[†]．

ここで特筆すべきは，いまのところ具体的な r の値は重要でなかったということである．実際，今後は半径をしばしば完全に無視する．点 P を中心とし，任意の正の実数を半径とする円に関する反転を，単に **P を中心とする反転**と書くこ

[†] 正しい一般化は，2 つの広義の円のなす角を，それらの交点における 2 接線のなす角として定義することである．〔正則写像 $f(z) = \dfrac{1}{z}$ は等角写像であり，また写像 $g(z) = \bar{z}$ は実軸に関する対称移動であるから，問題 8.3 により〕これは反転で保たれるが，一般にはあまり役に立たない.

とにする（結局，半径を r 倍することは，単に倍率 r^2 相似拡大を施すことと同じだからである）．

練習問題

▶**問題 8.3.** z を 0 でない複素数とするとき，単位円に関する反転によって，z のうつる先は $(\bar{z})^{-1}$ であることを示せ．

8.2 広義の円はどこへ行くのか

これまでは，非常に基本的な反転の性質をいくつか導いただけであり，問題を解く際に反転がうまく使える可能性を示唆するものは何もない．しかし，この節で紹介される結果を知れば，その見方もすっかり変わるだろう．

1 つや 2 つの点だけに注目するのではなく，広義の円全体を考えよう．最も単純な例は，反転の中心 O を通る直線である．

▶**命題 8.4.**
　点 O を中心とする反転によって，O を通る直線はそれ自身にうつる．

この命題は，O を通る直線上の点（O 自身や P_∞ も含む）が，O を中心とする反転によってうつった先の軌跡を見ると，再びその直線が得られるということを主張している．証明は簡単である．

それでは，O を通らない直線についてはどうだろうか？　驚くべきことに，それは円になる！　図 8.2A を参照のこと．

▶**命題 8.5.**
　点 O を中心とする反転によって，O を通らない直線 l は O を通る円 γ にうつる．さらに，O を通り l と垂直な直線は，γ の中心を通る．

証明　反転によって直線 l がうつる先を l^* とする．P_∞ は l 上にあるから，O は l^* 上にある．l^* が円であることを示す．

l 上の任意の 3 点 A, B, C に対して，O, A^*, B^*, C^* が共円であることを示せばよい．これは簡単である．A, B, C は共線だから，$\angle OAB = \angle OAC$ である．

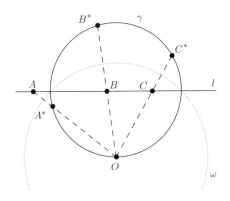

図 8.2A 直線は O を通る円にうつる. 逆も同様.

よって, 定理 8.2 により $\angle OB^*A^* = \angle OC^*A^*$ が成り立つから, 示すべきことが得られた. l^* 上の任意の 4 点が共円であるから, l^* は円である[†].

最後に, (いま考えている反転を引き起こす円) ω の中心と γ の中心を通る直線が, l と垂直であることを示す. 図を見れば, これを納得するのは難しいことではない. 証明するとすれば, O に最も近い l 上の点を X とすれば (このとき $OX \perp l$ である), X^* は O から最も遠い γ 上の点となるから, 線分 OX^* は γ の直径だとわかる. 定義により O, X, X^* は共線であるから, 示された. $\qquad\square$

これとまったく同様にして, 逆の命題, すなわち O を通る円が〔O を通らない〕直線にうつることが証明できる. また, ω 上の点は反転において固定されていることに注意しよう. 〔したがって, たとえば O を通り ω と交わる円は, その交点を通る直線にうつる.〕

すると, こんな疑問が浮かぶ. 「O を通らない円はどうなるのか?」 実は, 直線ではなく円にうつることがわかる. ここでは, 前の命題とは別の方法で証明してみよう (前の証明もこれと似た方法で書きなおすことはできる). 図 8.2B を参照のこと.

[†] (著者訂正) 厳密には, l^* が円全体であることを示さねばならない. 円 $OA^*B^*C^*$ 上の任意の点 P について, P^* が l 上にあることを示せばよいが, これは同様の方法で可能である.

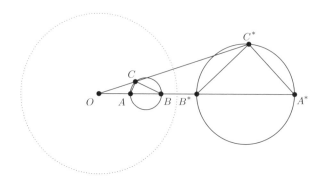

図 8.2B　円が反転で円にうつる.

▶**命題 8.6.**

　点 O を中心とする反転によって，O を通らない円 γ がうつる先 γ^* は O を通らない円である.

証明　O も P_∞ も γ 上にないので，γ^* 上にもない．γ の直径 AB を，O が直線 AB 上にあるようにとる（A, B, O は相異なる 3 点である）．このとき，γ^* が線分 A^*B^* を直径とする円であることを示せばよい.

　γ 上の点 C を任意にとる．このとき，

$$90° = \angle BCA = -\angle OCB + \angle OCA$$

が成り立つ．また，定理 8.2 により $-\angle OCA = \angle OA^*C^*$ および $-\angle OCB = \angle OB^*C^*$ がわかる．したがって，角度追跡によりただちに

$$90° = \angle OB^*C^* - \angle OA^*C^* = \angle A^*B^*C^* - \angle B^*A^*C^* = -\angle B^*C^*A^*$$

が得られるから，C^* は線分 A^*B^* を直径とする円上にある．同様にして，線分 A^*B^* を直径とする円上の任意の点は反転によって γ 上の点にうつることもわかるので，主張は示された．□

　これらの円の中心は共線であることに注意すべきである（その一方で，γ の中心と γ^* の中心は互いにうつらないことも記憶にとどめておこう！）.

　ここまでの結果をまとめたのが次の定理である.

▶**定理 8.7（広義の円の像）.**

 広義の円は反転によって広義の円にうつる．特に，点 O を中心とする反転によって，

 (a) O を通る直線は，それ自身にうつる．

 (b) O を通る円 γ は，（O を通らない）直線 γ^* にうつり，逆もまた同様である．γ の直径であって O を通るものは γ^* と垂直である．

 (c) O を通らない円 γ は，O を通らない円 γ^* にうつる．円 γ, γ^* それぞれの中心と O は共線である．

 反転は円を直線に変えるときに便利であると主張したが，これは (b) の帰結である．つまり，多くの円が通る点を中心に反転すると，それらの円がすべて直線になるのである．

 最後に，重要な補足をする．互いに接する広義の円は，反転後も接したままである（ここで，広義の円が互いに接するとは，両者がちょうど 1 つの共有点をもつことであり，平行な 2 直線が P_∞ で交わる場合も含む〔すべての直線が P_∞ を通ることに注意しよう〕）．したがって，接点を中心とする反転によって，互いに接する 2 円を平行な 2 直線にうつすことができる．

練習問題

▶**問題 8.8.** 図 8.2C において，点線で描かれた円 ω に関する反転によって，実線で描かれた 5 つの広義の円（2 直線と 3 円）がうつる先を描け． **ヒント:** 279

 ▶**補題 8.9（垂心と反転）.**

 三角形 ABC があり，その垂心を H とし，A, B, C から対辺におろした垂線の足をそれぞれ D, E, F とする．C を中心とする半径 $\sqrt{CH \cdot CF}$ の円に関する反転によって，6 点 A, B, D, E, F, H はそれぞれどこへうつるか？
ヒント: 257

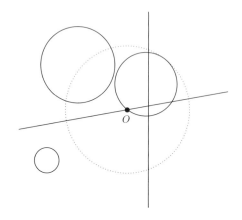

図 8.2C 反転の練習.

▶**補題 8.10（外心と反転）.**
 三角形 ABC があり，その外心を O とする．C を中心とする反転において，O^*, C, A^*, B^* はどのような関係にあるか？ **ヒント**: 252

▶**補題 8.11（内接円に関する反転）.**
 三角形 ABC があり，その外接円を Γ，接触三角形を DEF とする．三角形 ABC の内接円に関する反転によって，Γ は三角形 DEF の九点円にうつることを示せ．**ヒント**: 560

8.3 アメリカ合衆国数学オリンピックへの挑戦

 ここで例を 1 つ挙げたほうがわかりやすいだろう．問題 3.25 をもう一度考えてみよう．

▶**例 8.12（USAMO 1993/2）.**
 凸四角形 $ABCD$ があり，対角線 AC と対角線 BD は点 E で直交している．このとき，直線 AB, BC, CD, DA それぞれに関して E と対称な点は共円であることを示せ．

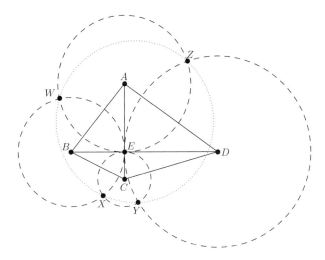

図 8.3A いくつかの円を描き加える.

直線 AB, BC, CD, DA に関して E と対称な点をそれぞれ W, X, Y, Z とする.

一見すると,この問題で反転を用いようとするのは奇妙に思える.実際,円はどこにも現れていないからだ.しかし,直線 AB, AD に関して対称であるという条件から

$$AW = AE = AZ$$

が成り立つことに気付くと,A を中心とし W, E, Z を通る円 ω_A を考えたくなる.同様に ω_B, ω_C, ω_D を定義すると,対称な点をどう扱うべきか悩む必要がとたんになくなってしまう.たとえば,W は単に ω_A と ω_B の交点のうち E でない方であり,他も同様である.

ここまでのステップをまとめよう.

(1) 凸四角形 $ABCD$ があり,対角線が E で直交している.

(2) A を中心とし E を通る円を ω_A とする.

(3) 同様に ω_B, ω_C, ω_D も定める.

(4) ω_A と ω_B の交点のうち E でない方を W とする.

(5) 同様に X, Y, Z も定める.

(6) W, X, Y, Z が共円であることを示せ.

この時点では，まだ反転したくなる理由が明らかでないかもしれない．反転を学びたてのうちは，ω_A に関する反転を試みがちである．しかし，私が考える限りでは，それは意味がない．なぜなら，それは反転するうえで最も重要な

> 反転は円を直線に変えられる

という動機を無視しているからである．これこそが ω_A に関する反転によって得られる成果がなさそうな理由である．A を通る円はほとんど（というかまったく）ないので，すべての円は円のままである一方で，いくつかの直線が新たに円になる．したがって，ω_A に関する反転は逆効果であり，問題がさらに複雑になってしまう！

それでは，多くの円が通る点は何か？ E はどうだろうか？ 4つの円すべてが E を通っている．したがって，E を中心として反転しよう（その点を中心とする円が見当たらなくても，その点を中心とする反転を考えてよいのだ！）．

すると，この反転でそれぞれの点がうつる先はどうなるだろうか？ 1つずつ考えていこう．

(1) $A^*B^*C^*D^*$ もまた四角形である．点 A^*, C^* はともに直線 AC 上にとどまり，点 B^*, D^* はともに直線 BD 上にとどまるから，$A^*B^*C^*D^*$ もまた対角線が E で直交する四角形である．$ABCD$ は任意の四角形であるから，$A^*B^*C^*D^*$ も任意の四角形であるとみなすことができる[†].

(2) ω_A は E を通るから，ω_A は直線 EA と垂直な直線にうつされる．しかし，この情報だけでは ω_A^* を決定するうえで十分ではない．それでは，ω_A^* と直線 EA の交点は何だろうか？ 実は，それは線分 A^*E の中点である．実際，ω_A 上の点 M_A を，線分 $M_A E$ が ω_A の直径となるようにとると，M_A^* は ω_A^* と直線 EA の交点である．ここで，A は線分 $M_A E$ の中点であるから，M_A^* は線分 A^*E の中点である．すなわち，ω_A^* は線分 A^*E の垂直二等分線である．

[†]自由度について思いだそう．反転したあとの問題を考える場合，自由度が変わっていないことを確認した方がよい．自由度に関する詳細な議論は，第 5.3 節を参照のこと.

（3）同様に ω_B^*, ω_C^*, ω_D^* も定める.

（4）W は ω_A と ω_B の交点のうち E でない方なので，W^* は直線 ω_A^*, ω_B^* の交点である（もちろん，ω_A^* と ω_B^* は無限遠点でも交わるが，これは E が反転によってうつった先である），

（5）同様に X^*, Y^*, Z^* も定める.

（6）示すべきことは W, X, Y, Z が共円であることである．定理 8.7 により，これは W^*, X^*, Y^*, Z^* が共円であることと同値である.

　これが問題を反転するときの思考過程である．元の問題をいくつかの段階に分けて考え，それぞれが反転によってどう言いかえられるか，1 つずつ調べていく．最初のうちはおそらく簡単ではないかもしれないが，ただの機械的な作業をこなすだけなので，十分に練習すれば才能などなくとも自然に身に付く手法である.

　完成した結果が図 8.3B である.

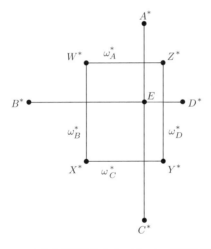

図 8.3B　アメリカ合衆国数学オリンピックの問題を反転する.

　証明完了まであとわずかである．四角形 $W^*X^*Y^*Z^*$ が内接四角形であることを示せばよいが，これは長方形だから自明である！

例 8.12 の解答　A, B, C, D を中心とし E を通る円をそれぞれ ω_A, ω_B, ω_C, ω_D とする．このとき，W は ω_A と ω_B の交点のうち E でない方である．X, Y,

Z についても同様である.

　E を中心とする反転を考える. これは $\omega_A, \omega_B, \omega_C, \omega_D$ を長方形の辺をなす 4 直線へうつす. ゆえに, W, X, Y, Z が反転でうつる先の 4 点は長方形をなすから, 特に共円である. もう一度反転することで, W, X, Y, Z も同様に共円であることが示される. □

　反転によって図がどうなるかをすべて詳細に説明する必要はないことに注意しよう. 反転後の図を得るのは単純作業なので, コンテストでは反転後の問題を説明なしに述べることも許容されるのがふつうである〔これは筆者の個人的な見解である〕.

　ふつうは反転後の問題が**これほどまでに簡単になることはないだろう***. しかしながら, 多くの場合では, 反転後の問題が元の問題よりも単純になると信じられる十分な根拠がある. 上の例では, E を中心とする反転によって円がすべて消せるという動機があり, 実際に反転後の問題は自明になったのだった.

8.4 重ね描き・直交する円

　それぞれ O_1, O_2 を中心とし, 2 点 X, Y で交わる 2 つの円 ω_1, ω_2 について考えよう. ω_1 が ω_2 に**直交** (orthogonal) するとは,

$$\angle O_1 X O_2 = 90°$$

であること, つまり直線 $O_1 X$, $O_1 Y$ が ω_2 に接することをいう. もちろん, ω_1 が ω_2 に直交することと, ω_2 が ω_1 に直交することは同値である. よって, これらのいずれかが成り立っているとき, 単に ω_1 と ω_2 は直交するという.

　円 ω_2 とその外部の点 O_1 があるとき, O_1 を中心とする円であって ω_2 と直交するものが一意に存在することは明らかである. その円の半径は, ω_2 への接線の長さと等しい.

　直交する円が扱いやすいのは, 次の補題のおかげである.

---

*しかし, 他にもこのような例を見つけることは必ずできる. 2014 年の国際数学オリンピックで, 私のチームメイトが反転によって自明になる問題を探していると言った. すると, 他のチームメイトがこう返した.「それは簡単だ, 自明な問題を反転すればよい！」

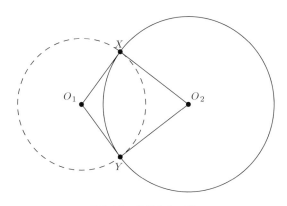

図 8.4A 直交する 2 円.

▶**補題 8.13（直交する円の反転）.**

円 ω と円 γ が直交しているとき，ω に関する反転によって γ は γ 自身にうつる.

証明 これは方べきの定理の帰結である. ω と γ の交点を X, Y とし，ω の中心を O とする. O を通る直線が γ と 2 点 A, B で交わるとする. このとき

$$OX^2 = OA \cdot OB$$

であり，線分 OX は ω の半径であるから，A は反転によって B にうつる. □

つまりどういうことか？ 実は，反転の前後で図が重なるとき，「反転重ね描きの原理」と私がよんでいる方法が使えるのである. 大雑把に言えば，次のようなものである.

　反転の前後で図が重なる問題は，たいていは本当に簡単である.

この原理が現れる場面はいくつかある. たとえば，ある円を直交させたり，問題にうまくあう半径を選んだりする場合である. いずれにせよ，重要なのは，反転した図を元の図に重ね描きすることで新しい情報が得られるということである.

ここで，重ね描きの最も古典的な例として，**靴屋のナイフ** (shoemaker's knife)

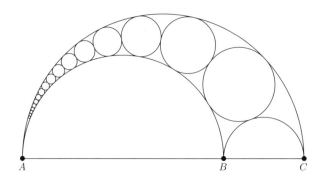

図 8.4B 靴屋のナイフ.

〔アルベロス (arbelos)〕に内接する**パップス円鎖** (Pappus chain) を紹介する.
図 8.4B を参照のこと.

▶例8.14（靴屋のナイフ）.

平面上に相異なる 3 点 A, B, C があり，この順に同一直線上に並んでいる.
Γ_{AC}, Γ_{AB}, ω_0 はそれぞれ線分 AC, AB, BC を直径とする半円であり，直線
AC に関して同じ側にある.正の整数 k それぞれに対し〔図 8.4B のように〕
ω_k を Γ_{AC}, Γ_{AB}, ω_{k-1} に接する円とする. n を正の整数とするとき，ω_n の
中心と直線 AC の距離は，ω_n の直径の n 倍と等しいことを示せ.

反転する目的としては，接するという扱いにくい条件をうまく処理することが
挙げられる.各 ω_i が Γ_{AB} と Γ_{AC} の両方に接することに注意すると，それら 2
円を直線にするのが賢明だろう.そうすると，A を中心とする反転を考えたくな
る.おまけに，2 つの〔円がその反転によりうつった先の〕直線は平行でもある.

半径をどのように選ぶか，あるいはそもそも半径を選ぶ必要があるのかは，お
そらくまだ明らかではない.しかし，ω_n の半径は反転後も意味のある値になっ
てほしい.すると ω_n を固定する反転を考えたくなる.

したがって，A を中心とし ω_n に直交する円に関する反転を考えたい.このと
き，何が起こるだろうか？

- ω_n は反転の定め方により固定される.

- 半円 Γ_{AB}, Γ_{AC} はともに A を通るから，それらがうつる先 Γ^*_{AB}, Γ^*_{AC} は直線 AC と垂直な半直線となる.

- 他の ω_i はすべて半直線 Γ^*_{AB}, Γ^*_{AC} に接する円となる〔ただし ω_0 のみ半円となる〕.

図 8.4C は反転後の図を元の図に重ね描きしたものである．2 つの半円 Γ_{AB}, Γ_{AC} は扱いやすい平行な 2 本の半直線にうつっているから，パップス円鎖がうつる先はそれらのあいだにまっすぐ並ぶ．円の半径はすべて等しいから，示すべき主張はいまや自明である.

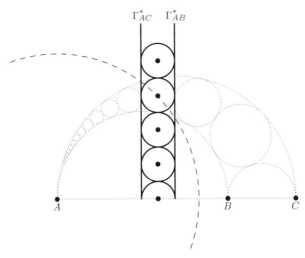

図 8.4C ω_3 を固定する反転をする（つまり $n=3$ である）．これは，A を中心とし ω_3 と直交する，破線で描かれた円に関する反転である.

8.5　さらなる重ね描き

重ね描きの 2 つ目の例として，反転を用いた補題 4.33 の簡潔な証明を紹介しよう.

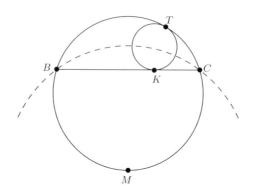

図 8.5A 補題 4.33 再論.

▶**例 8.15.**

円 Ω とその上の点 B, C がある．円 ω は弦 BC と点 K で接しており，円 Ω に点 T で内接している．このとき，半直線 TK は弧 T を含まない方の弧 BC の中点 M を通る．さらに，MC^2 は ω に関する M の方べきである．

証明 M を中心とし B と C を通る円を Γ とする．Γ に関して反転すると，何が起こるだろうか？

まず，Ω は M を通る円であるから，反転によって直線にうつる．B と C は Γ 上にあり，反転によって固定されるから，Ω は直線 BC にうつる．よって，直線 BC は Ω にうつる．すなわち，反転によって直線 BC と Ω が入れかわる．

あとはもう自明かもしれない．ω が ω 自身にうつることを示そう．直線 BC と Ω は反転によって入れかわるので，ω^* もどちらにも接する円である．また，ω^*，ω それぞれの中心と M は共線である．したがって，$\omega = \omega^*$ が従う（なぜだろうか？）．

K は ω と直線 BC の接点であるから，K^* は ω^* すなわち ω と円 MB^*C^* すなわち Ω の接点である．ところが，これはまさに T であるから，K と T は反転によって互いにうつりあう．

特に，M, K, T は共線であり，$MK \cdot MT = MC^2$ をみたす． $\square$

一般の三角形 ABC を扱うときにも，次の素晴らしい手法を用いることで，強制的に重ね描きをすることができる．

▶**補題 8.16（重ね描きを強制的に作る反転）.**

三角形 ABC において，A を中心とする半径 $\sqrt{AB \cdot AC}$ の円に関して反転し，$\angle BAC$ の二等分線に関して対称移動すると，B と C が入れかわる．

この補題を $A = M$ として適用したのが例 8.15 の証明である．ただし，三角形 BMC は二等辺三角形であるから，改めて対称移動する必要はなかった．

三角形 ABC を固定することがしばしば非常に有用になるのは，多くの問題は三角形 ABC〔という 1 つの重要な三角形〕を中心に構成されているからである．特に，円 ABC に接するという条件がある場合は（直線 BC に接するという条件になるので）なおさら有用である．その結果として得られたのが，補題 8.15 の証明であった．

練習問題

▶**問題 8.17.** 補題 8.16 を証明せよ．

8.6 反転距離公式

反転距離公式は，反転する際に長さを扱うための方法である．この公式は完全に乗法的なので，長さの比を扱うときには便利だが，加法が必要なときにはかえって扱いづらくなる．

▶**定理 8.18（反転距離公式）.**

A, B を O と異なる点とし，O を中心とする半径 r の円に関する反転を考える．このとき

$$A^*B^* = \frac{r^2}{OA \cdot OB} \cdot AB$$

が成り立つ．あるいは，同じことだが

$$AB = \frac{r^2}{OA^* \cdot OB^*} \cdot A^*B^*$$

が成り立つ．

1 つ目の式は三角形の相似から従うが（図 8.1B を参照のこと），詳細は問題 8.19 とする．2 つ目の式は 1 つ目の式からただちに従う（なぜだろうか？）．

反転距離公式は大量の長さを処理する必要があるときに役立つ. 問題 8.20 を参照のこと.

練習問題

▶**問題 8.19.** 反転距離公式を証明せよ.

▶**問題 8.20 (トレミーの不等式).** 平面上に 4 点 A, B, C, D があり, どの 3 点も共線でないものとする. このとき,

$$AB \cdot CD + BC \cdot DA \geqq AC \cdot BD$$

が成り立つことを示せ. さらに, 等号が成立することと A, B, C, D がこの順に同一円周上にあることが同値であることを示せ. **ヒント:** 118 136 539 130

8.7 さらなる例題

まずは中国西部数学オリンピックの問題を紹介しよう.

▶**例 8.21 (Chinese Olympiad 2006).**
　四角形 $ADBE$ は, 線分 AB を直径とする円に内接しており, 2 本の対角線が C で交わるとする. 線分 AB の中点を O, 三角形 BOD の外接円を γ とする. F を γ 上の点であって線分 OF が γ の直径になるものとし, 半直線 FC は γ と F でない点 G で交わるとする. このとき A, O, G, E は共円であることを示せ.

O は 2 つの円上にあり, かつ多くの点を通る円の中心でもあるので, 反転を考えたくなる. 点 O を中心とし線分 AB を直径とする円に関する反転によって, 直径 AB はそれ自身にうつり, このことはもちろん重要である.

ただし, 反転する前に問題文を次のように書きかえることで, 同一法が使えるようにしておこう. すなわち, 円 OFB と円 OAE の交点のうち O でない方を G_1 とし, F, C, G_1 が共線であることをかわりに示したい〔四角形 $ADBE$ が長方形のときは, O と G_1 が一致するため別に処理が必要だが, この場合はすぐに示せる〕. この定義により, G_1^* は 2 直線の交点となる.

それでは, 線分 AB を直径とする円に関して反転しよう. それぞれの点がどのようにうつるかを調べていく.

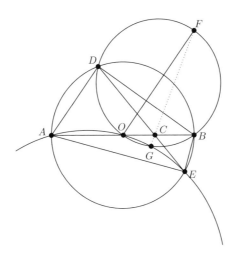

図 8.7A A, O, G, E が共円であることを示せ.

(1) 点 D, B, A, E は, 反転を引き起こす円上にあるので固定されている. すなわち, $D^* = D$ などが成り立つ.

(2) C は直線 AB と直線 DE の交点であるから, C^* は直線 AB 上の点であって C^*, D, O, E が共円になるものである.

(3) F は円 BOD の中心に関して O と対称な点なので, $\angle ODF = 90°$ が成り立つ. よって, $\angle OF^*D^* = 90°$ である. 同様に, $\angle OF^*B^* = 90°$ である. したがって, F^* は線分 DB の中点である！

(4) G_1 の定義は円 OFB と円 OAE の交点であったから, G_1^* は直線 F^*B と直線 AE の交点である.

(5) O, F^*, C^*, G_1^* が共円であることを示したい.

良い感じだ. $OF^* \perp BD$ であるから, O, F^*, C^*, G_1^* が共円であることを示すためには, $G_1^*C^* \perp AC^*$ が成り立つことを示せばよい. ここで円 $OEDC^*$ を見返して, 何か気付くことはあるだろうか？

$AD \perp BG_1^*$, $BE \perp AG_1^*$ であり, O は線分 AB の中点であるから, 円 $OEDC^*$ は三角形 ABG_1^* の九点円である. 以上により示された.

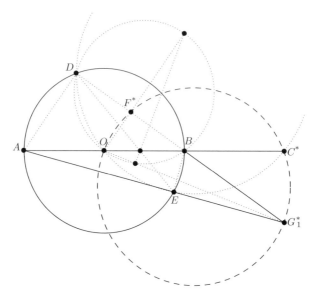

図 8.7B 反転後において，O, F^*, C^*, G_1^* が共円であることを示したい.

例 8.21 の解答 円 ODB と円 OAE の交点のうち O でない方を G_1 とし，直径 AB の円に関して反転する．反転後の図において，F^* は線分 BD の中点であり，C^* は直線 AB と円 DOE の交点のうち O でない方であり，G_1^* は直線 DB と直線 AE の交点である．示すべきは O, F^*, C^*, G_1^* が共円であることである.

円 OED は三角形 ABG_1^* の九点円であるから，C^* は G_1^* から直線 AB におろした垂線の足である．一方で，$\angle OF^*B = 90°$ であるから，題意は示された． □

次に，2009 年のアメリカ合衆国数学オリンピックの第 5 問を紹介して終えることにしよう.

▶**例 8.22 (USAMO 2009/5).**

$AB \parallel CD$ なる台形 $ABCD$ が円 ω に内接しており，三角形 BCD の内部に点 G がある．半直線 AG, BG は ω とそれぞれ A, B でない点 P, Q で交わる．G を通り直線 AB と平行な直線と，直線 BD, BC の交点をそれぞれ R, S とする．このとき，四角形 $PQRS$ が円に内接することと，直線 BG が $\angle CBD$ を二等分することは同値であることを示せ.

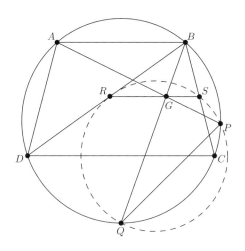

図 8.7C 2009 年のアメリカ合衆国数学オリンピックの第 5 問.

　この問題で反転したくなる主な理由は，4 つや 5 つどころか，6 つもの点が同一円周上にあることである．その円が反転によって直線になれば素晴らしいだろう．

　そのため，反転を試みるならば，その中心は ω 上の点であるべきである．$\angle CBD$ を二等分するという条件を保つために，B を中心として反転するのが良さそうである．また，平行な 2 直線が B で接する円になる．さらに，B を通る直線がたくさんあることがただちにわかる．

　反転によって何が起こるか，再び 1 つずつ確認していこう．

（1）内接四角形 $ABCD$ は，点 B と，この順に同一直線上にある 3 点 A^*, D^*, C^* になる．また，$AB \parallel CD$ であるから，直線 A^*B は円 BC^*D^* に接する．

（2）G は三角形 BCD の内部の任意の点である．したがって，G^* は $\angle C^*BD^*$ の内部にあり，かつ三角形 BC^*D^* の外部にある．

（3）R と S はそれぞれ G を通る平行線と直線 BD, BC の交点である．よって，R^* は〔G^* を通り〕円 BC^*D^* に B で接する円（平行線が反転によってうつる先）と半直線 BD^* の交点であり，S^* は同じ円と半直線 BC^* の交点である．

（4）Q は半直線 BG と円 $ABCD$ の交点であるから，Q^* は直線 BG^* と A^*,

C^*, D^* を通る直線の交点である.

(5) P は直線 AG と円 $ABCD$ の交点であるから, P^* は直線 A^*C^* 上の点であって B, A^*, G^*, P^* が共円となるものである.

(6) 示すべきは, P^*, Q^*, R^*, S^* が共円であることと, 直線 BG^* が $\angle R^*BS^*$ を二等分することが同値であることである.

反転後の図は図 8.7D に描かれている.

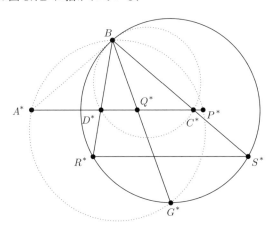

図 8.7D アメリカ合衆国数学オリンピックの問題の反転 …… 再び!

いま, 直線 P^*Q^* と直線 S^*R^* は平行であるように見える. 実際, 〔直線 P^*Q^* が直線 C^*D^* と一致することから, 上記の (3) により〕B を中心とする相似拡大であって線分 C^*D^* を線分 S^*R^* にうつすものが存在するから, このことは明らかである. これは嬉しい結果だ. なぜなら, 四角形 $P^*Q^*R^*S^*$ が内接四角形であることは, それが等脚台形であることと同値になったからである.

また, 円 BC^*D^* はこの平行線を与えるだけの存在なので, 基本的には無視できる. さらに言えば, C^* と D^* もほとんど無視できる.

点 A^* を消去しよう.

$$\angle Q^*P^*G^* = \angle A^*P^*G^* = \angle A^*BG^* = \angle BS^*G^*$$

成り立つことに注意しておく.

これをふまえて，図 8.7E にあるように，直線 G^*P^* と円 BS^*R^* の交点のうち G^* でない方を X とする．このとき，

$$\angle Q^*P^*G^* = \angle BS^*G^* = \angle BXG^*$$

である．したがって，$P^*Q^* \parallel BX$ はつねに成り立つ．すると，〔いままで A^* を使って定義されていた〕点 P^* は単に平行線と直線 G^*X の交点として捉えられるようになる．つまり，円 BXR^*S^* を土台として問題を捉えることができる．

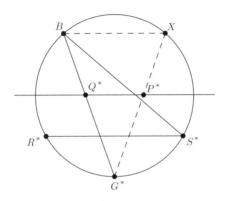

図 8.7E　反転後の図をきれいにした．

以上により，問題を次のように言いかえることができた．

> 等脚台形 BXS^*R^* があり，その外接円上に点 G^* をとる．l は等脚台形 BXS^*R^* の底辺に平行な直線であり，l と直線 BG^*，XG^* の交点をそれぞれ Q^*，P^* とする．このとき，$P^*S^* = Q^*R^*$ が成り立つことと，G^* が弧 R^*S^* の中点であることは同値であることを示せ．

これは線対称性を使って簡単に解ける．以下の解答を参照のこと．

例 8.22 の解答　B を中心とする反転を考え，任意の点 Z について，それが反転によってうつる先を Z^* と表す．

反転後の図において，四角形 $BS^*G^*R^*$ は内接四角形である．また，点 C^*，D^* はそれぞれ線分 BS^*，BR^* 上の点であり，円 BC^*D^* は円 $BS^*G^*R^*$ に接している．よって，直線 C^*D^* と直線 S^*R^* は平行である．点 A^* は直線 C^*D^* 上の点であり，直線 A^*B は円 $BS^*G^*R^*$ と接している．点 P^*，Q^* はそれぞれ円 A^*BG^*，直線 BG^* と直線 C^*D^* の交点である．

四角形 $P^*Q^*R^*S^*$ は台形であるから，これが内接四角形であることと，等脚台形であることは同値である．

直線 G^*P^* と円 BS^*R^* の交点のうち G^* でない方を X とする．このとき $\angle Q^*P^*G^* = \angle A^*BG^* = \angle BXG^*$ であるから，四角形 BXS^*R^* は等脚台形である．

G^* が弧 R^*S^* の中点ならば，〔直線 R^*S^* の垂直二等分線に関する〕対称性から主張は明らかである．逆に $P^*R^* = Q^*S^*$ ならば四角形 $P^*Q^*R^*S^*$ は円に内接する台形であるから，線分 P^*Q^*，R^*S^* の垂直二等分線は一致する．したがって B と X，P^* と Q^* はこの直線に関して対称であるから，G^* は弧 R^*S^* の中点でなければならない．以上により，題意は示された． $\square$

以上の 2 つの例では，（重ね描きの例のように反転前と反転後の図を一度に両方用いるわけではなく）反転によって問題を完全に言いかえた．要は，2 つの選択肢が与えられたようなものである．反転前の問題と反転後の問題はどちらが簡単に見えるか？ どちらの問題を解きたいか？

8.8 いつ反転を用いるべき（でない）か

覚え書きとして，O を中心とする反転がうまくいく状況をまとめておこう．いままでの例から，これらのことは明らかであるはずだ．

- 広義の円が接するとき．特に，円が接しているとき，それらを平行な直線にうつせる．

- O を通る円がいくつかあるとき．O を中心とする反転によってこれらの円を取り除くことができる．

- 反転の前後で図が重なるとき！ 反転した図を重ね描きすることはしばしば有効である．

逆に，反転がうまくいかない状況もまとめよう．

- 角度に関する条件が散らばっているとき．定理 8.2 は反転の中心を通る半直線についての角度を扱うことができるが，一般の角度についてはうまく扱えない．
- 円ではなく，直線を中心として問題が構成されているとき．

最後に，O を中心とする円 ω に関する反転によって，保たれる性質と保たれない性質をまとめておこう．

- ω 上の点は固定される．
- 広義の円は広義の円にうつる．さらに，
    - 円 γ が直線 l にうつるとき，l は γ の中心と O を結ぶ直線と垂直である．
    - 円 γ が円 γ^* にうつるとき，γ の中心は一般に γ^* の中心にうつらない．ただし，γ, γ^* それぞれの中心と O は共線である．
- 接点は接点に，交点は交点にうつる．

章末問題

▶**問題 8.23.** $\angle C = 90°$ なる三角形 ABC において，線分 CA, CB 上（端点を除く）にそれぞれ点 X, Y がある．C を通り，それぞれ A, B, X, Y を中心とする 4 円を考える．これらのうちちょうど 2 つが通るような 4 点は，共円であることを示せ．**ヒント**: 198　626　178　577

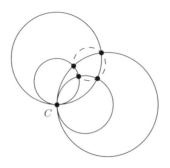

図 8.9A 4 つの交点は共円である（破線の円）.

▶**問題 8.24.** 図 8.9B のように，4 円 $\omega_1, \omega_2, \omega_3, \omega_4$ が点 A, B, C, D で外接しているとき，四角形 $ABCD$ は円に内接することを示せ．**ヒント**：294 677 172 **解答**：p.350

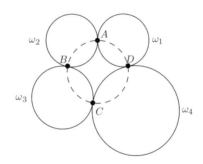

図 8.9B この問題と定理 2.25 のあいだに関係はあるか？

▶**問題 8.25.** A, B, C を共線な 3 点とし，P をその直線上にない点とする．このとき，三角形 PAB, PBC, PCA それぞれの外心と P は共円であることを示せ．**ヒント**：465 536 496

▶**問題 8.26（BAMO 2008/4）.** 三角形 ABC およびその内部の点 D がある．直線 AD と円 BDC，直線 BD と円 CDA，直線 CD と円 ADB の交点のうち D でない方をそれぞれ A_1, B_1, C_1 とするとき，

$$\frac{AD}{AA_1} + \frac{BD}{BB_1} + \frac{CD}{CC_1} = 1$$

が成り立つことを示せ. **ヒント**: 439 170 256

▶**問題 8.27 (Iran Olympiad 1996)**. O を中心とし, 線分 AB を直径とする半円がある. 直線 AB と点 M で, 半円〔弧〕と 2 点 C, D で交わる直線があり, $MC > MD$, $MB < MA$ をみたしている. 円 AOC と円 BOD の交点のうち O でない方を K とするとき, $\angle MKO = 90°$ が成り立つことを示せ. **ヒント**: 403 27 **解答**: p.351

▶**問題 8.28 (IMO Shortlist 2003/G4)**. Γ_1, Γ_2, Γ_3, Γ_4 は相異なる円であり, Γ_1 と Γ_3 は点 P で外接し, Γ_2 と Γ_4 も点 P で外接する. Γ_1 と Γ_2, Γ_2 と Γ_3, Γ_3 と Γ_4, Γ_4 と Γ_1 の交点のうち P でない方をそれぞれ A, B, C, D とするとき,

$$\frac{AB \cdot BC}{AD \cdot DC} = \frac{PB^2}{PD^2}$$

が成り立つことを示せ. **ヒント**: 120 247 22

▶**問題 8.29**. 三角形 ABC があり, その内心を I, 外心を O とする. このとき, 直線 IO は三角形 ABC の接触三角形の重心 G_1 を通ることを示せ. **ヒント**: 532 323 579

▶**問題 8.30 (NIMO 2014)**. 三角形 ABC において, その内心を I, 内接円と辺 BC, CA, AB の接点をそれぞれ D, E, F とする. 点 Q は $AB \perp QB$, $AC \perp QC$ をみたしている. 半直線 QI が直線 EF と点 P で交わるとき, $DP \perp EF$ が成り立つことを示せ. **ヒント**: 362 125 578 663 **解答**: p.351

▶**問題 8.31 (EGMO 2013/5)**. 三角形 ABC があり, その外接円を Ω とする. 辺 AC, BC と接する円 ω があり, Ω と点 P で内接している. 直線 AB と平行であり三角形 ABC の内部を通る直線が ω と点 Q で接しているとき, $\angle ACP = \angle QCB$ が成り立つことを示せ. **ヒント**: 282 449 255 143 **解答**: p.352

▶**問題 8.32 (Russian Olympiad 2009)**. 三角形 ABC があり, その外接円を Ω とする. $\angle BAC$ の二等分線と辺 BC の交点を D とし, $\angle BAC$ の二等分線と Ω の交点のうち A でない方を E とする. 線分 DE を直径とする円と Ω の交点のうち A でない方を F とする. このとき, 直線 AF は三角形 ABC の類似中線であることを示せ. **ヒント**: 594 648 321

▶**問題 8.33 (IMO Shortlist 1997).** 不等辺三角形 $A_1A_2A_3$ があり，その内心を I とする．$i = 1, 2, 3$ について，辺 A_1A_2 と辺 A_1A_3，辺 A_2A_3 と辺 A_2A_1，辺 A_3A_1 と A_3A_2 に接し I を通る円をそれぞれ C_1, C_2, C_3 とし，C_2 と C_3，C_3 と C_1，C_1 と C_2 の交点のうち I でない方をそれぞれ B_1, B_2, B_3 とする．このとき，三角形 A_1B_1I, A_2B_2I, A_3B_3I それぞれの外心は共線であることを示せ．

ヒント：76 242 620 561

▶**問題 8.34 (IMO 1993/2).** 平面上に相異なる 4 点 A, B, C, D がある．C と D は直線 AB に関して同じ側にあり，$AC \cdot BD = AD \cdot BC$ および $\angle ADB = 90° + \angle ACB$ が成り立つものとする．このとき，$\dfrac{AB \cdot CD}{AC \cdot BD}$ を求め，さらに三角形 ACD, BCD それぞれの外接円が直交することを示せ．ヒント：7 384 322 3

▶**問題 8.35 (IMO 1996/2).** 三角形 ABC およびその内部の点 P があり，

$$\angle APB - \angle ACB = \angle APC - \angle ABC$$

をみたしている．三角形 APB, APC の内心をそれぞれ D, E とするとき，3 直線 AP, BD, CE は共点であることを示せ．ヒント：581 638 338 341

▶**問題 8.36 (IMO 2015/3).** $AB > AC$ をみたす鋭角三角形 ABC があり，その外接円を Γ，垂心を H，A から辺 BC におろした垂線の足を F とおく．また，辺 BC の中点を M とおく．点 Q を Γ 上の点で $\angle HQA = 90°$ をみたすものとし，点 K を Γ 上の点で $\angle HKQ = 90°$ をみたすものとする．A, B, C, K, Q は相異なる点であり，この順に Γ 上にあるとする．このとき，三角形 KQH の外接円と三角形 KFM の外接円は接することを示せ．ヒント：402 673 324 400 155

解答：p.352

▶**問題 8.37 (ELMO Shortlist 2013).** 直交する 2 円 ω_1, ω_2 があり，ω_1 の中心を O とする．線分 AB は ω_1 の直径であり，B は ω_2 の内部（円周を含まない）にある．ω_2 と接し，2 点 O, A をともに通る円は 2 つあるが，それぞれについて ω_2 との接点を F, G とする．このとき，四角形 $FOGB$ は円に内接することを示せ．ヒント：96 353 112   解答：p.353

第**9**章

射影幾何

画法幾何学は幾何学のすべてである.

アーサー・ケイリー [†3, p.90]

第8章では，円を扱う変換として反転を学んだ．反転は結合関係をうまく保ってもいた．すなわち，直線や円の交点は交点に〔，接点は接点に〕うつる．射影幾何は，ここでは主に結合関係を調べるための強力な手法になる．交点，平行線，接する円などを主に扱う問題は，射影幾何を用いればきわめて簡単に解けてしまうことも多い．

9.1 平面を完全なものにする

まず，平面に無限遠点を付け加えることで射影平面を準備しよう．

図 9.1A のような無限に長い廊下を歩いているところを想像してみよう．どのような景色が見えるだろうか．

図の中には，床の両側の直線など，いくつかの平行線がある．しかし，見かけ

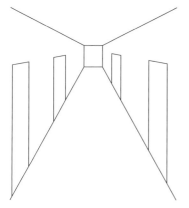

図 9.1A 長い廊下といくつかのドア．

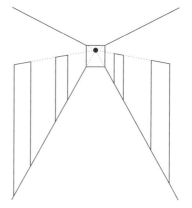

図 9.1B 平行な直線は本当に平行か？

上は平行ではなく，2 直線は 1 点に向かっていく．実は，すべての平行直線は
地平線上の同じ点に向かっていく．そのため，平面内であっても，平行線が無限
のかなたで交差しているように見えるのだ（たとえば左の壁や右の壁に注目し
よう）．

まさにこの発想を利用したのが，**実射影平面** (real projective plane) である．
ユークリッド平面上の通常の点（**ユークリッド点** (Euclidean point)）に加え，
無限遠点 (point at infinity) [32] がそれぞれの平行な直線の類 (class of parallel
lines) に対して定まっている（各方向に無限遠点が定まっていると思ってもよ
い）．より正確に述べれば，平行な直線を同一視することで，ユークリッド平面
上のすべての直線を同値類（**平行直線束** (pencil of parallel lines)）に分け，そ
れぞれの平行直線束に対して無限遠点を付け加える．さらに，すべての無限遠点
を通る**無限遠直線** (line at infinity) を新しく追加する．

こうすることで，任意の 2 直線はちょうど 1 点で交わるようになる．〔無限遠
直線でない直線について，〕平行でない 2 直線の交点はユークリッド点であり，
平行な 2 直線の交点は無限遠点である．この取り決めを用いることで，（第 2.3
節で根軸について論じた際に現れたような）「1 点で交わる，またはすべて平行で
ある」というぎこちない表現を〔単に「1 点で交わる」と〕言いかえられるよう
になる．

最後に，この章を通して特別な略記を用いる．4 点 A, B, C, D について，直
線 AB と直線 CD の交点を $AB \cap CD$ で表す．これは無限遠点になってもよい．

9.2 複比

複比 (cross ratio) は，射影幾何において重要な不変量である．共線な相異な
る 4 点 A, B, X, Y（無限遠点であってもよい）について，その複比を

$$(A, B; X, Y) = \frac{\overline{XA}}{\overline{XB}} \div \frac{\overline{YA}}{\overline{YB}}$$

と定義する〔無限遠点を含む場合については，問題 9.6 を参照のこと〕．特に，複
比は負にもなりうる！　A, B, X, Y が数直線上にあるとき，〔それぞれの点に

---

32 （訳注）第 8 章とは無限遠点の定め方が異なることに注意しよう．

対応する実数を a, b, x, y として〕

$$(A, B; X, Y) = \frac{x-a}{x-b} \div \frac{y-a}{y-b}$$

と表せる．$(A, B; X, Y) > 0$ であることと，線分 AB, XY が共有点をもたない，あるいは一方がもう一方に含まれることが同値であることが確かめられる．以下では，一般に $A \neq X$, $B \neq X$, $A \neq Y$, $B \neq Y$ であると仮定する．

点 P で交わる相異なる 4 直線 a, b, x, y についても複比が定義できる．2 直線 l, m のなす角を $\angle(l, m)$ と表すとき〔$\sin\theta = \sin(180° - \theta)$ であるから $\sin\angle(l, m)$ が問題なく定まることに注意して，〕

$$(a, b; x, y) = \pm\frac{\sin\angle(x, a)}{\sin\angle(x, b)} \div \frac{\sin\angle(y, a)}{\sin\angle(y, b)}$$

と書き表す．ただし，符号は 4 点の場合と同様に定める．すなわち，2 直線 a, b のなす 4 つの角の少なくとも 1 つが x も y も含まないときに $(a, b; x, y)$ は正であるとし，そうでないときには負であるとする．

4 直線 a, b, x, y が点 P で交わり，それぞれの直線上の 4 点 A, B, X, Y が共線であるとき

$$P(A, B; X, Y) = (a, b; x, y)$$

とも書く．このような構造は**直線束** (pencil of lines)[33]とよばれる[34]．図 9.2A を

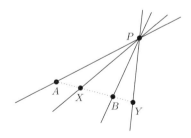

図 9.2A 実は $(PA, PB; PX, PY) = (A, B; X, Y)$ である．

---

33 （訳注）大学以降の数学では，"line bundle"（階数 1 のベクトル束）も「直線束」と訳されることに注意しよう．

参照のこと.

すでに予想できていたかもしれないが，三角比を用いて表される複比の符号の規則は，次の定理が成り立つように決められている.

▶**定理 9.1（射影と複比 [†6, Theorem 9.1.4]）.**

相異なる 4 直線 a, b, x, y が点 P で交わるとし，P を通らない直線 l との交点をそれぞれ A, B, X, Y とおく．このとき，

$$(A, B; X, Y) = (a, b; x, y)$$

が成り立つ.

証明 三角形 XPA, XPB, YPA, YPB について正弦定理を用いるだけである．確かめるべき位置関係はいくつかあるが，どれも大した違いはない. □

円周上の 4 点についても，以下のように複比を定められる.

▶**定理 9.2（内接四角形の複比 [†6, Definition 9.1.6]）.**

共円な相異なる 4 点 A, B, X, Y があり，それらが通る円上に別の点 P を任意にとる．このとき，点 P で交わる 4 直線 PA, PB, PX, PY についての複比 $(PA, PB; PX, PY)$ の値は，P の位置によらず一定である．さらに，

$$(PA, PB; PX, PY) = \pm \frac{XA}{XB} \div \frac{YA}{YB}$$

が成り立つ．ここで，符号は線分 AB と線分 XY が交わらないとき正であり，そうでないとき負であるとする.

複比が P の位置によらないことは，〔内接四角形の性質（定理 1.9）により〕2 直線のなす角が P の位置によらず一定であることから従う．したがっ

---

34 （訳注，p.235）原著では，[8, p.1] などと同様に，4 直線 PA, PB, PX, PY（および点 P）を直線束と定義しており，(PA, PB, PX, PY) という値と同一視したうえで，どちらも $P(A, B; X, Y)$ と表している．このような図形と値の同一視は，調和点列の定義（第 9.3 節）でも行われている．しかしながら，一般的な直線束の定義は P を通る直線全体の集合のことであり，著者による原著の要約版 [†6, p.29] でも直線束を定義せずに議論が進められているので，記述に混乱が見られる箇所はそこでの主張を適切な形に差しかえた．また，"pencil" の頭文字と誤解されるのを防ぐため，$P(A, B; X, Y)$ を $(PA, PB; PX, PY)$ に置きかえた.

て，共円な 4 点の複比 $(A, B; X, Y)$ を，単に円上の任意の点 P に対する値 $(PA, PB; PX, PY)$ と定義できる．その値が $\pm \dfrac{XA}{XB} \div \dfrac{YA}{YB}$ であることは正弦定理から従う．詳細は問題 9.7 とする．

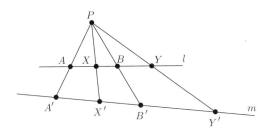

図 9.2B P を中心とする射影．

なぜこんなことを考えたのか？　図 9.2B のような状況を考えてみよう．2 直線 l, m が与えられており，4 点 A, B, X, Y が l 上にあるとする．このとき，l, m 上にない任意の点 P をとり，直線 PA, PB, PX, PY と m の交点をそれぞれ A', B', X', Y' とする．すると，

$$(A, B; X, Y) = (PA, PB; PX, PY) = (PA', PB'; PX', PY') = (A', B'; X', Y')$$

が成り立つ．つまり，これは $(A, B; X, Y)$ を直線 l から直線 m へ射影できるということである．これは P を中心とする**配景写像** (perspectivity)〔**射影** (projection)〕とよばれ，しばしば

$$(A, B; X, Y) \overset{P}{=} (A', B'; X', Y')$$

と書かれる．

同じ手法が P, A, X, B, Y が共円である場合にも用いられ，このときには直線へ射影することができる．逆に，図 9.2C のように，直線上の $(A, B; X, Y)$ が与えられたとき，円上にある点 P を用いて引き戻すこともできる．重要なのは，これらの操作はすべて複比 $(A, B; X, Y)$ を保つということである．

これらすべての変換で複比が不変であるという事実こそが，多くの交点を扱う問題で複比が使える理由である．射影を繰り返していくことで，図に現れる複比を追跡するという手法さえ思いつくこともできる．今後の例で詳しく見ていくこ

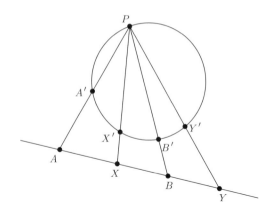

図 9.2C P を中心に，直線から P を通る円へ射影する.

とにしよう.

次の節では，複比の最も重要な場合である調和点列について調べていく.

練習問題

▶**問題9.3.** 共線な相異なる 4 点 A, B, X, Y について，

$$(A, B; X, Y) = \frac{1}{(B, A; X, Y)} = \frac{1}{(A, B; Y, X)} = (X, Y; A, B)$$

が成り立つことを確かめよ.

▶**問題9.4.** 共線な相異なる 3 点 A, B, X があり，k を 0 でない実数とする. このとき，$(A, B; X, Y) = k$ をみたす点 Y（無限遠点であってもよい）がただ 1 つ存在することを示せ. **ヒント:** 287

▶**問題9.5.** 図 9.2A において，$(PA, PB; PX, PY)$ は正か負か？ **ヒント:** 83

▶**問題9.6.** 共線な相異なる 3 点 A, B, X があり，それらが通る直線上の無限遠点を P_∞ とする. $(A, B; X, P_\infty)$ の値はどう定めるべきか？ **ヒント:** 666

▶**問題9.7.** 定理 9.2 を証明せよ.

9.3 調和点列

複比で最も重要なのは，$(A, B; X, Y) = -1$ の場合である．共線な相異なる 4 点 A, B, X, Y が $(A, B; X, Y) = -1$ をみたすとき，4 点 A, B, X, Y を**調和点列** (harmonic bundle) とよぶ．同様に，共円な 4 点 A, B, X, Y が $(A, B; X, Y) = -1$ をみたすとき，四角形 $AXBY$ を**調和四角形** (harmonic quadrilateral) とよぶ．

$(A, B; X, Y) = -1$ ならば，$(A, B; Y, X) = (B, A; X, Y) = -1$ であることに注意しよう．このとき，Y を線分 AB に関する X の**調和共役点** (harmonic conjugate) とよぶことがある．その名のとおり，調和共役点はただ 1 つ存在し，Y の調和共役点は X である．

調和点列は重要な概念であり，実際に多くの構図で自然に現れる．ここでは，調和点列が現れる 5 つの構図を紹介する．

初めの補題は，証明は明らかだが，中点を扱うための新しい方法である．特に平行線とあわせて現れる際に有効である．

▶**補題 9.8（中点と平行線）．** 2 点 A, B があり，線分 AB の中点を M，直線 AB 上の無限遠点を P_∞ とする．このとき，A, B, M, P_∞ は調和点列である．

次の補題は，円への接線を利用して調和四角形を特徴付けるものである（図 9.3A）．

▶**補題 9.9（調和四角形）．** 円 ω およびその外部の点 P があり，P から ω への 2 本の接線の接点をそれぞれ X, Y とする．P を通る直線が ω と 2 点 A, B で交わるとき，

(a) 四角形 $AXBY$ は調和四角形である．

(b) $Q = AB \cap XY$ とするとき，A, B, Q, P は調和点列である．

証明 類似中線を用いる．補題 4.26 により $\dfrac{XA}{XB} = \dfrac{YA}{YB}$ であり，点のとり方により $(A, B; X, Y)$ は負である．したがって，四角形 $AXBY$ は調和四角形である．

A, B, Q, P が調和点列であることは，単純に

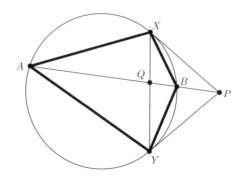

図 9.3A 調和四角形. A, B, P, Q も調和点列である.

$$(A, B; X, Y) \overset{Y}{=} (A, B; Q, P)$$

となることから従う. ここでは, Y を中心として円 ω から直線 AB へ射影して いるが, この文脈で「直線 YY」は実は Y における ω の接線である（これを納 得するには, 円上の点 Y' が Y に限りなく近付くときに, 直線 YY' がどうふる まうかを考えればよい）. □

この補題から, A, B それぞれにおける接線が直線 XY 上で交わることもわか る（なぜだろうか？）.

重要なのは, 線分 AB が ω の直径である場合である. このとき, P と Q は ω に関する反転でうつりあう. その詳細は次のとおりである.

▶**命題 9.10（反転で得られる調和点列）.**
   直線 AB 上に点 P があり, 線分 AB を直径とする円に関する反転で P が うつる先を P^* とする. このとき, A, B, P, P^* は調和点列である.

補題 9.11 と補題 9.12 には円はまったく現れない. 実は補題 9.12 は補題 9.11 から導かれる.

▶**補題 9.11（チェバ線から得られる調和点列）.**
   三角形 ABC において, 直線 BC, CA, AB 上にそれぞれ点 D, E, F があ り, いずれも A, B, C とは異なる. 直線 AD, BE, CF が共点であるとき,

直線 EF と直線 BC の交点（無限遠点であってもよい）を X とすると，X，D，B，C は調和点列である．

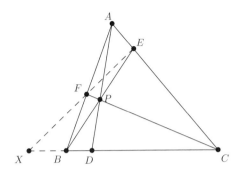

図 9.3B　チェバの定理とメネラウスの定理により $(X, D; B, C) = -1$ を得る．

証明　図 9.3B において，チェバの定理とメネラウスの定理（有向長版）を用いればよい．　　　　　　　　　　　　　　　　　　　　　　　　　　　$\square$

▶補題 9.12（完全四辺形[35] から得られる調和点列）．

四角形 $ABCD$ があり，その 2 本の対角線の交点を K とする．直線 AD と直線 BC は点 L で交わり，直線 KL は直線 AB，CD とそれぞれ点 M，N で交わるとする．このとき，K，L，M，N は調和点列である．

証明　図 9.3C のように，$P = AB \cap CD$，$Q = PK \cap BC$ とする．補題 9.11 により，$(Q, L; B, C) = -1$ である．直線 KL に射影することで，

$$-1 = (Q, L; B, C) \overset{P}{=} (K, L; M, N)$$

を得る．　　　　　　　　　　　　　　　　　　　　　　　　　　　　　　$\square$

調和点列を用いれば，これら 5 つの構図のあいだを行き来することができる．例として，問題 4.45 をもう一度取りあげよう．

---

35 （訳注）完全四辺形は第 10 章で定義される．

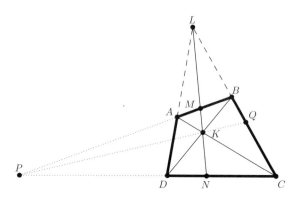

図 9.3C 補題 9.11 により，K, L, M, N もまた調和点列であることがわかる.

▶**例 9.13 (USA TST 2011/1).**

　鋭角不等辺三角形 ABC において，A, B, C から対辺におろした垂線の足をそれぞれ D, E, F とし，垂心を H とする．また，線分 EF 上に点 P, Q があり，$AP \perp EF$，$HQ \perp EF$ をみたしている．直線 DP と直線 QH が点 R で交わっているとき，$\dfrac{HQ}{HR}$ を求めよ.

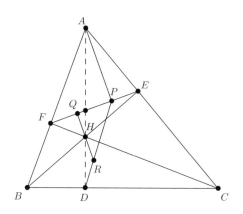

図 9.3D 2011 年のアメリカ合衆国代表選考試験の第 1 問.

　この問題は，面白味のないものとして簡単に片付けられてしまうかもしれない．答えは 1 であり，三角形 DEF に補題 4.9 を適用するだけである．しかし，

それとはまったく独立に，射影幾何を用いる簡潔な証明がある．

補題 9.8 を覚えているだろうか？ たしかに，線分 QR の中点 H と，平行線 $AP \parallel QR$ がある．したがって，P を中心として射影するのがよい．正確に言えば，直線 AP, QR 上の無限遠点を P_∞ とするとき，

$$(Q, R; H, P_\infty) \overset{P}{=} (QP \cap AD, D; H, A)$$

が従う．右辺が -1 であることを示せばよいが，これはまさに補題 9.12 である！

言うまでもなく，この議論は逆にたどることができ，以下のような証明が完成する．

証明 補題 9.12 により，$(A, H; AD \cap EF, D) = -1$ である．平行な直線 AP, QR 上の無限遠点を P_∞ とおけば，P を中心に射影することで $(P_\infty, H; Q, R) = -1$ を得る．したがって，〔$\dfrac{\overline{HQ}}{\overline{HR}} = -1$ であるから〕$\dfrac{HQ}{HR} = 1$ である． □

練習問題

▶**問題 9.14.** 補題 9.11 の証明の細部を詰めよ．

▶**問題 9.15.** 座標平面において，4 点 $A = (-1, 0)$, $B = (1, 0)$, $X = \left(\dfrac{1}{100}, 0\right)$, $Y = (m, 0)$ が調和点列である，すなわち $(A, B; X, Y) = -1$ をみたすとき，m の値を求めよ． **ヒント:** 334

▶**問題 9.16.** 問題 1.43（図 9.3E を参照のこと）は，この章で扱われた手法を用いることでただちに従うことを示せ． **ヒント:** 107 687 607 451 520

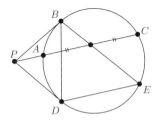

図 9.3E 2011 年のアメリカ合衆国ジュニア数学オリンピックの第 5 問（問題 1.43）を，調和点列を用いて解く．

▶**問題 9.17（中点と長さ）.** 相異なる 4 点 A, X, B, P はこの順に同一直線上に並ぶ点であり，$(A, B; X, P) = -1$ をみたしている．線分 AB の中点を M とするとき，$MX \cdot MP = \left(\dfrac{1}{2}AB\right)^2$ および $PX \cdot PM = PA \cdot PB$ が成り立つことを示せ．**ヒント:** 41 557

9.4 アポロニウスの円

調和点列が自然に現れる構図がもう 1 つある．その前に，次の補題を述べる必要がある（図 9.4A を参照のこと）．

▶**補題 9.18（直角と角の二等分線）.** 相異なる 4 点 X, A, Y, B がこの順に同一直線上に並んでおり，点 C はその直線上にないとする．このとき，次の条件のうち 2 つが成り立てば，残りのもう 1 つの条件も成り立つ．

(i) A, B, X, Y は調和点列である．

(ii) $\angle XCY = 90°$.

(iii) 直線 CY は $\angle ACB$ を二等分する．

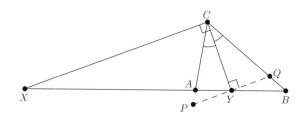

図 9.4A 直線 CX, CY はそれぞれ外角，内角の二等分線である．

証明 三角比を用いて直接証明することもできるが，ここでは初等的な証明を与えよう．(i) を言いかえることを考える．Y を通り直線 CX と平行な直線を l とし，l 上の無限遠点を P_∞ とする．また，l と半直線 CA, CB の交点をそれぞれ P, Q とする．このとき，

$$(A, B; X, Y) \overset{C}{=} (P, Q; P_\infty, Y)$$

であるから，$PY = QY$ と $(A, B; X, Y) = -1$ は同値である（補題 9.8 を参照のこと）．よって，与えられた条件のうちどの 2 つも三角形 CYP と三角形 CYQ が合同であることを導くから，もう 1 つの条件もみたされる．以上により，主張は示された． □

この補題はそれ自体で有用だが，角度と長さの比を結び付ける**アポロニウスの円** (Apollonian circle) にも直接つながっている．以下がその内容である．

▶**定理 9.19（アポロニウスの円）．**

　線分 AB があり，k を 1 でない正の実数とする．$\dfrac{CA}{CB} = k$ をみたす点 C の軌跡は，直線 AB 上に直径をもつ円となる．〔この円を，線分 AB に関するアポロニウスの円とよぶ．〕

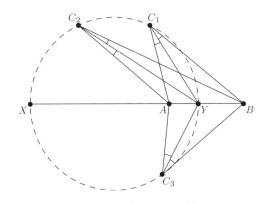

図 9.4B　アポロニウスの円．

　角の二等分線定理によって，角度が等しいことは長さの比の条件として言いかえられるから，これは単なる補題 9.18 の言いかえである．以下がその詳細である．図 9.4B を参照のこと．

証明　まず，直線 AB 上の相異なる 2 点 X, Y を，

$$\frac{XA}{XB} = \frac{YA}{YB} = k$$

が成り立つようにとる〔このとき，A, B, X, Y は調和点列である〕．一般性を失

わず, Y が線分 AB 上にあるとしてよい.

このとき, 角の二等分線定理により, A, B と異なる任意の点 C に対して, $\dfrac{CA}{CB} = k$ と $\angle ACY = \angle YCB$ は同値である. 後者は補題 9.18 により $\angle XCY = 90°$ と同値であるから, アポロニウスの円の存在が示された. □

練習問題

▶**問題 9.20.** 図 9.4B の設定において, 線分 XY に関する, 点 A を通るアポロニウスの円は何か? **ヒント:** 411　70

▶**問題 9.21.** 定理 9.19 の設定において, k が 1 でない正の実数全体を動くとき, 得られる円はすべて共軸であることを示せ*. **ヒント:** 315　147

▶**問題 9.22 (角の二等分線上の調和点列).** 三角形 ABC があり, その内心を I, A 傍心を I_A とするとき,

$$(I, I_A; A, AI \cap BC) = -1$$

が成り立つことを示せ.

9.5 極・極線とブロカールの定理

射影幾何と反転で用いられる手法は, 極や極線という概念を通じて密接に関係している.

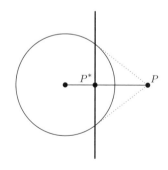

図 9.5A 点 P の極線が描かれている.

---

*実は, 交わらない共軸円は, すべてある線分に関するアポロニウスの円となる.

O を中心とする円 ω と点 P を固定し，ω に関する反転で P がうつる先を P^* とする．このとき，P^* を通り直線 OP と垂直な直線を，ω に関する P の**極線** (polar) とよぶ．なお，ここでの P は無限遠点であってもよいが，O とは異なる点とする．補題 8.1 で述べたように，P が ω の外部にあるとき，極線は P から ω へ引いた 2 本の接線それぞれの接点を通る直線となる．また，O の極線は無限遠直線である．

　同様に，直線 l が与えられているとき，l を極線とする点〔これはただ 1 つ存在する〕を，ω に関する l の**極** (pole)[†] とよぶ．

　まずは，自明ながら重要な結果を紹介しよう．

▶**定理 9.23（ラ・イールの定理 (La Hire's theorem)）.**
　任意の円に関して，点 X が点 Y の極線上にあることと，点 Y が点 X の極線上にあることは同値である．

証明　問題 9.26 とする．相似な三角形を使うだけである．　　　　□

　ラ・イールの定理は**双対性**の概念を示している．つまり，点を直線に，直線を点に，共線な点を共点な直線に，2 点を通る直線をそれぞれの極線の交点に変換できることを示している．すべての点をその極線と，すべての直線をその極と入れかえればよい．

　ここで，極と極線を調和点列と結び付ける重要な結果を紹介する．

▶**命題 9.24.**
　円 ω 上に相異なる 2 点 A, B があり，直線 AB 上に A, B と異なる 2 点 P, Q をとる．このとき，$(A, B; P, Q) = -1$ が成り立つことと，P が ω に関する Q の極線上にあることは同値である．

証明　〔どちらの条件も P, Q に関して対称であり，P, Q の一方が外部，もう一方が内部にあることを導くから，〕P, Q がそれぞれ円 ω の外部，内部にある場合のみを考える．P から ω へ 2 本の接線を引き，それぞれの接点を X, Y

[†] "pole"（極）と "polar"（極線）という用語は，混同しやすいため良い名称ではない．「"pole" は "polar" より短く，点は直線より小さい」と覚えておこう．

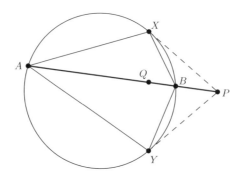

図 9.5B 調和四角形再び.

とすると，補題 9.9 により

$$(A, B; P, XY \cap AB) = -1$$

が従う．よって，Q が ω に関する P の極線（直線 XY）上にあること，すなわち P が Q の極線上にあることと，$(A, B; P, Q) = -1$ は同値である．　　　□

　ようやく，内接四角形に関する最も奥深い定理の 1 つを述べる準備がととのった．これは，任意の内接四角形に極と極線の組が 3 つ隠れていることを示している．

▶ **定理 9.25**（ブロカールの定理 (Brocard's theorem) [36]）．
　O を中心とする円 ω に内接する任意の四角形 $ABCD$ に対して，$P = AB \cap CD$, $Q = BC \cap DA$, $R = AC \cap BD$ とする．このとき，点 P, Q, R はそれぞれ ω に関する直線 QR, RP, PQ の極である．
　特に，O は三角形 PQR の垂心である．

　ここで，三角形 PQR は各頂点がそれぞれの対辺の極となっていることから，ω に関して**自己極** (self-polar) であるという．

36　（訳注）数学オリンピックの文脈では，[8, p.3] などのように "Brokard" と表記する例が散見されるが，本書を含む出版物ではすべて "Brocard" に統一されている．これはフランスの数学者であるアンリ・ブロカール (Henri Brocard) に由来するので，"Brokard" と表記するのは誤りである [†2, p.180].

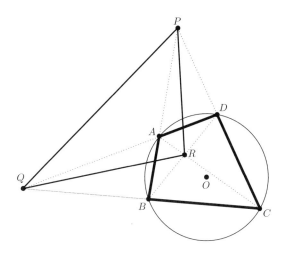

図 9.5C　内接四角形を完全四辺形にすることで得られる三角形 PQR は自己極である.

ブロカールの定理の威力について少し考えてみよう. この定理の仮定には,「極」「極線」「調和」「射影」などといった言葉は一切出てこない. 第 1 章でこの定理を述べることさえ可能であった. 完全に任意の内接四角形をとり, その辺と対角線を交わらせただけである. すると突然, 垂心が現れたのである！ これほど都合の良い話があるだろうか. これは, 射影幾何でうまく扱えるタイプの問題, つまり, 多くの交点と少しの円が現れる問題の良い例である.

定理の証明にうつろう. 注目すべきは, ブロカールの定理が補題 9.11 にとてもよく似ていることである.

証明　まず, Q が ω に関する直線 PR の極であることを示す. 図 9.5D のように, $X = AD \cap PR$, $Y = BC \cap PR$ とおく. 補題 9.11 により, A, D, Q, X と B, C, Q, Y はともに調和点列である.

したがって, 命題 9.24 により, X と Y はともに ω に関する Q の極線上にある. 極線は直線であるから, これは直線 XY, すなわち直線 PR と一致する.

同様にして, P が ω に関する直線 QR の極であることや, R が ω に関する直線 PQ の極であることも示される. このように, 射影幾何を用いれば位置関係の問題を回避できるのである（これは無限遠点が好まれる理由の 1 つでもある）. よって, 三角形 PQR はたしかに ω に関して自己極である. 最後に, 極線の定義

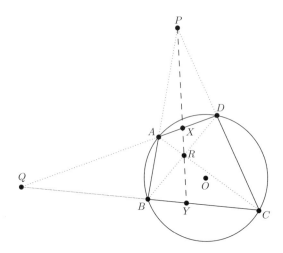

図 9.5D 三角形 PQR は自己極である.

により O は三角形 PQR の垂心であるから，以上で主張は示された. □

練習問題

▶**問題 9.26.** ラ・イールの定理（定理 9.23）を証明せよ.

▶**補題 9.27（自己極直交性）.** 円 ω があり，点 P は ω に関して点 Q の極線上にある（したがって，点 Q は ω に関して点 P の極線上にある）とする. このとき，線分 PQ を直径とする円 γ は，ω と直交することを示せ. **ヒント:** 616

▶**問題 9.28.** 鋭角不等辺三角形 ABC があり，その内部の点 H は $AH \perp BC$ をみたしている. 半直線 BH, CH と辺 AC, AB の交点をそれぞれ E, F とする. 四角形 $BFEC$ が内接四角形であるとき，H は三角形 ABC の垂心であることを示せ. **ヒント:** 492　52

9.6 パスカルの定理

　パスカルの定理はいままでの定理とは趣向が異なるものだが，それでも似たような局面で使える. この定理は，円上にある多くの点とそれらを通る直線の交点

を扱う．以下がその主張*であり，証明については例 7.27 を参照のこと．もちろん，多くの別証が存在する．

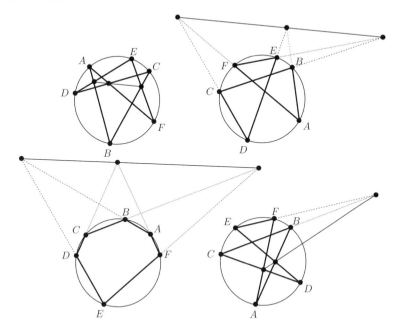

図 9.6A パスカルの定理には多くの位置関係がある．

▶ **定理 9.29（パスカルの定理）．**

内接六角形 $ABCDEF$（自己交差があってもよい）について，3 点 $AB \cap DE$，$BC \cap EF$，$CD \cap FA$ は共線である．

パスカルの定理は，頂点がどの順に並ぶかによって見た目が大きく変わることに注意しておこう．図 9.6A は，パスカルの定理がとりうる位置関係のうち異なる 4 つを表している．六角形の隣接する 2 頂点を同じ点にする手法もしばしば有効である．「辺」AA は外接円の A における接線に退化する．この手法の応用例は，例 9.38 の解答に現れる．

---

* 「円」を「円錐曲線」とすると，逆も成り立つ．第 9.7 節「射影変換」を参照のこと．

例として，補題 4.40 の最初の部分に対して，パスカルの定理を用いて簡潔な証明を与えよう．

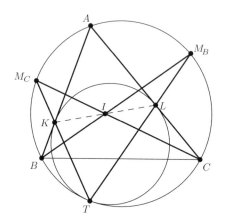

図 9.6B A 混線内接円にパスカルの定理を適用する．

▶**例 9.30.**
　三角形 ABC があり，その A 混線内接円と辺 AB, AC の接点をそれぞれ K, L とする．このとき，内心 I は線分 KL の中点である．

証明　（$AK = AL$ かつ $\angle KAI = \angle IAL$ が成り立つことから）明らかに直線 AI は線分 KL を二等分するから，K, I, L が共線であることを示せばよい．

　補題 4.33 により，C を含まない方の弧 AB の中点を M_C とすれば，M_C, K, T は共線である．特に，C, I, M_C は共線である．同様に，B を含まない方の弧 AC の中点 M_B は直線 BI, LT 上にある．あとは六角形 ABM_BTM_CC にパスカルの定理を適用するだけである． $\square$

　さらに顕著な例として，次の問題 9.32 がある．

練習問題

▶**問題 9.31.**　三角形 ABC があり，その外接円を Γ とする．Γ の点 A における接線と直線 BC の交点を X とし，点 Y, Z も同様に定める．このとき，3 点 X, Y, Z が共線であることを示せ．**ヒント:** 378

▶**問題 9.32.** 内接四角形 $ABCD$ において，「六角形」$AABCCD$, $ABBCDD$ にそれぞれパスカルの定理を適用しよう．何が得られるか？ **ヒント**: 421 473 309

9.7 射影変換

この節では，本当は深いテーマを手短に紹介するにとどめる．詳細は [7] の最後の章を参照のこと．

まれに，**純粋に射影的**とよばれる問題に出くわすことがある．これは，本質的には，問題の主張に交点・接点（・少しの円）しか現れないことを意味する．これはめったにないことだが，そうした場合には，問題は**射影変換** (projective transformation) を用いることで一瞬で解けるのがふつうである．

射影変換は本質的には最も一般的な変換である．実際，それは直線を直線に，円錐曲線を円錐曲線にうつす（がそれ以外を保つ必要はない）任意の写像として定義される．大ざっぱに言えば，**円錐曲線** (conic) とは平面上の 5 点によって決定される二次曲線のことである．より厳密に言えば，円錐曲線とは，xy 平面上で

$$Ax^2 + Bxy + Cy^2 + Dx + Ey + F = 0$$

と表される曲線を無限遠点まで拡張したものである〔たとえば双曲線の場合，2 つの漸近線に対応する無限遠点が追加される〕．円錐曲線には放物線，双曲線，楕円（特に円）が含まれるが，ここでは円錐曲線として円のみを考えることにする．図 9.7A を参照のこと．

なぜほとんど何も保存しない変換について考えるのだろうか？　その利点は，射影変換の一般性を引き出す次の定理に集約されている（証明は割愛）．

▶**定理 9.33 （射影変換）.**

(a) どの 3 点も共線でない任意の 4 点の組 (A, B, C, D), (W, X, Y, Z) に対し，ある射影変換がただ 1 つ存在して，A を W に，B を X に，C を Y に，D を Z にうつす．

(b) 任意の円 C とその内部の点 P, Q に対し，ある射影変換が存在して，C を C 自身にうつし，P を Q にうつす．

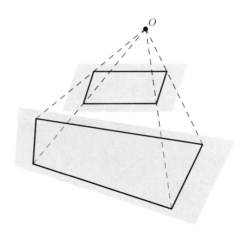

図 9.7A 射影変換の例.

(c) 任意の円 C とその外部の直線 l に対し，ある射影変換が存在して，C を C 自身にうつし，l を無限遠直線にうつす.

また，射影変換は共線な 4 点の複比〔および共点な 4 直線の複比〕を保つ. さらに，ある内接四角形の外接円がうつる先が円であれば，その四角形の複比も保たれる.

この手法の威力は，実際に例を見ればとてもよくわかるだろう.

▶例 9.34.
四角形 $ABCD$ があり，$P = AB \cap CD$, $Q = AD \cap BC$, $R = AC \cap BD$ とし，さらに $X_1 = PR \cap AD$, $X_2 = PR \cap BC$, $Y_1 = QR \cap AB$, $Y_2 = QR \cap CD$ とする. このとき，3 直線 X_1Y_1, X_2Y_2, PQ が共点であることを示せ.

この問題はまるで悪夢のようだ. ただし，それは純粋に射影的な問題だと気付くまでの話だ. つまり，非常に便利な仮定を置くことができる. 四角形 $ABCD$ を正方形 $A'B'C'D'$ にうつす射影変換を考えればよいのだ.

解答 定理 9.33 により，四角形 $ABCD$ を正方形にうつす射影変換が存在す

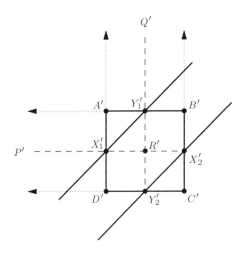

図 9.7B 四角形 $ABCD$ を正方形にうつし，問題を自明にする．

る．〔任意の点 Z に対し，それがこの射影変換でうつる先を Z' で表す．〕射影変換は交点を交点にうつすので，P' は直線 $A'B'$ と直線 $C'D'$ の交点であり，他の点についても同様に定められる．

　問題はもはや自明である．図 9.7B を見れば一目瞭然だろう！　P' と Q' は無限遠点であり，X_1', X_2', Y_1', Y_2' は単なる正方形の辺の中点である．よって，直線 $X_1'Y_1'$ と直線 $X_2'Y_2'$ （は平行であるから，それら）の交点もまた別の無限遠点となる．したがって P', Q', $X_1'Y_1' \cap X_2'Y_2'$ はいずれも無限遠直線上にある．　　□

　「純粋に射影的」ではない問題についても，条件が複比を用いて言いかえられる場合には，より幅広くこの手法を使うことができる．たとえば，有名な胡蝶定理について考えよう．

▶**定理 9.35（胡蝶定理 (butterfly theorem)）．**
　ある円の弦 AB, CD, PQ が 1 点 M で交わっている．$X = PQ \cap AD$，$Y = PQ \cap BC$ とするとき，$MP = MQ$ が成り立つならば $MX = MY$ が成り立つ．

証明　この問題は，M が線分 PQ の中点であるという条件を除けば，純粋に

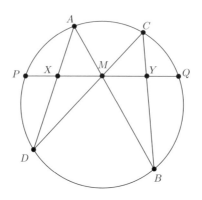

図 9.7C 胡蝶定理.

射影的であるようだ．直線 PQ 上の無限遠点 P_∞ を加れば，この条件が射影的に扱えるようになる．つまり，条件は $(P, Q; P_\infty, M) = -1$ と言いかえられ，示すべきことは $(X, Y; P_\infty, M) = -1$ となる．

複比を用いて条件を言いかえたことで，問題は純粋に射影的になった！　そのため，M を円の中心 M' にうつす射影変換を考えよう．すると，線分 $P'Q'$ は直径になる．複比 $(P', Q'; P_\infty', M') = -1$ は保たれているから，P_∞' もまた無限遠点であることがわかる．よって，単に M' が線分 $X'Y'$ の中点であることを示せばよい．

一方で，M が円の中心にある場合に胡蝶定理を示すことはそこまで難しくない．実際，対称性により明らかである．したがって，$(X', Y'; P_\infty', M') = -1$ である．これにより $(X, Y; P_\infty, M) = -1$ が従うから，以上により示された．　□

練習問題

▶**問題9.36.**　射影変換を用いて，補題 9.9 に簡潔な証明を与えよ．　ヒント：183 218　231

▶**問題9.37.**　射影変換を用いて，補題 9.11 に簡潔な証明を与えよ．　ヒント：333 595

9.8 例題

ここでは 2 つの例題を紹介する．まず，第 51 回国際数学オリンピックの問題を考えよう．

▶**例 9.38（IMO 2010/2）.**

三角形 ABC があり，その内心を I，外接円を Γ とする．直線 AI と円 Γ の交点のうち A でない方を D とする．点 E は弧 BDC 上，点 F は辺 BC 上にあり，$\angle BAF = \angle CAE < \dfrac{1}{2}\angle BAC$ をみたす．線分 IF の中点を G とするとき，直線 DG と直線 EI は円 Γ 上で交わることを示せ．

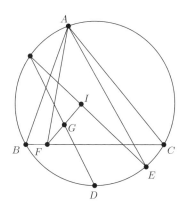

図 9.8A 例 9.38.

まず，直線 AF と Γ の交点のうち A でない方を F_1 とする．明らかに $F_1E \parallel BC$ である．また，直線 EI と Γ の交点のうち E でない方を K とする．直線 DK が線分 IF の中点を通ることを証明するのが目標である．

たくさんの点や交点が円の上にあるので，パスカルの定理を使って何か面白いことを見つけたいという動機が生まれる．いま，$I = AD \cap KE$，$F = AF_1 \cap BC$ であり，$DD \cap EF_1$ は無限遠点である．これらのうち 2 つが関係するようにパスカルの定理を用いようと試行錯誤することで，「六角形」AF_1EKDD が役に立つことがわかる．

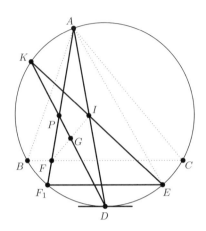

図 9.8B 例 9.38 にパスカルの定理を適用する.

パスカルの定理により，点 $AF_1 \cap KD$, 無限遠点 $F_1E \cap DD$, 内心 $I = DA \cap KE$ が共線であることがわかる．つまり，$P = AF_1 \cap KD$ とすれば，$IP \parallel EF_1 \parallel BC$ となる．

ひとたび点 P を導入してしまえば，点 E, F_1, K は実質的には無視できる．つまり，問題が次のように便利な形で言いかえられる．

> 三角形 ABC のチェバ線 AF 上に $IP \parallel BC$ なる点 P をとる．A を含まない方の弧 BC の中点を D とするとき，直線 DP が線分 IF の中点を通ることを示せ．

こちらの方がはるかに単純であり，実際に重心座標を用いて終わらせることができる．少なくとも，おそらく正しい方向に進んでいるのだろうということはわかる．それでは，次はどうしようか？

弧の中点 D があるので，I を中心とする倍率 2 の相似拡大を考えると，三角形 ABC の A 傍心 I_A を利用することができる．よって，$Z = I_AF \cap IP$ とするとき，P が線分 IZ の中点となることを示せばよい．〔中点 P と平行線 $IP \parallel BC$ に対して〕補題 9.8（中点と平行線）を考えることで，調和点列が得られるはずだ．ここで，F が辺 BC 上にあるという仮定が効いてくる．もはや F を中

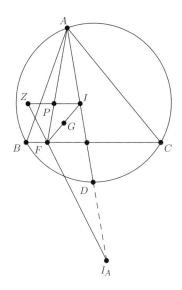

図 9.8C 調和点列による最後の仕上げ.

心として射影するだけで問題は解けるのである.

例 9.38 の解答 直線 EI と Γ の交点のうち E でない方を K, 直線 AF と Γ の交点のうち A でない方を F_1 とする. また, $P = DK \cap AF$, $Z = IP \cap I_A F$ とする.「六角形」AF_1EKDD にパスカルの定理を適用することで, $IP \parallel BC$ が得られる.

三角形 ABC の A 傍心を I_A とすると, 補題 9.22 により

$$-1 = (I, I_A; A, AI \cap BC) \overset{F}{=} (I, Z; P, BC \cap IP)$$

が得られる. $IP \parallel BC$ であるから, P は線分 IZ の中点である. I を中心とする相似拡大を考えることで, 題意は示される. □

もう 1 つの例は第 25 回アジア太平洋数学オリンピックの最終問題であり, 射影幾何を用いる様々な解法が存在する. その中から 3 つを紹介しよう.

▶**例 9.39（APMO 2013/5）.**

円 ω に内接する四角形 $ABCD$ がある．直線 AC 上の点 P について，直線 PB, PD はともに ω に接する．ω の点 C における接線は直線 PD, AD とそれぞれ点 Q, R で交わる．直線 AQ と ω の交点のうち A でない方を E とする．このとき，3 点 B, E, R は共線であることを示せ．

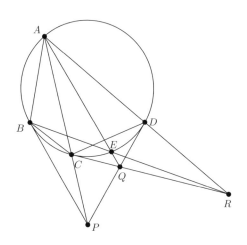

図 9.8D　2013 年のアジア太平洋数学オリンピックの第 5 問．

補題 9.9 が 2 回使えることがただちにわかる．つまり，四角形 $ACED$ と四角形 $ABCD$ はともに調和四角形である．問題には多くの交点が登場しており，条件は調和点列を用いて自然に表せるから，まずは射影幾何を試そうという動機が生まれる．

さらに射影幾何の枠組みに落としこむために，直線 BR と ω の交点のうち B でない方を E' とする．このとき，（3 点が共線であることを示すかわりに）四角形 $ACE'D$ が調和四角形であることを示せばよい．どうすればよいだろうか？ $(A, E'; C, D) = -1$ が成り立つことを示したい．ω 上に射影の中心としてふさわしい点はあるだろうか？　いくらか試すと，B が良さそうなことに気付く．B を中心とする射影によってすべての点にある程度うまく対処できるが，特に E' が扱えるのが重要である．

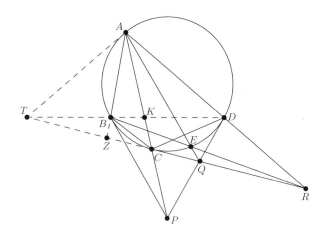

図 9.8E　例 9.39 の調和点列のみを用いる解答.

E' は再び扱いやすい点にうつしたいので，これをふまえて，直線 CR へ射影することにしよう.

すると，

$$(A, E'; C, D) \stackrel{B}{\cong} (AB \cap CR, R; C, BD \cap CR)$$

が得られる．四角形 $ABCD$ が調和四角形であるという事実を利用することで，A, C それぞれにおける ω の接線の交点として $T = BD \cap CR$ が定められる（T をこのように定めたとき，たしかに直線 BD 上にあることはすぐにわかる）．点 T は四角形 $ABCD$ ととても密接に結びついているので，扱いやすそうである.

さて，2 回目の射影で $AB \cap CR$ を取り除いておくべきである．すでに B を中心として射影したから，次は A を中心として射影できないか試してみる（再び B を中心に射影すると振り出しに戻ってしまう）．いま最も合理的な選択肢は，直線 BD へ射影することである．$Z = AB \cap CR$ と略記すると，

$$(Z, R; C, T) \stackrel{A}{\cong} (B, D; AC \cap BD, T)$$

が得られるが，これは補題 9.9 により -1 である．以上により，射影を 2 回用いることで題意が示された.

解答 1 $T = AA \cap CR$, $K = AC \cap BD$, $Z = AB \cap CR$ とし，直線 BR と ω の交点のうち B でない方を E' とする．四角形 $ABCD$ は調和四角形であるから，T, K, B, D は共線である．したがって，〔補題 9.9 により〕

$$-1 = (T, K; B, D) \overset{A}{=} (T, C; Z, R) \overset{B}{=} (D, C; A, E')$$

が得られる．ところが，四角形 $DACE$ は調和四角形であるから，$E = E'$ が成り立つことが示された．　　　　　　　　　　　　　　　　　　　　　　　　□

2つ目の解答では，類似中線を用いて問題を解釈する（補題 4.26 を参照のこと）．直線 DB と直線 AE はともに三角形 ACD の類似中線として捉えられる．すると突然，P と Q は完全に無視してよくなる！　一方で，三角形 ACD の類似重心 K，すなわち直線 AE と直線 BD の交点はおそらく追加すべきである．

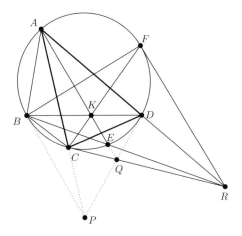

図 9.8F 例 9.39 を類似重心を用いて解く．

では，点 R については何が言えるだろう？　R は C における ω の接線と直線 AD の交点である．補題 9.9 を用いるために，ω 上の C と異なる点 F であって，直線 RF が ω の接線となるようなものをおきたくなる．このとき，四角形 $ACDF$ は調和四角形である．すると，直線 CF も三角形 ACD の類似中線となる．したがって，類似中線の構図が完成し，特に K は直線 CF 上にある．

証明を終わらせよう．ブロカールの定理により，$BE \cap AD$ は直線 AD 上にも $K = BD \cap AE$ の極線上にもある．このような点は R しかない．

解答 2 三角形 ACD の類似重心である $AE \cap BD$ を K とおき，半直線 CK と円 ACD の交点のうち C でない方を F とする．類似中線に注目すると，四角形 $ACED, ABCD, ACDF$ はいずれも調和四角形である．

調和四角形 $ACDF$ において，（たとえば補題 9.9 により）R は直線 CF の極である．直線 CF は K を通るから，R は K の極線上にある．ブロカールの定理により，直線 BE と直線 AD の交点も K の極線上にある．〔ω に関する K の極線と直線 AD は一致しないので，その交点は R にほかならず，〕以上により B, E, R は共線であることが示された． □

ようやく最後の解法である．この問題は純粋に射影的であることに注意しよう！

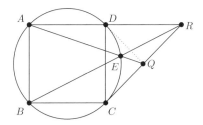

図 9.8G 射影変換によって四角形 $ABCD$ を正方形にすれば，例 9.39 は簡単になる．

円 ω を固定し，点 $AC \cap BD$ を ω の中心にうつす射影変換を施すと，四角形 $ABCD$ は長方形になる．四角形 $ABCD$ は調和四角形でもあるから，実は正方形である．すると，P は直線 AC 上の無限遠点にうつるので，もう問題はそこまで難しくない．

章末問題

▶**補題 9.40（内接円の極線）.** 三角形 ABC において，その接触三角形を DEF，内心を I とする．直線 EF と直線 BC が点 K で交わるとき，$IK \perp AD$ が成り立つことを示せ． **ヒント**: 351 689 **解答**: p.354

▶**定理 9.41 (デザルグの定理 (Desargues' theorem))．**

　射影平面上に三角形 ABC と三角形 XYZ がある．これらが**点を中心として配景の位置にある** (perspective from a point) とは，3 直線 AX，BY，CZ が共点である（無限遠点で交わってもよい）ことをさし，これらが**直線を軸として配景の位置にある** (perspective from a line) とは，3 点 $AB \cap XY$，$BC \cap YZ$，$CA \cap ZX$ が共線であることをさす．これらの条件は同値であることを示せ．

ヒント: 253　456

▶**問題 9.42 (USA TSTST 2012/4)．** 不等辺三角形 ABC において，A, B, C から対辺におろした垂線の足をそれぞれ A_1, B_1, C_1 とする．直線 BC と直線 B_1C_1 の交点を A_2 とし，B_2, C_2 も同様に定める．線分 BC, CA, AB の中点をそれぞれ D, E, F とするとき，D から直線 AA_2 におろした垂線，E から直線 BB_2 におろした垂線，F から直線 CC_2 におろした垂線は共点であることを示せ．ヒント: 308　233

▶**問題 9.43 (Singapore TST)．** $\angle B = 90°$ なる直角三角形 ABC において，その外接円，外心をそれぞれ ω, O とする．ω の A における接線上に A でない点 P をとり，半直線 PB と ω の交点のうち B でない方を D とする〔ただし，C と D は相異なるとする〕．直線 CD 上に $AE \parallel BC$ なる点 E をとるとき，3 点 P, O, E が共線であることを示せ．ヒント: 587　675

▶**問題 9.44 (Canada 1994/5)．** 鋭角三角形 ABC において，A から辺 BC におろした垂線の足を D とし，H を線分 AD 上（端点を除く）の点とする．直線 BH と辺 AC，直線 CH と辺 AB の交点をそれぞれ E, F とするとき，$\angle EDH = \angle FDH$ が成り立つことを示せ．ヒント: 20　164　80　**解答**: p.354

▶**問題 9.45 (Bulgarian Olympiad 2001)．** 三角形 ABC があり，点 C を通り辺 AB と点 B で接する円を k とする．辺 AC，三角形 ABC の C 中線と円 k の交点のうち C でない方をそれぞれ D, E とする．円 k の点 C, E それぞれにおける接線が直線 BD 上で交わるとき，$\angle ABC = 90°$ が成り立つことを示せ．ヒント: 111　318　571

▶**問題 9.46 (ELMO Shortlist 2012)．** 三角形 ABC において，その内心を I と

し，I から辺 BC におろした垂線の足を D，I から辺 AD におろした垂線の足を P とする．このとき，$\angle BPD = \angle DPC$ が成り立つことを示せ．**ヒント**：240 354 347　**解答**：p.354

▶**問題 9.47 (IMO 2014/4)**．鋭角三角形 ABC において，辺 BC 上に 2 点 P，Q があり，$\angle PAB = \angle BCA$，$\angle CAQ = \angle ABC$ をみたしている．それぞれ直線 AP，AQ 上にある点 M，N について，P は線分 AM の中点，Q は線分 AN の中点である．このとき，直線 BM と直線 CN は三角形 ABC の外接円上で交わることを示せ．**ヒント**：145 216 286　**解答**：p.355

▶**問題 9.48 (IMO Shortlist 2004/G8)**．内接四角形 $ABCD$ があり，辺 CD の中点を M とする．三角形 ABM の外接円上に M でない点 N があり，$\dfrac{AN}{BN} = \dfrac{AM}{BM}$ をみたす．$E = AD \cap BC$，$F = AC \cap BD$ とするとき，3 点 E，F，N が共線であることを示せ．**ヒント**：58 503 632

▶**問題 9.49 (Sharygin 2013)**．三角形 ABC があり，その内接円と辺 BC，CA，AB の接点をそれぞれ A'，B'，C' とする．I から C 中線におろした垂線が直線 $A'B'$ と点 K で交わるとき，$CK \parallel AB$ が成り立つことを示せ．**ヒント**：55　**解答**：p.355

▶**問題 9.50 (IMO Shortlist 2004/G2)**．平面上に円 Γ と直線 d があり，これらは共有点をもたない．線分 AB は d と垂直な Γ の直径であり，A より B の方が d に近いとする．C を A，B と異なる Γ 上の点とし，直線 AC と d の交点を D とする．D から Γ への接線と Γ の接点のうち，直線 AC に関して B と同じ側にあるものを E とする．直線 BE と d の交点を F とし，直線 AF と Γ の交点のうち A でない方を G とする．このとき，直線 AB に関して G と対称な点は，直線 CF 上にあることを示せ．**ヒント**：25 285 406 497　**解答**：p.356

▶**問題 9.51 (USA January TST for IMO 2013)**．鋭角三角形 ABC において，線分 AC を直径とする円 ω_1 が辺 BC と C でない点 F で，線分 BC を直径とする円 ω_2 が辺 AC と C でない点 E で交わっているとする．半直線 AF は ω_2 と 2 点 K，M で，半直線 BE は ω_1 と 2 点 L，N で交わり，$AK < AM$，$BL < BN$ をみたす．このとき，3 直線 AB，ML，NK は共点であることを示せ．**ヒント**：168 374 239

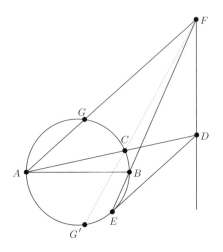

図 9.9A 問題 9.50 は問題文が長たらしい.

▶**問題 9.52 (Brazilian Olympiad 2011/5)**．鋭角三角形 ABC において，その垂心を H とし，B, C から対辺におろした垂線の足をそれぞれ D, E とする．三角形 ADE, ABC それぞれの外接円の交点のうち A でない方を F とするとき，$\angle BFC$，$\angle BHC$ それぞれの二等分線は直線 BC 上で交わることを示せ．

ヒント：405　221　366

▶**問題 9.53 (ELMO Shortlist 2013)**．三角形 ABC において，辺 BC 上に点 D がある．三角形 ABD の外接円と直線 AC の交点のうち A でない方を F，三角形 ADC の外接円と直線 AB の交点のうち A でない方を E とする．このとき，D の位置によらず，三角形 AEF の外接円はある A でない定点を通ることを示し，さらにこの定点が A 中線上にあることを示せ．ヒント：511　34　270

▶**問題 9.54 (APMO 2008/3)**．三角形 ABC があり，その外接円を Γ とする．2点 A, C を通る円が線分 BC, BA とそれぞれ C でない点 D，A でない点 E で交わるとする．直線 AD と Γ の交点のうち A でない点を G，直線 CE と Γ の交点のうち C でない点を H とする．Γ の点 A, C それぞれにおける接線が直線 DE と点 L, M で交わるとする．このとき，直線 LH と直線 MG は Γ 上で交わることを示せ．ヒント：156　444　352　572　**解答**：p.356

▶**問題 9.55（ブリアンションの定理 (Brianchon's theorem)）.** 円 ω に外接している六角形 $ABCDEF$ において，3 直線 AD, BE, CF は共点であることを示せ．**ヒント**: 241　35

▶**問題 9.56 (ELMO Shortlist 2014).** 円 ω に内接する四角形 $ABCD$ があり，$E = AB \cap CD$, $F = AD \cap BC$ とする．三角形 AEF, CEF の外接円をそれぞれ ω_1, ω_2 とし，ω と ω_1 の交点のうち A でない方を G，ω と ω_2 の交点のうち C でない方を H とする．このとき，3 直線 AC, BD, GH は共点であることを示せ．**ヒント**: 404　590　443　**解答**: p.356

▶**問題 9.57 (ELMO Shortlist 2014).** 円 ω に内接する四角形 $ABCD$ があり，ω の A における接線と直線 CD, BC の交点をそれぞれ E, F とする．直線 BE, DF と ω の交点のうちそれぞれ B でない方を G，D でない方を I とし，直線 BE と直線 AD の交点を H，直線 DF と直線 AB の交点を J とする．このとき，直線 GI，直線 HJ，三角形 ABC の B 類似中線は共点であることを示せ．**ヒント**: 667　234

▶**問題 9.58 (IMO Shortlist 2005/G6).** 三角形 ABC において，辺 BC の中点を M，内接円を γ とし，直線 AM と γ の 2 交点を K, L とする．K を通り直線 BC と平行な直線と γ の交点のうち K でない方を X，L を通り直線 BC と平行な直線と γ の交点のうち L でない方を Y とする．直線 AX, AY と辺 BC の交点をそれぞれ P, Q とするとき，$BP = CQ$ が成り立つことを示せ．**ヒント**: 682　543　328　104　563

第10章
ミケル点

〈幾何学〉とは，下手に描かれた図から上手に推論する技術である．

アンリ・ポアンカレ [†9, p.2]

　この章では，反転（第8章）と射影幾何（第9章）をともに活用し，完全四辺形について考察していこう．完全四辺形と深い関係にあるミケル点は，数学オリンピックの幾何において頻繁に現れる構図である．

　完全四辺形 (complete quadrilateral) とは，どの3つも共点でなくどの2つも平行でないような4本の直線と，それらの交点として定まる6つの交点からなる．任意の四角形（自己交差があってもよい）は，どの辺も平行でなければ各辺を延長することで完全四辺形にできる．具体的には，四角形 $ABCD$（自己交差があってもよい）に対して $P = AD \cap BC, Q = AB \cap CD$ とする*ことで，図 10.0A にあるような完全四辺形が得られる．この章を通じて，この完全四辺形を単に完全四辺形 $ABCD$ とよぶ．

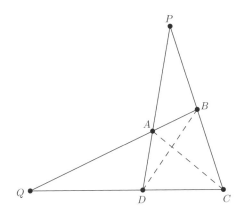

図 10.0A　完全四辺形.

---

*第9章で定めたとおり，$AB \cap XY$ は直線 AB と直線 XY の交点を表す.

これは補題 9.11 やブロカールの定理（定理 9.25）を思い起こさせるだろう．実際，4 点 A, B, C, D が共円である特別な場合は第 10.5 節で論じられる．

10.1 回転相似

完全四辺形の前に，回転相似という概念について論じておく必要がある．点 O を中心とする**回転相似**とは，O を中心とする回転移動と相似拡大の組みあわせである．図 10.1A は回転相似の例である．

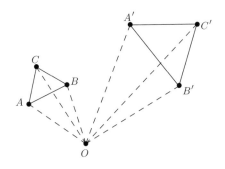

図 10.1A 三角形 ABC を三角形 $A'B'C'$ にうつす回転相似.

回転相似の最も一般的なケースは，2 本の線分のあいだに起こる．図 10.1B に示すように，線分 AB を線分 CD にうつす回転相似を考えよう．

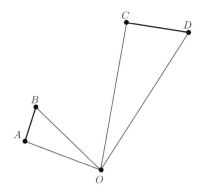

図 10.1B 線分 AB を線分 CD にうつす回転相似.

もちろんのこと，三角形 OAB は三角形 OCD と同じ向きに相似である．

ここで，複素数を用いて A, B, C, D から O を決定しよう．

$$\frac{c-o}{a-o} = \frac{d-o}{b-o}$$

が容易にわかるから，

$$o = \frac{ad-bc}{a+d-b-c}$$

が従う．よって，O は A, B, C, D から一意に定まる．すなわち，一般に，ある線分を別のある線分にうつす回転相似が一意に存在する．ただし，四角形 $ABDC$ が平行四辺形である場合は例外である．このとき $a+d=b+c$ であり，回転相似は存在しない．

これはこれで良いのだが，どのような場面で回転相似は自然に生じるのだろうか？　実は，2 つの円が交わるときにはつねに回転相似が隠れている．

▶補題 10.1（回転相似の中心）.

　平面上に線分 AB, CD があり，直線 AC と直線 BD が X で交わるとする．円 ABX と円 CDX が X でない点 O で交わるとき，O は線分 AB を線分 CD にうつす唯一の回転相似の中心である[37].

回転相似は一意に存在することがもうわかっているので，以降は単に「回転相似」と書けばその唯一のものをさす．

証明　これは単なる角度追跡の範疇である．

$$\angle OAB = \angle OXB = \angle OXD = \angle OCD$$

であり，同様にして

$$\angle OBA = \angle ODC$$

が成り立つ．これらにより，三角形 OAB と三角形 OCD は同じ向きに相似であるから，以上で示された．　　　　　　　　　　　　　　　　　　　□

37　（訳注）2 円が X で接するときは，X が線分 AB を線分 CD にうつす唯一の回転相似の中心となる．また，$X = A$ のときは，「円 ABX」は B を通り直線 AC に A で接する円となる．これは，$\angle AOB = \angle CXB = \angle COD$ という条件を考えれば自然である．その他の場合，たとえば $B = C$ の場合などにどうなるかは，各自で考えてみよう．

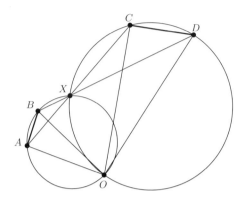

図 10.1C　O は回転相似の中心である.

　この構図を忘れないように！　図 10.1C にあるような 6 つの点が現れたときには，かならず自動的に相似な三角形が存在する.

　注意深い読者であれば，図 10.1C には相似な三角形の組が他にもあることにお気付きだろう.　実際のところ，$\triangle OAC \sim \triangle OBD$ でもある.　なぜなら，$\angle AOC = \angle BOD$ および $\dfrac{AO}{CO} = \dfrac{BO}{DO}$ が成り立つからである（長さの比の関係は元の回転相似から得られる）.

　このことは，回転相似は対になって現れるということを意味している.　厳密には，次の命題が得られる.

▶**命題 10.2.**

　線分 AB を線分 CD にうつす回転相似の中心は，線分 AC を線分 BD にうつす回転相似の中心でもある.

　よって，2 つ目の回転相似が得られたわけだが，今回はすでに中心がわかっている.　そこで今度は補題 10.1 を逆向きに適用すると，何が起こるだろうか？　$AB \cap CD$ が円 AOC および円 BOD 上にあることが本当に導かれるだろうか？　そのとおりだ.　これがまさに，次の節で論じる**ミケルの定理** (Miquel's theorem) である.

10.2 ミケルの定理

前節での結果をもとに，完全四辺形 $ABCD$ に戻ろう．まず，完全四辺形にお
ける最も基本的な結果としてミケルの定理を紹介する．これは単に回転相似をよ
り自然な状況設定のもとで再解釈しただけである．

▶**定理 10.3（ミケルの定理）.**

4 円 PAB, PDC, QAD, QBC は 1 点 M で交わる．さらに M は，線分
AB を線分 DC にうつす回転相似と，線分 BC を線分 AD にうつす回転相似
の中心である（特に $\triangle MAB \sim \triangle MDC$ および $\triangle MBC \sim \triangle MAD$ が成り
立つ）．

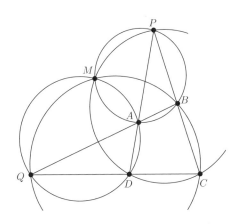

図 10.2A 完全四辺形 $ABCD$ のミケル点 M.

点 M は完全四辺形 $ABCD$ の**ミケル点** (Miquel point) とよばれる．これは補
題 1.27 におけるミケル点と同じものである．三角形 PCD の辺上に Q, A, B が
あると考えよ．

証明 円 PAB と円 PDC の交点のうち P でない方を M とする〔これは直
線 AB と直線 DC が平行でないことから存在する〕．補題 10.1 により，M は線
分 AB を線分 DC にうつす回転相似の中心である．よって，これは線分 BC を
線分 AD にうつす回転相似の中心でもある．再び補題 10.1 を，今度は逆向きに

適用すると，M は円 QBC および円 QAD 上にあることがわかる．　　　　□

　これが意味するのは，**回転相似と完全四辺形は切っても切れない関係にある**という ことである．回転相似は完全四辺形を，完全四辺形は回転相似を生みだす．これは相似，円，そして交点を相互に結び付けるための強力な手段である．

練習問題

▶**問題 10.4.** 定理 10.3 における 4 円が共点であることを，補題 10.1 を使わずに示せ（これは単なる角度追跡である）．

10.3 ガウス・ボーデンミラーの定理

　完全四辺形 $ABCD$ における 3 本の対角線 AC, BD, PQ を考えよう．実はこれらの中点は共線であることがわかる．それらを通る直線は**ニュートン線** (Newton line) とよばれる（しばしば**ニュートン・ガウス線** (Newton-Gauss line) ともよばれる）．

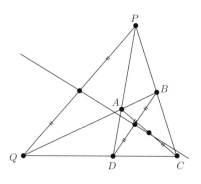

図 10.3A ニュートン線.

　実は，これはさらに一般的な定理から得られる系の 1 つにすぎない．ここで，3 つの円が共軸円であるとは，どの 2 円の組も同じ根軸をもつことをいうのであった（第 2.4 節を参照のこと）．

▶**定理 10.5 (ガウス・ボーデンミラーの定理 (Gauss-Bodenmiller's theorem))**.

それぞれ線分 AC, BD, PQ を直径とする 3 円は，共軸円である．さらに，それらの根軸は，三角形 PAB, PCD, QAD, QBC それぞれの垂心をすべて通る．

この根軸は**シュタイナー線** (Steiner line) [38]，あるいは**オベール線** (Aubert line) とよばれることがある．図 10.3B に示す．

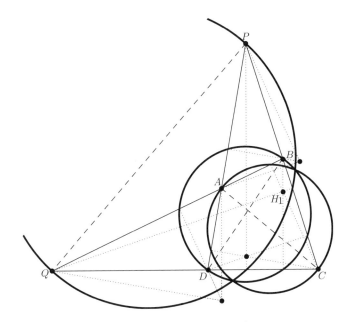

図 10.3B ガウス・ボーデンミラーの定理.

証明は驚くほど簡潔である．発想としては，それぞれの垂心について，3 つの円に関する方べきがすべて等しいことを示すというものだ．これによって，4 つの垂心がすべての根軸上にあることが示されるから，結論が従う．

---

38 （訳注）三角形 ABC とその外接円上の点 P について，P を中心として P のシムソン線を 2 倍に拡大したものも三角形 ABC に関する P のシュタイナー線とよばれる．これは三角形 ABC の垂心を通る（補題 4.4 を参照のこと）．本文中で定義されている完全四辺形 $ABCD$ のシュタイナー線は，完全四辺形 $ABCD$ のミケル点を M とするとき，三角形 $PAB, PCD,$ QAD, QBC すべてに関する M のシュタイナー線に一致する．

証明 それぞれ線分 PQ, AC, BD を直径とする円を ω_1, ω_2, ω_3 とする.

三角形 BCQ の垂心を H_1 とする. これが ω_1, ω_2, そして線分 QC を直径とする円に関する根心であること（定理 2.9）を確かめよ. これによって, H_1 が ω_1 と ω_2 の根軸上にあることが従う. 同様に考えることで, H_1 は ω_1 と ω_2, ω_2 と ω_3, ω_3 と ω_1 それぞれの根軸上にあることがわかる.

同様に, 他の 3 つの垂心についても, 同じ 3 本の根軸上にある. これは結論のとおり, ω_1 と ω_2, ω_2 と ω_3, ω_3 と ω_1 それぞれの根軸すべてが一致する場合にのみ可能である. よって, 4 つの垂心は共線である. また, ω_1, ω_2, ω_3 の中心は, 先述のニュートン線上にある. これは各中心を通りシュタイナー線と垂直な直線である. $\qquad\square$

10.4 一般のミケル点に関するさらなる性質

ミケル点の面白い性質をさらに 2 つ紹介しよう. はじめに, ミケルの定理に現れる円をさらに注意深く観察してみよう.

▶**補題 10.6（中心とミケル点の共円性）.**
  4 円 PAB, PDC, QAD, QBC それぞれの中心と, 完全四辺形 $ABCD$ のミケル点 M は共円である.

▶**問題 10.7.** 円 PAB, PDC の中心をそれぞれ O_1, O_2 としたとき, 三角形 MO_1O_2 と三角形 MAD は〔同じ向きに〕相似であることを示せ. **ヒント:** 487 580

▶**問題 10.8.** 補題 10.6 を示せ. **ヒント:** 489

さて, もう 1 つの豆知識を紹介しよう. ミケル点 M から完全四辺形の各辺に垂線をおろすと, 何が起こるだろうか?

▶**補題 10.9（ミケル点からおろした垂線の足）.**
  M から直線 AB, BC, CD, DA にそれぞれおろした垂線の足は共線である. さらに, これら 4 点を通る直線は, ニュートン線と垂直である.

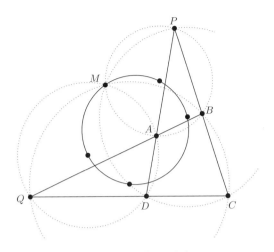

図 10.4A 共円な中心.

▶**問題 10.10.** これら 4 点が共線であることを示せ. **ヒント**: 385　681

▶**問題 10.11.** この直線がニュートン線と垂直であることを示せ. **ヒント**: 90　412
519

10.5 内接四角形のミケル点

　数学オリンピックの幾何における最も強力な構図の 1 つに, 四角形 $ABCD$ が
円に内接する場合のミケル点がある. このとき, ミケル点はさらにいくつかの性
質をもつが, それらはすべて次の定理の影を見ているにすぎない.

　▶**定理 10.12（内接四角形のミケル点）.**
　　円 ω に内接する四角形 $ABCD$ があり, その 2 本の対角線が R で交わると
　する. このとき, 完全四辺形 $ABCD$ のミケル点は, ω に関する反転で R が
　うつる先である.

証明　ω の中心を O とし, R が反転でうつる先を R^* とする. $R^* = M$ が成
り立つことを示せばよい. 角度追跡によって $\angle AR^*B = \angle APB$ がわかるから
（問題 10.13 とする）, R^* は円 PAB 上にある. 同様にして, R^* は円 PCD, 円

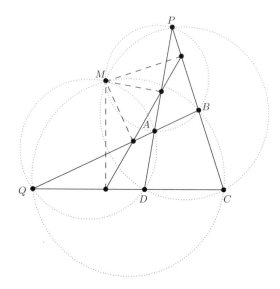

図 10.4B M からおろした垂線の足は共線である.

QBC, 円 QDA 上にもある. よって, 確かに R^* はミケル点である. □

ブロカールの定理を思い起こそう. 単純な系としては, ミケル点 M は直線 PQ 上にもあるというものがある. さらに, ω の中心を O としたとき, $OM \perp PQ$ が成り立つ. 反転はさらなる性質を与えるが, それらは命題 10.14 と命題 10.15 に先送りしよう.

以上の結果をあわせて, 摩訶不思議なミケル点 M は次の性質をもつことがわかる.

(a) 6円 $OAC, OBD, PAB, PCD, QAD, QBC$ すべてが通る点である.

(b) 線分 AB を線分 DC にうつす回転相似, および線分 BC を線分 AD にうつす回転相似の中心である.

(c) 円 $ABCD$ に関する反転で $R = AC \cap BD$ がうつる先である. ブロカールの定理により, M は O から直線 PQ におろした垂線の足である.

素晴らしくないだろうか? 以下ではミケル点 M に関する性質をさらにいくつか紹介する.

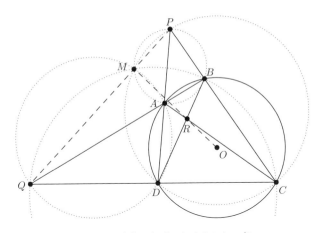

図 10.5A 内接四角形におけるミケル点.

練習問題

▶**問題 10.13.** 定理 10.12 の証明における，有向角による角度追跡を完成させよ．

ヒント: 310 329

▶**命題 10.14.**

点 O を中心とする円に内接する四角形 $ABCD$ があり，そのミケル点を M とする．このとき，円 OAC と円 OBD はともに M を通ることを示せ．

ヒント: 63

▶**命題 10.15.**

点 O を中心とする円に内接する四角形 $ABCD$ があり，そのミケル点を M とする．このとき，直線 MO は $\angle AMC$ および $\angle BMD$ をそれぞれ二等分することを示せ． **ヒント**: 398

10.6 例題

ミケル点に関する結果が利用される例として，第54回国際数学オリンピックアメリカ合衆国代表選考試験で出題された問題を紹介しよう．

▶**例 10.16 (USA December TST for IMO 2013).**

$\angle BCA = 90°$ なる不等辺三角形 ABC があり，C から辺 AB におろした垂線の足を D とする．線分 CD 上（端点を除く）に点 X があり，線分 AX 上の点 K が $BK = BC$ を，線分 BX 上の点 L が $AL = AC$ をみたしている．三角形 DKL の外接円が線分 AB と D でない点 T で交わっている．このとき，$\angle ACT = \angle BCT$ が成り立つことを示せ．

この問題は，2012 年の国際数学オリンピックの第 5 問に基づいている．直線 AL と直線 BK の交点 M について，$ML = MK$ が成り立つことを示すというものだ．

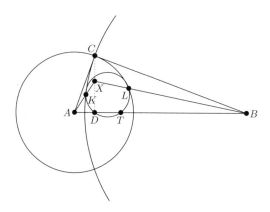

図 10.6A 2012 年の国際数学オリンピックの第 5 問の変種．

まずやるべきことは，それぞれ A, B を中心とし C を通る円 ω_A, ω_B を描き加えることだ．これによって，長さの条件が解釈しやすくなる．さらに，角度の条件も良い解釈ができるようになる．すなわち，2 つの円は直交している．

直交する円があることから，直線 AX と ω_B の交点のうち K でない方を K^* とおこう．鍵となる事実は，K^* は ω_A に関する反転で K がうつる先であるとい

うことだ. すなわち,

$$AK \cdot AK^* = AC^2 = AL^2$$

が成り立つ. 同様に L^* をとると, $BL \cdot BL^* = BC^2 = BK^2$ が成り立つ.

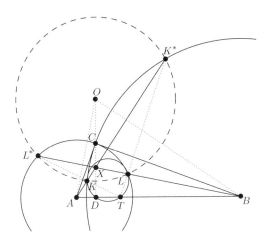

図 10.6B 隠された内接四角形を発見する.

いま興味深いことが起こっている. X が ω_A と ω_B の根軸上にあることから, K, L, K^*, L^* は共円であることがわかる. この円を ω とし, その中心を O としよう. このとき, 上で導いた辺の長さの関係式から, 線分 AL, AL^*, BK, BK^* は ω に接する. この時点で, 直線 AL と直線 BK の交点を M とすれば, 線分 ML と線分 MK は長さの等しい接線となることがわかる. これで元の国際数学オリンピックの問題は解くことができた.

さて, どのように内接四角形 $KLTD$ を取り扱おうか? ここで定理 10.12 の出番だ. これにより, 〔直線 AB が X の極線であることに注意すれば, ブロカールの定理とあわせることで〕D を内接四角形 KLK^*L^* のミケル点として捉えることができるから, T は直線 KL^* と直線 LK^* の交点にほかならない. これは円 KLD について考える必要はなくなった. T は単に 2 辺の交点として捉えればよく, 直線 AB 上(すなわち ω に関する X の極線上)にある.

ω に注目しよう. 射影幾何の言葉を用いれば, 四角形 KLK^*L^* は調和四角形であり, A, B はそれぞれ直線 LL^*, KK^* の極である. 射影によって調和点列が

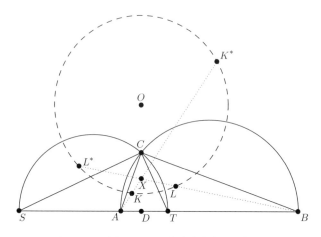

図 10.6C 例 10.16 の図を完全なものにする.

得られないか考えよう. 接線に関する情報を用いることで,

$$-1 = (K, K^*; L, L^*) \stackrel{L}{=} (S, T; A, B)$$

がわかる. ここで $S = KL \cap K^*L^*$ である（〔四角形 KLK^*L^* に対する〕ブロカールの定理により直線 AB 上にある）.

これで補題 9.18 が適用できるようになるので都合が良いが, 残念ながらそれだけでは終わらない. $\angle ACB = 90°$ および直線 CA が $\angle SCT$ を二等分することがわかるが, それに加えて直線 CT が $\angle ACB$ を二等分すること, 言いかえれば $\angle SCT = 90°$ が成り立つことを示したい.

ここでポイントとなるのが根軸である. 三角形 XST と三角形 XAB は〔ω に関して〕自己極であるから, 補題 9.27 により, 線分 ST, AB をそれぞれ直径とする円に関して O の方べきは等しい〔ともに ω の半径の 2 乗である〕. よって, O は線分 ST, AB をそれぞれ直径とする 2 円の根軸上にある. さらに, 根軸は中心を結ぶ直線, すなわち線分 AB と垂直であるから, さらに C も通ることがわかる. 一方で, C は線分 AB を直径とする円上にあるから, 線分 ST を直径とする円上にもあることがわかり, 以上により題意は示された.

例 10.16 の解答 それぞれ A, B を中心とし C を通る円を ω_A, ω_B とする. 半直線 AK と ω_B の交点のうち K でない方を K^*, 半直線 BL と ω_A の交点のう

ち L でない方を L^* とする．K, L, K^*, L^* は共円であるから，これらを通る円を ω とし，その中心を O とおく．ω が ω_A, ω_B それぞれと直交することから，線分 AL, AL^*, BK, BK^* は ω に接する（特に，四角形 KLK^*L^* は調和四角形である）．

これは直線 AB が ω に関する X の極線であることを意味する．これにより，D は内接四角形 KLK^*L^* のミケル点であるとわかり，$T = KL^* \cap LK^*$ が従う．ここから，$S = KL \cap K^*L^*$ について，〔ブロカールの定理により直線 AB 上にあることに注意すれば〕$-1 = (K, K^*; L, L^*) \overset{L}{=} (S, T; A, B)$ がわかる．よって，$\angle SCT = 90°$ が成り立つことを示せば十分である．

三角形 XST と三角形 XAB は ω に関して自己極であるから，線分 ST, AB をそれぞれ直径とする円に関して，O は等しい方べきをもつ．したがって，これら 2 円の根軸は直線 OC である．これは C が線分 ST を直径とする円上にあることを意味するから，以上で題意は示された． □

章末問題

▶問題 10.17（NIMO 2014）．鋭角三角形 ABC があり，その垂心を H，辺 BC の中点を M とする．3 点 B, H, M を通る円を ω_B，3 点 C, H, M を通る円を ω_C とする．直線 AB と ω_B の交点のうち B でない方を P，直線 AC と ω_C の交点のうち C でない方を Q とする．半直線 PH と ω_C の交点のうち H でない方を R，半直線 QH と ω_B の交点のうち H でない方を S とする．このとき，三角形 BRS と三角形 CRS の面積は等しいことを示せ．ヒント: 268 633 556

▶問題 10.18（USAMO 2013/1）．三角形 ABC において，辺 BC, CA, AB 上にそれぞれ点 P, Q, R がある．三角形 AQR, BRP, CPQ の外接円をそれぞれ $\omega_A, \omega_B, \omega_C$ とする．線分 AP と $\omega_A, \omega_B, \omega_C$ の交点のうち，それぞれ A でない方を X，P でない方を Y，P でない方を Z とするとき，$YX/XZ = BP/PC$ が成り立つことを示せ．ヒント: 59 92 382 686

▶問題 10.19（IMO Shortlist 1995/G8）．円に内接する四角形 $ABCD$ があり，直線 AC と直線 BD の交点を E，直線 AB と直線 CD の交点を F とする．F は

三角形 EAD, EBC それぞれの垂心を結ぶ直線上にあることを示せ. **ヒント**: 428

416　**解答**: p.357

▶**問題 10.20 (USA TST 2007/1)**. 円 ω_1, ω_2 があり, 2 点 P, Q で交わっている. ω_1 上に 2 点 A, C が, ω_2 上に 2 点 B, D があり, 線分 AB と半直線 CD が P で交わっている. 半直線 BD と線分 AC の交点を X とする. ω_1 上の点 Y が $PY \parallel BD$ を, ω_2 上の点 Z が $PZ \parallel AC$ をみたす. このとき, 4 点 Q, X, Y, Z は共線であることを示せ. **ヒント**: 277　615　525　**解答**: p.358

▶**問題 10.21 (USAMO 2013/6)**. 三角形 ABC において, 辺 BC 上の点 P であって次の条件をみたすものをすべて求めよ.

> 三角形 PAB, PAC それぞれの外接円について, それらの 2 本の共通外接線と直線 PA の交点をそれぞれ X, Y としたとき,
> $$\left(\frac{PA}{XY}\right)^2 + \frac{PB \cdot PC}{AB \cdot AC} = 1$$
> が成り立つ.

ヒント: 196　68　42　327

▶**問題 10.22 (USA TST 2007/5)**. 鋭角三角形 ABC があり, 円 ω に内接している. ω の B, C それぞれにおける接線が点 T で交わっている. 半直線 BC 上の点 S は $AS \perp AT$ をみたす. 半直線 ST 上の点 B_1, C_1 は $B_1T = BT = C_1T$ をみたし, C_1 が B_1 と S のあいだにあるものとする. このとき, 三角形 ABC と三角形 AB_1C_1 は相似であることを示せ. **ヒント**: 199　375　293　377　**解答**: p.358

▶**問題 10.23 (IMO 2005/5)**. $BC = AD$ なる凸四角形 $ABCD$ があり, 辺 BC と辺 AD は平行でないとする. それぞれ辺 BC, AD 上（端点を除く）にある点 E, F が $BE = DF$ をみたしながら動く. 直線 AC と直線 BD の交点, 直線 BD と直線 EF の交点, 直線 EF と直線 AC の交点をそれぞれ P, Q, R とおく. 点 E, F の位置によらず, 三角形 PQR の外接円は P 以外のある定点を通ることを示せ. **ヒント**: 562　436　481　499　**解答**: p.359

▶**問題 10.24 (USAMO 2006/6).** 四角形 $ABCD$ において，それぞれ辺 AD, BC 上にある点 E, F が $\dfrac{AE}{ED} = \dfrac{BF}{FC}$ をみたす．半直線 FE と半直線 BA, CD の交点をそれぞれ S, T とする．三角形 SAE, SBF, TCF, TDE それぞれの外接円は共点であることを示せ．**ヒント**: 617 319 493

▶**問題 10.25 (Balkan Olympiad 2009/2).** 三角形 ABC において，辺 AB, AC 上にそれぞれ点 M, N があり，直線 MN は辺 BC と平行である．直線 BN と直線 CM の交点を P とする．三角形 BMP, CNP それぞれの外接円の交点のうち P でない方を Q とする．このとき，$\angle BAQ = \angle CAP$ が成り立つことを示せ．**ヒント**: 636 358 208 399

▶**問題 10.26 (USA TSTST 2012/7).** 三角形 ABC があり，円 Ω に内接している．$\angle A$ の二等分線と辺 BC, Ω の交点をそれぞれ D, L とする（ただし L は A でないとする）．辺 BC の中点を M とする．三角形 ADM の外接円と辺 AB, AC の交点のうち A でない方をそれぞれ Q, P とする．線分 PQ の中点を N とし，L から直線 ND におろした垂線の足を H とする．このとき，直線 ML は三角形 HMN の外接円に接することを示せ．**ヒント**: 494 517 193 604 **解答**: p.359

▶**問題 10.27 (USA TSTST 2012/2).** $AC = BD$ をみたす四角形 $ABCD$ があり，対角線 AC と対角線 BD が点 P で交わっている．三角形 ABP の外接円，外心をそれぞれ ω_1, O_1 とし，三角形 CDP の外接円，外心をそれぞれ ω_2, O_2 とする．線分 BC は ω_1, ω_2 とそれぞれ B でない点 S, C でない点 T で交わっている．劣弧 SP（B を含まない），劣弧 TP（C を含まない）の中点をそれぞれ M, N とするとき，$MN \parallel O_1 O_2$ が成り立つことを示せ．**ヒント**: 81 261 312

▶**問題 10.28 (USA TST 2009/2).** 鋭角三角形 ABC があり，辺 BC 上に点 D がある．三角形 ABD, ACD の外心をそれぞれ O_B, O_C とする．4 点 B, C, O_B, O_C が X を中心とする円上にあるとする．三角形 ABC の垂心を H とするとき，$\angle DAX = \angle DAH$ が成り立つことを示せ．**ヒント**: 95 163

▶**問題 10.29 (IMO Shortlist 2009/G4).** 円に内接する四角形 $ABCD$ において，対角線 AC と対角線 BD の交点を E とし，直線 AD と直線 BC の交点を F とする．辺 AB, CD の中点をそれぞれ G, H とする．直線 EF は 3 点 E, G, H を通る円に E で接することを示せ．**ヒント**: 222 56 413 627 **解答**: p.360

▶**問題 10.30 (IMO Shortlist 2006/G9).** 三角形 ABC において，辺 BC, CA, AB 上にそれぞれ点 A_1, B_1, C_1 がある．三角形 AB_1C_1, BC_1A_1, CA_1B_1 の外接円と三角形 ABC の外接円の交点のうち A, B, C でない方をそれぞれ A_2, B_2, C_2 とする．辺 BC, CA, AB の中点に関してそれぞれ A_1, A_2, A_3 と対称な点を A_3, B_3, C_3 とする．三角形 $A_2B_2C_2$ と三角形 $A_3B_3C_3$ は相似であることを示せ．**ヒント**：10 606 680 14 **解答**：p.361

▶**問題 10.31 (IMO Shortlist 2005/G5).** $AB \neq AC$ なる鋭角三角形 ABC において，その垂心を H とし，辺 BC の中点を M とする．それぞれ辺 AB, AC 上にある点 D, E は $AD = AE$ をみたし，3 点 D, H, E は同一直線上にある．このとき，直線 HM は三角形 ABC, ADE それぞれの外接円の共通弦と垂直であることを示せ．**ヒント**：585 254 99 625 640 98 53 250

第11章

エヴァンのお気に入り

採点者は，エレガントな (elegant) 解答と，そこまでエレガントではない (not-so-elegant) 解答と，まったくエレガントでない (so-not-elegant) 解答を受けとりました.

MOP 2012〔デロング・メン氏による発言〕

　ここでは，様々な大会で出題されたお気に入りの問題をいくつか紹介する．付録 C.4 では，すべての問題に対する完全な解答を掲載している．

▶**問題 11.0.** 本書の誤植をできるだけ多く見つけよ．

▶**問題 11.1 (Canada 2000/4).** 凸四角形 $ABCD$ は $\angle CBD = 2\angle ADB$, $\angle ABD = 2\angle CDB$, $AB = CB$ をみたす．$AD = CD$ が成り立つことを示せ．**ヒント**: 573 534 612

▶**問題 11.2 (EGMO 2012/1).** 三角形 ABC があり，その外心を O とする．辺 BC, CA, AB 上（端点を除く）にそれぞれ点 D, E, F があり，直線 DE と直線 CO は垂直に交わり，直線 DF と直線 BO も垂直に交わる．三角形 AFE の外心を K とするとき，直線 DK と直線 BC は垂直に交わることを示せ．**ヒント**: 305 541

▶**問題 11.3 (ELMO 2013/4).** 三角形 ABC があり，その外接円を ω とする．2 点 B, C を通る円があり，辺 AB, AC とそれぞれ B でない点 S, C でない点 R で交わっているとする．線分 BR と線分 CS は点 L で交わり，半直線 LR, LS は ω とそれぞれ点 D, E で交わる．$\angle BDE$ の二等分線と直線 ER の交点を K とする．$BE = BR$ が成り立つとき，$\angle ELK = \dfrac{1}{2}\angle BCD$ が成り立つことを示せ．**ヒント**: 213 568 44 538

▶**問題 11.4 (Sharygin 2012).** $\angle B = 90°$ なる直角三角形 ABC があり，辺 AC の中点を M とする．三角形 ABM の内接円と直線 AB, AM の接点をそれぞれ点 A_1, A_2 とし，同様に点 C_1, C_2 を定める．直線 A_1A_2 と直線 C_1C_2 は $\angle ABC$ の二等分線上で交わることを示せ．**ヒント**: 658 340

▶**問題 11.5 (USA Mathematical Talent Search)**. 凸四角形 $ABCD$ において，$\angle DAB = \angle ABC = 110°$, $\angle BCD = 35°$, $\angle CDA = 105°$ が成り立っており，直線 AC は $\angle DAB$ を二等分している．このとき，$\angle ABD$ を求めよ． ヒント: 559 397 423 259

▶**問題 11.6 (MOP 2012)**. 鋭角三角形 ABC において，その外接円を ω とし，A, B, C から対辺におろした垂線の足をそれぞれ D, E, F とする．直線 AB に関して ω と対称な円を γ とする．直線 EF の F 側の延長線は ω と点 P で，直線 DF の F 側の延長線は γ と点 Q で交わる．このとき，3 点 B, P, Q が共線であることを示せ． ヒント: 262 679 337 694

▶**問題 11.7 (Sharygin 2013)**. 円 ω とその上の点 B, C, D, E があり，弦 BC と弦 DE が点 A で交わっている．D を通り直線 BC と平行な直線が ω と D でない点 F で交わり，直線 FA が ω と F でない点 T で交わる．直線 ET と直線 BC の交点を M とし，M に関して A と対称な点を N とする．このとき，三角形 DEN の外接円は線分 BC の中点を通ることを示せ． ヒント: 600 127 209 37

▶**問題 11.8 (ELMO 2012/1)**. $AB \neq AC$ なる鋭角三角形 ABC において，A, B, C から対辺におろした垂線の足をそれぞれ D, E, F とし，三角形 AEF の外接円を ω とする．D を通り ω と点 E, F で接する円をそれぞれ ω_1, ω_2 とするとき，ω_1 と ω_2 は直線 BC 上の D でない点 P で交わることを示せ． ヒント: 289 131 298 510

▶**問題 11.9 (Sharygin 2013)**. $\angle A = \angle D = 90°$ なる台形 $ABCD$ があり，線分 AC, BD の中点をそれぞれ M, N とする．直線 BC が円 ABN, CDM とそれぞれ B, C でない点 Q, R で交わっている．線分 MN の中点を K とするとき，$KQ = KR$ が成り立つことを示せ． ヒント: 669 232 146

▶**問題 11.10 (Bulgarian Olympiad 2012)**. 三角形 ABC において，その外接円を Ω とし，P は三角形の内部を動くとする．半直線 AP, BP, CP と Ω の交点のうち，それぞれ A でない方を A_1，B でない方を B_1，C でない方を C_1 とする．直線 BC に関して A_1 と対称な点を A_2 とし，B_2, C_2 も同様に定める．このとき，三角形 $A_2B_2C_2$ の外接円は P の位置によらずある定点を通ることを示せ． ヒント: 464 427 430 311 631

▶**問題 11.11（Sharygin 2013）.** 三角形 ABC において，A_1, B_1, C_1, A_2, B_2, C_2 はその内部の点であり，それぞれ線分 AB_1, BC_1, CA_1, AC_2, BA_2, CB_2 上にある．$\angle BAA_1 = \angle CBB_1 = \angle ACC_1 = \angle CAA_2 = \angle ABB_2 = \angle BCC_2$ が成り立つとき，三角形 $A_1B_1C_1$ と三角形 $A_2B_2C_2$ は合同であることを示せ．
ヒント：388 637 485 88

▶**問題 11.12（Sharygin 2013）.** 三角形 ABC があり，$\angle A$ の二等分線と辺 BC の交点を D とする．B, C から直線 AD におろした垂線の足をそれぞれ M, N とし，線分 MN を直径とする円と直線 BC の交点を X, Y とする．このとき，$\angle BAX = \angle CAY$ が成り立つことを示せ．ヒント：300 75 471 583

▶**問題 11.13（USA December TST for IMO 2015）.** 不等辺三角形 ABC において，その内心を I とし，その内接円と辺 BC, CA, AB の接点をそれぞれ D, E, F とする．線分 BC の中点を M とし，点 P を三角形 ABC の内部の点であって $MD = MP$ かつ $\angle PAB = \angle PAC$ をみたすものとする．三角形 ABC の内接円上の点 Q が $\angle AQD = 90°$ をみたすとき，$\angle PQE = 90°$ または $\angle PQF = 90°$ が成り立つことを示せ．ヒント：415 263 368 504

▶**問題 11.14（EGMO 2014/2）.** 三角形 ABC において，辺 AB, AC 上（端点を除く）にそれぞれ点 D, E があり，$DB = BC = CE$ をみたしている．直線 CD と直線 BE の交点を F，三角形 ABC の内心を I，三角形 DEF の垂心を H とし，三角形 ABC の外接円の弧 BAC の中点を M とする．このとき，3 点 I, H, M が共線であることを示せ．ヒント：392 108 692 512 630

▶**問題 11.15（Online Math Open Winter 2013）.** 三角形 ABC は $CA = 1960\sqrt{2}$, $CB = 6720$, $\angle C = 45°$ をみたす．K, L, M をそれぞれ直線 BC, CA, AB 上の点であって $AK \perp BC$, $BL \perp CA$, $AM = BM$ をみたすものとする．また，N, O, P をそれぞれ直線 KL, BA, BL 上の点であって $AN = KN$, $BO = CO$ をみたし，直線 NP が点 A を通るようなものとする．三角形 MOP の垂心を H とするとき，HK^2 を求めよ．ヒント：629 527 33 433 516 330 105

▶**問題 11.16（USAMO 2007/6）.** 鋭角三角形 ABC において，その内接円を ω，外接円を S，外接円の半径を R とする．円 ω_A について，ω_A と S は点 A で内接しており，ω_A と ω は外接しているとする．また，円 S_A について，S_A と S

は点 A で内接しており, S_A と ω は内接しているとする. ω_A, S_A の中心をそれぞれ P_A, Q_A とする. 点 P_B, Q_B, P_C, Q_C も同様に定める. このとき,

$$8P_AQ_A \cdot P_BQ_B \cdot P_CQ_C \leqq R^3$$

が成り立つことを示し, さらに等号が成り立つことと三角形 ABC が正三角形であることは同値であることを示せ. **ヒント**: 292 391 235

▶**問題 11.17 (Sharygin 2013).** 三角形 ABC があり, $\angle A$ の二等分線と辺 BC の交点を L とする. 三角形 ABL, ACL の外心をそれぞれ O_1, O_2 とする. C から $\angle B$ の二等分線におろした垂線の足を B_1 とし, B から $\angle C$ の二等分線におろした垂線の足を C_1 とする. 三角形 ABC の内接円と辺 AC, AB の接点をそれぞれ B_0, C_0 とし, $\angle B$, $\angle C$ の二等分線と線分 AL の垂直二等分線の交点をそれぞれ Q, P とする. このとき, 5 直線 PC_0, QB_0, O_1C_1, O_2B_1, BC は共点であることを示せ. **ヒント**: 331 484 158 142

▶**問題 11.18 (January TST for IMO 2015).** 正三角形でない三角形 ABC があり, 辺 BC, CA, AB の中点をそれぞれ M_A, M_B, M_C とする. 三角形 ABC のオイラー線上に点 S があり, 三角形 ABC の九点円と直線 M_AS, M_BS, M_CS の交点のうちそれぞれ M_A でない方を X, M_B でない方を Y, M_C でない方を Z とするとき, 3 直線 AX, BY, CZ は共点であることを示せ. **ヒント**: 176 182 369 546

▶**問題 11.19 (Iran TST 2009/9).** 三角形 ABC があり, その内心を I, 接触三角形を DEF とする. D から直線 EF におろした垂線の足を M とし, 線分 DM の中点を P とする. 三角形 BIC の垂心を H とするとき, 直線 PH が線分 EF の中点を通ることを示せ. **ヒント**: 223 288 434 269 609 215 505 438

▶**問題 11.20 (IMO 2011/6).** 鋭角三角形 ABC があり, その外接円 Γ に直線 l が接している. 直線 BC, CA, AB に関して l と対称な直線を l_a, l_b, l_c とする. このとき, l_a, l_b, l_c によって囲まれる三角形の外接円が Γ に接することを示せ. **ヒント**: 685 227 39 387 363 113 531

▶**問題 11.21 (Taiwan TST 2014).** 三角形 ABC があり, その外接円 Γ 上に点 M をとる. M から三角形 ABC の内接円へ引いた 2 接線が, 直線 BC とそれぞ

れ相異なる点 X_1, X_2 で交わるとする．このとき，三角形 MX_1X_2 の外接円は A 混線内接円と Γ の接点を通ることを示せ．**ヒント**: 422　306　498　566　389　624

▶**問題 11.22 (Taiwan TST 2015).** 不等辺三角形 ABC があり，その内心を I，内接円と辺 CA, AB の接点をそれぞれ E, F とする．三角形 AEF の外接円の E, F それぞれにおける接線が点 S で交わり，直線 EF と直線 BC が点 T で交わるとする．このとき，線分 ST を直径とする円は三角形 BIC の九点円と直交することを示せ．**ヒント**: 150　189　507　582　135　264

第 4 部

付録

A 線形代数入門

計算を用いる手法の多くは，行列式やベクトルの性質を利用している．ここではそうした技術のうち関連する部分について詳しく説明する．

A.1 行列と行列式

行列 (matrix) (複数形 matrices) とは，数を長方形に並べたものであり，たとえば

$$\begin{pmatrix} 1 & 2 & 3 \\ 4 & 5 & 6 \\ 7 & 8 & 9 \end{pmatrix}$$

のようなものである．本書では主に 2×2 行列と 3×3 行列を考察する．

行列 A の**行列式** (determinant) $\det A$ または $|A|$ とは，行列 A に結び付けられた特別な値である（行列をすべて書き下すときは，括弧を縦棒に置きかえる）．行列式は第 5 章と第 6 章，特に第 7 章で重要な役割を果たす．

2×2 行列と 3×3 行列の行列式だけを定義する．2×2 行列に対しては

$$\begin{vmatrix} a & b \\ c & d \end{vmatrix} = ad - bc$$

である．3×3 行列に対しては

$$\begin{vmatrix} a_1 & a_2 & a_3 \\ b_1 & b_2 & b_3 \\ c_1 & c_2 & c_3 \end{vmatrix} = a_1 \begin{vmatrix} b_2 & b_3 \\ c_2 & c_3 \end{vmatrix} + b_1 \begin{vmatrix} c_2 & c_3 \\ a_2 & a_3 \end{vmatrix} + c_1 \begin{vmatrix} a_2 & a_3 \\ b_2 & b_3 \end{vmatrix}$$

であり，あるいは同じことだが

$$a_1 \begin{vmatrix} b_2 & b_3 \\ c_2 & c_3 \end{vmatrix} + a_2 \begin{vmatrix} b_3 & b_1 \\ c_3 & c_1 \end{vmatrix} + a_3 \begin{vmatrix} b_1 & b_2 \\ c_1 & c_2 \end{vmatrix}$$

でもある．この定義において，2×2 小行列の部分は**小行列式** (minor) とよばれる．

行列式の良いところは，きれいに値を求める方法があるということにある．た

とえば，証明は割愛するが，次のような性質が知られている．

▶**命題 A.1（行や列の入れかえ）.**

　A を行列とし，A の 1 組の行を入れかえてできる行列を B とする．このとき $\det A = -\det B$ である．列についても同様の主張が成り立つ．

▶**命題 A.2（因数分解）.**

$$\begin{vmatrix} ka_1 & a_2 & a_3 \\ kb_1 & b_2 & b_3 \\ kc_1 & c_2 & c_3 \end{vmatrix} = k \begin{vmatrix} a_1 & a_2 & a_3 \\ b_1 & b_2 & b_3 \\ c_1 & c_2 & c_3 \end{vmatrix}$$

である．他の行と列についても同様の主張が成り立つ．

　最も驚くべきことに，実は行と列をそれぞれ足したり引いたりすることができるのである！

▶**定理 A.3（行基本変形）.**

　任意の実数 k に対し，

$$\begin{vmatrix} a_1 & a_2 & a_3 \\ b_1 & b_2 & b_3 \\ c_1 & c_2 & c_3 \end{vmatrix} = \begin{vmatrix} a_1 + kb_1 & a_2 + kb_2 & a_3 + kb_3 \\ b_1 & b_2 & b_3 \\ c_1 & c_2 & c_3 \end{vmatrix}$$

である．他の行と列についても同様の操作を行うことができる．

　つまり，行列式に影響を与えることなく，行や列の定数倍を互いに足したり引いたりすることができるのである．これにより，行列式全体で頻繁に繰り返される項を消せることが多い．

　例を挙げよう．次の行列式を計算したいとする．

$$\begin{vmatrix} \frac{1}{2}\left(p+a+c-\frac{ac}{p}\right) & \frac{1}{2}\left(\frac{1}{p}+\frac{1}{a}+\frac{1}{c}-\frac{p}{ca}\right) & 1 \\ \frac{1}{2}\left(p+a+b-\frac{ab}{p}\right) & \frac{1}{2}\left(\frac{1}{p}+\frac{1}{a}+\frac{1}{b}-\frac{p}{ba}\right) & 1 \\ \frac{1}{2}\left(p+a+b+c\right) & \frac{1}{2}\left(\frac{1}{p}+\frac{1}{a}+\frac{1}{b}+\frac{1}{c}\right) & 1 \end{vmatrix}$$

そのまま掛け算しようとすると，なかなか悲惨なことになるだろう．幸いなことに，多くの共通する項を消滅させることができる．まずは，$\frac{1}{2}$ をすべてくくりだ

して，

$$\frac{1}{4}\begin{vmatrix} p+a+c-\frac{ac}{p} & \frac{1}{p}+\frac{1}{a}+\frac{1}{c}-\frac{p}{ca} & 1 \\ p+a+b-\frac{ab}{p} & \frac{1}{p}+\frac{1}{a}+\frac{1}{b}-\frac{p}{ba} & 1 \\ p+a+b+c & \frac{1}{p}+\frac{1}{a}+\frac{1}{b}+\frac{1}{c} & 1 \end{vmatrix}$$

を得る．ここで，共通する項が多いことに気付くので，第 1 列から第 3 列の $p+a+b+c$ 倍を引いてみる．

$$\frac{1}{4}\begin{vmatrix} -b-\frac{ac}{p} & \frac{1}{p}+\frac{1}{a}+\frac{1}{c}-\frac{p}{ca} & 1 \\ -c-\frac{ab}{p} & \frac{1}{p}+\frac{1}{a}+\frac{1}{b}-\frac{p}{ba} & 1 \\ 0 & \frac{1}{p}+\frac{1}{a}+\frac{1}{b}+\frac{1}{c} & 1 \end{vmatrix}$$

同様に，第 2 列から第 3 列の $\frac{1}{p}+\frac{1}{a}+\frac{1}{b}+\frac{1}{c}$ 倍を引く．

$$\frac{1}{4}\begin{vmatrix} -b-\frac{ac}{p} & -\frac{1}{b}-\frac{p}{ca} & 1 \\ -c-\frac{ab}{p} & -\frac{1}{c}-\frac{p}{ba} & 1 \\ 0 & 0 & 1 \end{vmatrix} = \frac{1}{4}\begin{vmatrix} b+\frac{ac}{p} & \frac{1}{b}+\frac{p}{ca} & 1 \\ c+\frac{ab}{p} & \frac{1}{c}+\frac{p}{ba} & 1 \\ 0 & 0 & 1 \end{vmatrix}$$

ここでは，2 つのマイナスの符号をくくりだした．これで，この行列式はずっと扱いやすくなり，小行列式を用いて計算できるようになった．第 3 行に 0 があるので，第 3 行について小行列式を使ってみよう．

$$\frac{1}{4}\left(0\begin{vmatrix} \frac{1}{b}+\frac{p}{ca} & 1 \\ \frac{1}{c}+\frac{p}{ba} & 1 \end{vmatrix} + 0\begin{vmatrix} 1 & b+\frac{ac}{p} \\ 1 & c+\frac{ab}{p} \end{vmatrix} + 1\begin{vmatrix} b+\frac{ac}{p} & \frac{1}{b}+\frac{p}{ca} \\ c+\frac{ab}{p} & \frac{1}{c}+\frac{p}{ba} \end{vmatrix} \right)$$

この段階で計算すべき行列式はたった 1 つだけになってしまった！　展開すると

$$\frac{1}{4}\left(\left(b+\frac{ac}{p} \right)\left(\frac{1}{c}+\frac{p}{ba} \right) - \left(\frac{1}{b}+\frac{p}{ca} \right)\left(c+\frac{ab}{p} \right) \right)$$

となり，都合の良いことに，これは 0 になる！　第 6 章を読んでいれば，これが実は複素数を用いた補題 4.4 の証明になっていること（なぜか？）に気付くだろう．

A.2 クラメルの公式

クラメルの公式 (Cramer's rule) は連立方程式を行列式に変換するための手法である．これは行列の変形についての良い説明にもなるので，以下に紹介する．

▶**定理 A.4（クラメルの公式）.**

連立方程式

$$\begin{cases} a_x x + a_y y + a_z z = a \\ b_x x + b_y y + b_z z = b \\ c_x x + c_y y + c_z z = c \end{cases}$$

を考える．このとき x についての解は

$$x = \begin{vmatrix} a & a_y & a_z \\ b & b_y & b_z \\ c & c_y & c_z \end{vmatrix} \div \begin{vmatrix} a_x & a_y & a_z \\ b_x & b_y & b_z \\ c_x & c_y & c_z \end{vmatrix}$$

である（ただし分母は 0 でないとする[39]）．y と z についても同様の式が成り立つ．

証明 分子は

$$\begin{vmatrix} a & a_y & a_z \\ b & b_y & b_z \\ c & c_y & c_z \end{vmatrix} = \begin{vmatrix} a_x x + a_y y + a_z z & a_y & a_z \\ b_x x + b_y y + b_z z & b_y & b_z \\ c_x x + c_y y + c_z z & c_y & c_z \end{vmatrix} = \begin{vmatrix} a_x x & a_y & a_z \\ b_x x & b_y & b_z \\ c_x x & c_y & c_z \end{vmatrix} = x \begin{vmatrix} a_x & a_y & a_z \\ b_x & b_y & b_z \\ c_x & c_y & c_z \end{vmatrix}$$

であるから，主張が示された．ここで，2 つ目の等号では第 1 列から第 2 列の y 倍および第 3 列の z 倍を引き，3 つ目の等号では x をくくりだした． $\square$

A.3 ベクトルと内積

ベクトルを導入することで，平面上の加法という最も基本的な考え方が使えるようになる．そのため，ベクトルは本書で扱う解析的な手法の基礎となる．

---

39 （訳注）分母の行列式が 0 でないとき，連立方程式の解はこのクラメルの公式が与えるもののみである．一方で，分母の行列式が 0 であるとき，連立方程式の解は存在しないか，無数に存在する．特に，$a = b = c = 0$ のときは，連立方程式が非自明解（$(0, 0, 0)$ 以外の解）をもつことと分母の行列式が 0 であることは同値である．

ベクトルは，大きさ（長さ）と向きの両方をもった単なる矢印である．点 A から点 B へのベクトルは $\overrightarrow{AB}$ と表す．

図 A1 点 A から点 B へのベクトル．

点とベクトルを結び付けるには，原点として 1 つの点 O を，すなわち**零ベクトル** (zero vector) を定義するのが普通である．そしてすべての点 P にベクトル $\overrightarrow{OP}$（単に $\overrightarrow{P}$ と略される）を対応づける．これは複素数のようなものであり，実際にしばしば同じように使われる．

したがって，ベクトルは座標のように表すことができる．平面では，直交座標系で $(0,0)$ から (x,y) へ向かうベクトルも (x,y) と表す[40]．このとき零ベクトルは $(0,0)$ である．ベクトル $\vec{v}$ の大きさは $|\vec{v}|$ と表す．

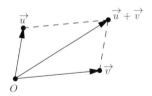

図 A2 2 つのベクトルの和．

ベクトルはそのまま足すことができる．(x_1, y_1) と (x_2, y_2) の和は $(x_1 + x_2, y_1 + y_2)$ である．この加法の 2 つ目の解釈は，図 A2 に示すような平行四辺形の法則である．

また，ベクトルはその大きさを調整するだけで任意の実数倍の拡大・縮小ができる．

このように拡大・縮小してベクトルの重み付き平均をとることで，期待どおりの結果を得ることができるのは特筆に値するだろう．たとえば，線分 AB とそ

---

40 （訳注）原著では，$\langle x, y \rangle$ と表している．

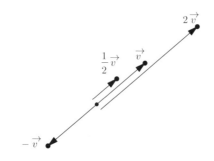

図 A3 ベクトルは定数倍の拡大・縮小ができる.

の中点 M が与えられたとき,$\vec{M} = \dfrac{1}{2}(\vec{A} + \vec{B})$ である.

　単なるベクトルを数学オリンピックの幾何で使うことはそこまで多くない.むしろ,ベクトルを土台として綿密に築きあげられてきた方法 (たとえば直交座標,複素座標,重心座標など) を用いることが多い.しかしながら,ベクトルから得られる有用な概念も 1 つ存在する.それは内積である.

　2 つのベクトル $\vec{v}$ と $\vec{w}$ の**内積**は,実数

$$\vec{v} \cdot \vec{w} = |\vec{v}||\vec{w}| \cos\theta$$

で与えられる.ただし,θ は 2 つのベクトルのなす角である.驚くべきことに,

$$(a, b) \cdot (x, y) = ax + by$$

であることがわかる.

　内積を用いることにより,複素数とは異なる方法でベクトルを掛けることができるようになる.内積は次のような性質を有する.

- 内積は分配的かつ可換であり,たしかに通常の乗法のように扱える.
- $\vec{v}$ の大きさを内積を用いて $|\vec{v}|^2 = \vec{v} \cdot \vec{v}$ と表せる.
- 2 つの (零でない) ベクトル $\vec{v}$ と $\vec{w}$ が垂直であることと $\vec{v} \cdot \vec{w} = 0$ が成り立つことは同値である.

このことの応用を見るために,外心を O とする三角形 ABC を考える.$\vec{O}$ を

零ベクトル $\vec{0}$ とすれば，

$$|\vec{A}| = |\vec{B}| = |\vec{C}| = R$$

という良い性質が成り立つ．もちろん R は外接円の半径である．したがって $\vec{A} \cdot \vec{A} = R^2$ などといったことが成り立つ．

図 A4 三角形 ABC をベクトルに落としこむ．

では $\vec{A} \cdot \vec{B}$ はどうだろうか？ 定義〔と円周角の定理〕により，〔$\angle C > 90°$ のときは 2 つのベクトルのなす角は $360° - 2\angle C$ であるが，$\cos(360° - 2\angle C) = \cos 2\angle C$ であることから結果が同じになることに注意して〕それは $R^2 \cos 2\angle C$ である．ここで

$$\cos 2\angle C = 1 - 2\sin^2 \angle C = 1 - 2\left(\frac{c}{2R}\right)^2$$

であり，したがって

$$\vec{A} \cdot \vec{B} = R^2 - \frac{1}{2}c^2, \quad \vec{B} \cdot \vec{C} = R^2 - \frac{1}{2}a^2, \quad \vec{C} \cdot \vec{A} = R^2 - \frac{1}{2}b^2$$

である．

さて，第 6 章で三角形 ABC の垂心 H が実は $\vec{H} = \vec{A} + \vec{B} + \vec{C}$ という単純な公式で与えられることを確認した．これはつまり，たとえば線分 OH の長さが計算できるということである！ それは単なる内積の計算にすぎない．

$$OH^2 = |\overrightarrow{OH}|^2 = |\vec{H}|^2 = \vec{H} \cdot \vec{H} = (\vec{A} + \vec{B} + \vec{C}) \cdot (\vec{A} + \vec{B} + \vec{C})$$
$$= \vec{A} \cdot \vec{A} + \vec{B} \cdot \vec{B} + \vec{C} \cdot \vec{C} + 2(\vec{A} \cdot \vec{B} + \vec{B} \cdot \vec{C} + \vec{C} \cdot \vec{A})$$

$$= 3R^2 + 2\left(3R^2 - \frac{1}{2}(a^2 + b^2 + c^2)\right) = 9R^2 - a^2 - b^2 - c^2.$$

これらの性質は，第 7 章において重心座標における距離公式や直交性判定法を証明するときに用いる．

B ヒント

1 角度追跡を試してみると，何かがわかるだろう．

2 円を描く．

3 比は $\sqrt{2}$ である．

4 何かが共点である．良い図を描こう．

5 $\angle CBJ$ を求めよう．

6 $s + t = 1$ なる実数 s, t を用いて $P = (0, s, t)$ とおき，多少の計算をすれば十分である．

7 奇妙な角度の条件に対処するために点をうまく選ぼう．

8 有向角を2で割ることはできない！ どうすればこの問題を回避できるか？

9 チェバの定理（三角比版）．

10 回転相似はもちろんのこと，長さの比も考えよう．

11 相似拡大．

12 〔A_1, A, C_1, C が共円である．〕

13 幾何第1問にしてはとても難しい．そういうわけで，〔候補問題はおおむね難易度順に並べられているので〕2011年の国際数学オリンピックには簡単な幾何の問題が出ていない．

14 三角形 A_2BC と三角形 AC_3B_3 が相似であることを示す．

15 垂直な2直線が見えるだろうか？

16 三角形 BPC に着目しよう．

17 補題2.11を思いだそう．

18 どの4点が共円か？

19 角度追跡によって，四角形 $APOQ$ が内接四角形であることを示せば終わりである．

20 直角が与えられており，示したいことは角の二等分である．どの構図が思い浮かぶか？

21 X と A は直線 BC に関して違う側にある必要があるから，ここでは有向角は使えない．

22 反転距離公式を使って多少の計算を行う．答えはすぐに出てくるだろう．

23 根軸．

24 まずは $ME = MF = MB = MC$ であったことを思いだそう．

25 これは様々な方法で解くことができるが，パスカルの定理を2回用いる簡潔な解答が存在する．

26 H は三角形 DEF の内心である．

27 九点円を見つけよう．

28 $\dfrac{AB}{AC} = \dfrac{BF}{FC}$ という条件は何を意味するか？

29 $a\bar{a} = 1$ なので，補題6.24を適用するだけでなんとかなる．

30 三角形 ABC を単位円上におき，D, E の座標を直接計算する．

31 相似によって長さの比についての式が得られる．

32 どのように $1 + ri$ を使えばよいだろうか？

33 三角形 ABC の外心と線分 AC の中点を描く．このとき，3つの円が見えるだろうか？

34 A を中心として反転する．

35 パスカルの定理とラ・イールの定理を組みあわせる．

36 辺 AB 上に $AD = AT$ をみたす点 T をとる．

37 あとは角度追跡をすればよい．新しい内接四角形を見つける．

38 相似な三角形を利用して，ヘロンの公式に帰着させる．

39 とてもきれいな図を描こう. 直線 TA_1 と Γ の交点のうち T でない方として A_2 を作図できる.

40 $\triangle CZM \sim \triangle EZP$ が成り立つことを示せばよいから, $\angle CZE = \angle PZM$ であることがわかればよい.

41 線分 AB を直径とする円を描く.

42 回転相似を用いて, 多少の計算を行う.

43 $x = \angle ABQ$ とおき, 三角比を用いる. ここで, $0° < x < 60°$ である.

44 $BE = BR = BC$.

45 定点は何であるか?

46 $PD : AD = \triangle PBC : \triangle ABC$ が成り立つことを示す. なぜこれを示せばよいのか?

47 どうすれば G を中心とする相似拡大によって O を H にうつせるだろうか?

48 半径の比を考えれば十分である.

49 示したい共点性と同値な条件は何だろうか?

50 まずは初等的にわかることを考える. 平行線.

51 角度の条件をどのように処理しようか?

52 円 $BFEC$ の中心が直線 BC 上になければならないことを導く.

53 三角形 ABC に垂線を描き加えて, 長さの比を計算する.

54 補題 4.40 がとても役に立ちそうだ.

55 中点と平行線〔補題 9.8〕!

56 直線 EF を直線 AB, CD と交わらせて, 調和点列を大量に生みだそう.

57 純粋な角度追跡である.

58 解答へつながるような, 描かれていない点がある. 良い図を描こう.

59 3 つの円に関するミケル点 M をとる.

60 $\angle B'OC' > \angle BOC$ であることを用いて, $\angle A < 60°$ が成り立つことを示す.

61 三角形 ACD に注目しよう.

62 結論の等式から F と H を取り除くだろうか?

63 これは R が直線 AC と直線 BD の交点であることから従う.

64 シムソン線! もちろん, 角度追跡でもうまくいくのだが.

65 (e) と (f) の両方を用いる.

66 〔これらが共円であることを用いれば B_1 の座標を求められる.〕

67 $x = BD$, $y = AC$, そして z を 3 つ目の対角線の長さとしたとき, $xy = ac + bd$, $yz = ad + bc$, $zx = ab + cd$ が成り立つはずである.

68 $\dfrac{PA}{XY}$ の値は P によらない.

69 $\angle TLK = \angle TCM$ を示す.

70 線分 AB を直径とする円である.

71 もしすべてがうまく行けば, $1 + \dfrac{1/2}{\sin(150° - 2x)} = \dfrac{\sin x + \sin 60°}{\sin(120° - x)}$ のようなものが得られる.

72 与えられた条件は, 直線 KL, PQ, AB, AC に囲まれた四角形が内接四角形であることと等価である.

73 それぞれ線分 AB, AC を直径とする 2 円は, A から辺 BC におろした垂線の足を通る.

74 三角形 EBD に注目しよう. なじみのものはないだろうか?

75 $AB < AC$ が成り立つとき, M が内心であることを示す.

76 共軸円. かわりにもう 1 つの共有点をもつことを示す.

77 まず, $\angle CNM = \angle BNM$ を示す (おそらくさらに自然な方針は, 直線 AD と直線 BC の交点を N' とし, N' がそれぞれの円上にあることを示すことである).

78 この問題の奇妙な部分は, 外心 O がどこにも関係していないのに, 示すべき結論が $OP =$

OQ だということである．この章で登場した何かを使って，この結論を言いかえよう．

79 点 H を試してみる．

80 補題 9.11 または補題 9.12 を用いる．

81 回転相似．

82 まず B_1, B_2, C_1, C_2 が共円であることを示す．この円の中心は何か？

83 線分 AB と線分 XY が共有点をもち，どちらももう一方を含まないため負である．

84 どの四角形が内接四角形か？

85 どうすれば三角形 AHE の垂心が得られるか？ 垂線の交点を考えるよりも良い方法がある．

86 $\dfrac{p-a}{p-b}$ が実数であるという条件をそのまま言い換えていけばよい．

87 $OL > \dfrac{1}{2}R$ が成り立つことを示せばよい．線分 OL の長さを評価する良い方法を思い付けるだろうか？

88 O からそれぞれの辺への距離について何がわかるだろうか？

89 内心傍心補題（補題 1.18）．

90 この直線がシュタイナー線と平行であることを示す．

91 6 つの内接四角形のうち，ちょうど 3 つが H を頂点にもつ．

92 ここでは回転相似が使える．

93 O と直線 BC の距離が $\dfrac{1}{2}R$ より大きいことを示せばよい．

94 3 円が共軸円であること，すなわち共通の根軸をもつことを示せばよい．補題 7.24 を用いる．

95 ミケル点を見つけよう．そうすれば，あとは角度追跡するだけである．

96 〔示すべきは $\angle OFB + \angle OGB = 180°$ である．ω_1 に関して反転する．〕

97 辺の長さの足し引きにより $LH = XP$ が成り立つことを示す．

98 K は内接四角形のミケル点になっている．

99 半直線 MH の捉え方は他にあるだろうか？

100 B, Q, O, P が共円であることを示す．

101 補題 1.18 を適用する．

102 メネラウスの定理を適用する．

103 A, I, I_A は共線であるから，$AI_A \perp I_B I_C$ が成り立つことを確かめるだけである．

104 いまや問題は調和点列の射影を 2 回用いるだけで解ける．

105 点 B と三角形 ABC の外心を通る直線と，直線 AC の交点が H であることがわかる．余弦定理で解ききろう．

106 ミケル点を描き加える．

107 ある円上の点列は，その円上の点を中心として，直線へ射影できることを覚えておこう．

108 完全四辺形．

109 $\angle ABC = \angle AA_1 C$．

110 O がある点 O' にうつるように平行移動して，内接四角形を作る．

111 接するという条件は何を意味するか？

112 今度は ω_2 に関して反転しよう！

113 まず，$A_1 B_1 \parallel A_2 B_2$ が成り立つことを示す．そして，直線 $A_1 A_2$, $B_1 B_2$, $C_1 C_2$ が Γ 上で交わることを示す．

114 四角形の内角の和が $360°$ であることの証明を，有向角を用いて書きなおす．

115 A, B, O, E が共円であることを示す．

116 方べきの定理．

117 一般に角度の条件は最悪である．なぜここでは問題ないのだろうか？

118 D を中心として反転する．半径 r は何でもよい．

119 垂心と対称な点を再び考える．

120 どの点を中心として反転するべきか，きっとおわかりであろう．

121 外心の公式を適用する前に，M, N, H を $a+b+c$ だけ平行移動することができる．

122 A から長さの等しい接線が引ける．

123 まず，正方形を三角形の外側にうつす相似拡大を施す．

124 2 つの構図が必要である．良い図を描き，$\dfrac{HQ}{HR}$ の値を予想しよう．

125 A, X, F, E, I は共円である．

126 ω_1, ω_2 の交点のうち D でない方を $D_1 = (u:m:n)$ とし，$A = (v:m:n)$ とおく．これで条件がすべて記述できた．

127 〔$AN = 2AM$ とすることで現れる〕係数の 2 をどこかに押し付けよう．

128 3 直線は類似重心で交わる．

129 直線 AE, DB が類似中線であることから，B, E の座標が求められる．さらに，R についても C における接線と辺 AD（の延長線）の交点として計算できる．

130 $A^*B^* + B^*C^* \geqq A^*C^*$ がつねに成り立ち，その等号が成立することと，A^*, B^*, C^* がこの順に同一直線上にあることは同値である．ここで，反転距離公式を適用しよう．

131 根心について何が成り立つはずか？

132 垂心を得るために単位円を用いる．$\dfrac{1}{2}(a+b+c+d)$．

133 まず $X = P$ と $X = Q$ の場合を考えれば，組 (S, T) としてありうるものが〔T が弧 AQB 上にあるという条件を無視すれば〕4 組見つかる．

134 またもや根軸である．

135 S を含む調和点列を作るために，線分 EF の中点をとる．

136 等号成立条件を念頭に置こう．

137 定点は垂心である．

138 相似拡大を用いる．

139 さらに三角形の高さも計算できる．

140 これは補題 4.33 の証明中に用いた相似拡大を用いることで示せる．

141 三角形 ABC の外接円を単位円として，すべての点を直接計算すればよい．

142 三角形 ABC の接触三角形と三角形 PQL が相似の位置にあることを示す．

143 補題 8.16 を用いてきれいにする．

144 三角比を用いて線分 BD, CE の長さを表す．これにより D, E の座標がわかる．

145 中点と平行線〔補題 9.8〕．

146 $AB = 2x, CD = 2y, BC = 2l$ とおき，いくつかの長さを計算する．

147 補題 9.17 を用いて中点の方べきを求める．そしてすべての中心が共線であることを思いだそう．

148 根軸．

149 $x = p + a + b + c - bc\overline{p}$ が得られるはずである．

150 射影幾何．

151 $\angle YXP = \angle AKP$ が成り立つことを確かめる．

152 直線 OH は重心 G を通る任意の直線に置きかえられる．

153 与えられた 2 つの条件をうまく解釈できるだろうか？

154 半径 0 の円を用いる．

155 長方形を作る．K^* を通り直線 AQ と垂直な直線が Γ の中心を通ることを示す．

156 この問題には不必要な仮定が含まれている．

157 P をミケル点として，X, H, P が共線であることを示す．

158 ここで相似拡大を試してみよう．

159 どの 4 点が共円か？

160 補題 4.9 を思いだそう．

161 三角形の面積は $\dfrac{1}{8}ab\tan\dfrac{1}{2}\angle C$ になるはずである．

162 $\triangle AOE = \triangle BOD$ が成り立つことを直接示す.

163 A は四角形 BO_BO_CC のミケル点である.

164 $X = EF \cap BC, Y = AD \cap EF$ について, $(X, Y; E, F) = -1$ を示す.

165 相似拡大の倍率はいくつだろうか?

166 与式は $a^2 + c^2 - ac = b^2 + bd + d^2$ と変形できる.

167 $a_2 = \dfrac{bb_1 - cc_1}{b + b_1 - c - c_1}$ が得られるので, 定理 6.16 の行列式を計算する.

168 どの 4 点が共円か?

169 考えるべき点が線分 OP を直径とする円上にあることを示す.

170 D を中心とする半径 1 の円に関して反転する.

171 等角共役点.

172 A を中心として反転する.

173 なぜ $d = \bar{a}, e = \bar{b}, f = \bar{c}$ の場合を考えれば十分なのだろうか?

174 三角形 EAB と三角形 MAB が合同であることを示す.

175 三角形 XED, XAK を考える.

176 三角形 ABC を無視し, 三角形 $M_AM_BM_C$ に注目しよう. A, B, C を図から完全に消せないだろうか.

177 方べきの定理.

178 最後の 4 点は, 反転によって何かしら良い点にうつるはずである.

179 まずは定点を見つけよう! きれいな図が役に立つだろう.

180 線分 DF の長さは数値として計算できる. 線分 DF の中点を M としたとき, $ME = \dfrac{1}{2}DF$ が成り立つことを示せば十分である.

181 二角相等を用いる. どの角度が等しいか?

182 チェバ線の入れ子 (定理 3.23) から始める.

183 円 $ABXY$ を固定し, Q を円の中心に動かす射影変換を施す.

184 正弦定理を用いる.

185 まず $\angle XZY = 40°$ を導く.

186 ω の中心を O とする.

187 相似拡大を用いる.

188 三角形 ABC を基準三角形として, $AD = BE$ に対して定理 7.14 を直接用いる.

189 補題 9.27 が適用できる.

190 まずはじめに, 直線 BN と直線 BC が等角共役となるような点 N を直線 AK 上にとる.

191 円を使わない形に結論を言いかえる.

192 BC の垂直二等分線に関して A と対称な点が, 直線 DT 上にあることを示す.

193 2 円は弧 BAC の中点で交わる.

194 (b) を 2 回用いる.

195 $\angle AZY = \dfrac{1}{2}\angle B, \angle ZAX = \dfrac{1}{2}(\angle A + \angle C)$ が成り立つことを示す.

196 この問題はかなりくだらない.

197 きれいな方法は, $(a-b)(c-d)(e-f) + (b-c)(d-e)(f-a)$ から $(b-c)(a-e)(f-d) + (c-a)(e-f)(d-b)$ を引いたものを計算することである.

198 反転でほとんどすべての円が消せる.

199 以前この構図が現れたのはどこだろうか?

200 三角形 CAH, ABH の外心をそれぞれ O_B, O_C として, $O_BO_C = BC$ が成り立つことを示す.

201 どの四角形が内接四角形か?

202 余弦定理.

203 $o_1 = \dfrac{c(a + c - 2b)}{c - b}$ および $o_2 = \dfrac{b(a + b - 2c)}{b - c}$ が得られるはずである. それでは, $\dfrac{1}{2}(o_1 + o_2)$ は何を表しているのだろうか?

204 計算によって A, B_1, C_1 が共線であることを示す．すると，$\angle C_1QP = \angle ACP = \angle AB_1P = \angle C_1B_1P$ となり，結論が得られる．

205 どの構図が思い浮かぶか？

206 三角形 DEF を基準三角形とし，$d = EF$，$e = FD$，$f = DE$ とする．

207 A は三角形 EBD の重心であるから，半直線 DA は線分 BE の中点を通る．

208 Q から直線 AB, AC それぞれへの距離の比が $AB : AC$ に等しいことを示す．ここから直線 AQ が類似中線であることが従う．

209 等脚台形を作る．方べきの定理．

210 補題 6.18 を用いて，A_2 などの座標を計算する．

211 直線 PZ が ω，ω_1 それぞれの中心を通ることを示す．

212 角度の条件をうまく解釈する方法を見つけよう．つまり，P の位置としてはどのようなものがありうるか？

213 内心．

214 四角形 $ADOO'$，$BCOO'$ も平行四辺形である．

215 点 E, F, A を消せないか試してみる．

216 より強く，交点を X とするとき，四角形 $ABXC$ が調和四角形であることを示す．

217 $\dfrac{b-a}{c-a}$ の偏角は $\angle CAB$ であり，$\dfrac{b-d}{c-d}$ の偏角は $\angle CDB$ である．

218 いま，線分 AB と線分 XY は直径である．

219 両辺は $\dfrac{BG \cdot CE}{BE \cdot CG}$ に等しいことがわかる．

220 どの四角形が内接四角形か？

221 四角形 $FBH'C$ が調和四角形であることを示せば十分である．なぜか？

222 四角形 $ADBC$ のニュートン線を考え，線分 EF の中点を M とする．

223 これは構図を把握できているかのテストとして，私が気に入っている問題である．あまり使われない 3 つの構図が必要となるだろう．

224 三角形 $A_1A_2A_3$ を基準三角形とし，$A_4 = (p, q, r)$ とおくのが 1 つの選択肢である．

225 正弦定理を用いる．

226 整理すると $\cos\left(\dfrac{3}{2}x + 30°\right) = \cos\left(\dfrac{5}{2}x + 30°\right) + \cos\left(\dfrac{1}{2}x + 30°\right)$ のようなものが得られる．多少の根性があれば，x の値は予想できる（10° の倍数を試そう）．右辺に和積公式を適用して終わらせよう．

227 それを実現する 1 つの標準的な方法がある．Γ に内接し，三角形 $A_1B_1C_1$ と相似の位置にある三角形 $A_2B_2C_2$ を構成してみよう．そして，その相似の中心が Γ 上にあることを示す（それが T となる）．

228 $\angle MEA = 90°$ が成り立つことを用いて，角度追跡により直線 AF が類似中線であることを示す．

229 P の等角共役点はどこにあるか？

230 K の位置は明示的にわかる．

231 さらに P は無限遠点にうつり，P, A, B が共線であることから，四角形 $AXBY$ が正方形であることがわかる．

232 線分 QR, BC の中点をそれぞれ P, L としたとき，$PK \perp LR$ が成り立つことを示す．

233 ブロカールの定理で解ける．

234 四角形 $ABCD$ を長方形にすれば，問題は自明になる．

235 A を中心とする半径 $s-a$ の円に関する反転をすることで，とても計算しやすくなる．重ね描きしよう．

236 単に $\angle MIT = -\angle MKI$ が成り立つことを確かめればよい．

237 それは $\dfrac{o_A - c}{b - c}$ に等しい．

238 直線 BC に関して X, Y と対称な点を考える.

239 ブロカールの定理を用いる〔調和点列 A, H, K, M および B, H, L, N を射影することで示すこともできる〕.

240 直角と角の二等分線,再び.

241 パスカルの定理によく似ている.

242 三角形 $A_1^* A_2^* A_3^*$ と三角形 $B_1^* B_2^* B_3^*$ が相似の位置にある(すべての対応する辺が平行である)ことを示す.なぜこれで十分か?

243 $N = (s-a : s-b : s-c)$ であることを示し,$NG = 2GI$ が成り立つことを確かめるために座標を正規化する.

244 ここでも相似拡大だ.

245 どの四角形が内接四角形か?

246 $PC < PO$ が成り立つことを示すのと等価である.

247 四角形 $A^* B^* C^* D^*$ は平行四辺形である.

248 中点三角形を描き加える.

249 笑ってしまうほどやさしい.

250 K を中心とする回転相似が D を E にうつすことを示せないか試してみる.これにより結論は従う.

251 交点が $(-a^2 : 2b^2 : 2c^2)$ となることがわかるはずだ.

252 O^* は直線 $A^* B^*$ に関して C と対称な点である.

253 これは純粋に射影的である.

254 半直線 MH と円 ABC の交点を K とする.A, K, D, E が共円であることを示せばよい.

255 A を中心として反転するとどうなるだろうか?

256 反転後の図で面積比を用いる.

257 H と F,A と E,B と D が入れかわる.

258 ここで補題 4.17 を用いる.

259 三角形 BAD の内心を I とし,四角形 $IBCD$ が内接四角形であることを示す.これで問題が解けるが,それはなぜか?

260 どのような構図が当てはまるか?

261 ω_1 と ω_2 の交点のうち P でない方を考える.

262 反転してみよう.

263 補題 4.9 を用いて,Q の正体を突きとめる.

264 最後は補題 4.17 である.

265 あとはただの角度追跡だ.

266 等角共役.

267 直線 HK は何か?

268 R, M, S が共線であることを示せばよい.

269 「直線 PH が線分 EF を二等分する」という主張をさらに自然に言いかえられないだろうか?

270 ブロカールの定理.次に類似中線.

271 N の座標を直接求めてみよう.

272 対称な点について考えたいだろうか?そうでないなら,何ができるだろうか?

273 これは弧 TK と弧 TM の中心角が等しいことと同値である.

274 $CI \perp A'B'$,$CM \perp IK$(M は辺 AB の中点)に注意しよう.結論はどう言いかえられるか?

275 $\cos \angle BAE = -\cos \angle BAC$ が成り立つことを利用して,BE^2 を a, b, c を用いて表す.AD^2 についても同様にすることで,$a^2 = b^2 + c^2$ が成り立つことを示す.

276 $I_A N \cdot I_A K = I_A I^2 - r^2$ が成り立つことを用いて,線分 KN の長さが計算できる.

277 どこに完全四辺形があるだろうか?

278 $\angle ZYP = \angle XYP$ を示す.

279 反転は広義の円の交点を保つことを忘れずに.たとえば,ω に接する円は,同じ接点で接する直線にうつるはずである.

280 $MS = MT$ を明示的に計算できる.単にすべての点の座標を直接計算すればよい.

281 $J = \left(a\cos\left(\angle A + \frac{1}{2}\angle B\right) : b\cos\left(\angle A + \frac{1}{2}\angle B\right) : -c\cos\left(\angle A - \frac{1}{2}\angle B\right)\right)$, またはそれと同等のものが得られるはずだ.

282 まず, 相似拡大を用いて Q を何か良い点にする.

283 それでは直接計算してみよう. A, S, T を変数として用いる.

284 チェバの定理を 2 回用いる.

285 はじめに $BC \cap GE$ が d 上にあることを示す.

286 B における接線は, 角度追跡すると直線 AP と平行なことがわかる. 射影しよう.

287 数直線での定義を用いて, $\dfrac{x-a}{x-b} \div \dfrac{y-a}{y-b} = k$ を解けばよい.

288 とてもきれいな図を描こう. 三角形 BHC の垂線について何か言えるだろうか？（次のヒントがその答えである）

289 根軸だけ考えればよい.

290 線分 BE の中点を M として, $MA = ME = MB$ を示す.

291 たとえば $AR = BR$ を求めてトレミーの定理を適用することで, 線分 CR の長さも計算できる.

292 シューアの不等式 $(-a+b+c)(a-b+c)(a+b-c) \leq abc$ に帰着される.

293 A が四角形 $B_1 BCC_1$ のミケル点であることを示す.

294 いくつかの円を消してみよう.

295 J は半直線 BJ と半直線 CJ の交点として求められる.

296 具体的に言えば, $h_A = a+b+d$ が三角形 ABD の垂心であれば, W は線分 AH_A の中点である.

297 補題 1.44 に注目する.

298 ω_1 と ω_2 の接線が直線 BC 上で交わることを示す.

299 なんとかして $\angle CXY = \angle AXP$ を得なければならない（良い図を描けば気付きやすいだろう）. 内接四角形 $APZX$ を用いてこのことを示す.

300 調和点列を見つける.

301 すべての円に注目しよう. それらが基準三角形の頂点を 1 つでも多く通るようにできるだろうか？

302 相似な三角形の組を見つける.

303 ここで X と Y が "$\pm\sqrt{bc}$" であることに気付く. すなわち, $x+y = 0$ かつ $xy = -bc$ である. さらに, $p^2 = de$ を示す.

304 定点は $K = (2S_B : 2S_A : -c^2)$ である.

305 どの 4 点が共円か？

306 必要な情報は, 直線 TI が弧 BC の中点 L を通るという事実のみである.

307 中線 EC について何か特別なことは？

308 まず交わる 1 点を求める.

309 ブロカールの定理が得られる.

310 有向角を取り扱うために, 補題 1.30 を用いる.

311 円の直径を求める.

312 $AC = BD$ であるから, 相似は実際には合同である！

313 この問題には他にも対称な点があるだろうか？

314 中点三角形の垂心はどこだろうか？

315 もし主張が正しいなら, 共通の根軸は垂直二等分線でなくてはならない.

316 鍵となる観察は, 円の中心が線分 AO の中点だということである.

317 内心は見つかるか？

318 条件により四角形 $DEBC$ は調和四角形である. 次は何か？

319 直線 AD と直線 BC の交点を X とし, ミケル点を利用する.

320 点 D_2 はどこにあるはずだろうか？

321 補題 8.16 を直接用いる.

322 条件は $\angle D^*B^*C^* = 90°$ かつ $B^*D^* = B^*C^*$ であると言いかえられるはずだ.

323 補題 8.11.

324 重ね描きした図について, 直線 MK^* が三角形 K^*AQ の外接円に接することを示せよ.

325 良い図を描こう. どの 3 点が共線に見えるか?

326 $\angle AZY$ は何に等しいか?

327 三角形 AO_BO_C と三角形 ABC は相似である.

328 内接円と辺の接点を E, F とすれば, 直線 EF, KL, XY は (等脚台形によって) 共点である.

329 $\angle AR^*B = \angle AR^*O + \angle OR^*B = \cdots$ から始めよう.

330 H の正体を突きとめるために, ブロカールの定理を適用する.

331 まず B_1 と C_1 を特徴付ける.

332 具体的に言えば, $\kappa(a+b+c)$ が三角形 AIB のオイラー線上にあるような実数 κ を ($a = x^2$ などとおいて) 見つける. κ は x, y, z についての対称式になる.

333 チェバ線の交点を P とするとき, A, B, C, P をどこにうつすか?

334 $m = 100$.

335 $\angle FEM = \angle FEB + \angle BEM = \angle FEB + \cdots$?

336 これは本質的に前の問題と同じである.

337 ここでは重ね描きが有効である.

338 $\angle C^*B^*P^* = \angle B^*C^*P^*$ がわかるはずだ. 内心をどう扱えばよいか?

339 面積.

340 $\angle AA_1C_1$ が直線 A_1A_2 によって二等分されることを示す. これにより, 直線 A_1A_2 と直線 C_1C_2 の交点は三角形 A_1BC_1 の傍心である.

341 なぜ $\angle AD^*B^* = \frac{1}{2}\angle AP^*B^*$ が成り立つのか?

342 $\angle M_CTA = \angle STM_B$ であるから, あとは素直に角度追跡をすればよい.

343 なぜ $\frac{b}{c}\left(\frac{c-a}{b-a}\right)^2$ が実数であることを示せば十分なのか?

344 さらに A も容易に取り除ける. つまり, 四角形 $BGCE$ を土台として問題全体が考えられる.

345 角度追跡により H, L は完全に取り除ける.

346 角度追跡によって三角形 MKL と三角形 APQ が相似であることを示す. なぜこれで十分か?

347 内接円と辺の接点を E, F とし, 直線 AD と内接円の交点のうち A でない方を X とするとき, 四角形 $DEXF$ が調和四角形であることを示す.

348 線分 M_BM_C の長さは, 線分 BC の長さの半分であることに注意すれば, 倍率は -2 である.

349 準備として $A = (au : bv : cw)$, $C = (avw : bwu : cuv)$ とおき, $PA = PC$ であることと, 共円であることが同値であることを示す.

350 相似拡大. $O_BO_C = 2\left(\frac{1}{2}BC\right) = BC$ が成り立つことを示す.

351 直線 AD が K の極線であることを示す.

352 Γ を円にうつすような射影変換を施す. そのような変換であって解答につながるものは, いくつも考えられる.

353 ω_1 に関する反転後の図で, 直線 F^*G^* が B を通ることを示せばよい.

354 半直線 IP と辺 BC の交点を K とする. $(K, D; B, C) = -1$ が成り立つことを示せばよい.

355 $AD = \dfrac{1}{2}AB$ という条件をどう扱おうか？

356 三角形 ABC の外接円と $\angle A$ の二等分線の交点のうち A でない方を K' とする．

357 これは $\dfrac{a-b}{p-q} \div \dfrac{k-l}{a-c}$ が実数であることと同値である．補題 6.30 を用いて展開する．

358 Q はミケル点である．

359 例 5.13 から着想を借りてこよう．

360 中点三角形（三角形 ABC の各辺の中点を頂点とする三角形）を三角形 ABC にうつす相似拡大がとれる．これは向かいあう辺が平行であることから従う．

361 まず円の中心を見つける．

362 まず，半直線 QI と円 ABC の交点のうち Q でない方 X について考えることで，Q を消す．

363 l の接点を P とするとき，$A_2A = PA$ が成り立つことに注意しよう．

364 根軸が $\angle BPC$ を二等分することを示す．

365 $IE = x \sin \angle C = \dfrac{cx}{2R}$ とトレミーの定理で終わらせる．

366 共点であることが根軸によって導かれる．

367 三角形の各辺を直径とする 3 円について考える．

368 図に隠された補題 1.45 を見つける．

369 等長共役を用いて X, Y, Z と対称な点を考えることで，A, B, C を完全に消去できる．

370 $\tan \angle ZEP = \tan \angle ZCE = \dfrac{EZ}{ZC}$ を得るのは難しくない．$\dfrac{EZ}{CZ} = \dfrac{PE}{MC}$ が成り立つことを示せばよい．

371 まず，定理 6.17 を用いて d と e を計算する．o_1 を計算するところが難所だ．相似な三角形がほしい．

372 もちろん，補題 1.18 を思い起こそう．

373 ともに $90° - \angle B$ であることを示す．

374 その中心は何か？

375 角度追跡してミケル点を見つける．

376 どの四角形が内接四角形か？

377 直線 BB_1 と直線 CC_1 の交点 K について，B, K, A, C が共円であることを示す．

378 「六角形」$AABBCC$ にパスカルの定理を用いる．

379 この問題には類似中線が複数ある．

380 $\dfrac{1}{\sqrt{3}}(\cos 30° + i \sin 30°)$ が役立つかもしれないのはなぜだろうか？

381 「直線 ML が円 HMN に接する」という結論は非常にうっとうしいから，多少の言いかえを実行しよう．

382 M は線分 YZ を線分 BC にうつす回転相似の中心である．

383 チェバの定理（三角比版）と正弦定理でとどめを刺す．

384 A を中心として反転する．

385 これだけたくさんの垂線を含む構図といえば，何だったのだろうか？

386 切り貼りしよう！

387 A_2, B_2, C_2 が具体的に何なのか予想してみよう．

388 2 つの三角形が相似であることが（角度追跡により）簡単にわかるから，2 つの三角形が共有する何かに注目する．

389 実は T^* と A^* が Γ^* において直径をなすことを示す．

390 これは単なる角度追跡である．

391 三角形 ABC を用いて線分 P_AQ_A の長さを計算できる．これに集中しよう．

392 I は三角形 BFC の垂心である．

393 $K = (a^2 : b^2 : c^2)$ および $M = (a^2 : S_C : S_B)$ がわかるはずだ．

394 K, L の座標を定数倍し，行列式に落としこむ．

395 補題 6.19 を用いて多少の計算をする．

396 問題文において「対称」という語が用いられているが，あまりそぐわない．良い図を描いてみれば，その理由がわかるだろう．

397 内接四角形を作るために点を描き加える．

398 この問題でも反転するだけである．

399 三角形 BQM と三角形 NQC は相似である．さらに，$BM : NC = AB : AC$ が成り立つことを用いる．

400 $K^*M \parallel AQ$ であるから，$K^*A = K^*Q$ が成り立つことを示せばよい．

401 問題 1.40 と似た発想を用いる．

402 九点円と外接円の双対性に注意しよう．

403 線分 AB を直径とする円に関する反転が，この問題の本質である．

404 根心をとる．

405 垂心と対称な点を考える．

406 まず，「六角形」$AGEEBC$ にパスカルの定理を適用する．

407 正弦定理．

408 $(1 + xi)(1 + yi)(1 + zi)$ の偏角は何だろうか？ 2通りの方法で考える．

409 H は根心である．

410 垂心と対称な点を考える．

411 $(A, B; X, Y) = -1$ ならば $(X, Y; A, B) = -1$ である．

412 シムソン線の性質をさらに用いる．

413 補題 9.17 を用いて調和点列を手に入れよう．方べきの定理を何度も使いたくなるだろう．

414 ピトーの定理（定理 2.25）を思いだそう．

415 $AB < AC$ であると仮定し，$\angle PQE = 90°$ が成り立つことを示す．

416 線分 AB, CD をそれぞれ直径とする2円の根軸を考える．

417 三角形 ABD および三角形 ACD に対して正弦定理を適用する．

418 三角形 AST の重心への，そして M への相似拡大でとどめを刺す．

419 1つ目は定理 4.22 により従う．

420 シムソン線．補題 4.4 により瞬殺である．

421 「六角形」$AABBCD$ にパスカルの定理を適用すると，$AA \cap CC$ および $P = AB \cap CD$，$Q = BC \cap DA$ が共線であることがわかる．

422 A 混線内接円と Γ の接点 T を扱うため，補題 4.40 を用いる．

423 内心 I を描き加える．

424 シムソン線．

425 線分 BC の垂直二等分線に関して T, D と対称な点をそれぞれ S, E とするとき，前のヒント（192）は A, E, S が共線であることを示すことと等価である．これは補題 4.40 から従うが，それはなぜだろうか？

426 ある点を別のある点にうつす相似拡大をお求めだろう．

427 対称な点をどう扱うべきか？

428 シュタイナー線の存在を再利用する．

429 余弦定理を用いて内接四角形であることを示し，定理 5.10 を適用する．

430 定点は垂心である．三角形全体を対称移動してみよう．

431 $\dfrac{p - (o_1 + o_3)}{\overline{p} - (\overline{o_1} + \overline{o_3})}$ が a, b, c, d に関する対称式であることを示す．まず分母を考えるのが最も簡単である．

432 A, I, X は共線であるから，$YZ \perp AX$ およびこれと同様の関係を示せばよい．

433 直線 NP が三角形 ABC の外心を通ることを示す．

434 補題 1.45.

435 角度の条件をどう解釈するか？

436 $BC = DA$ かつ $BE = DF$ であるという条件は，$\dfrac{BE}{BC} = \dfrac{DF}{DA}$ が成り立つことに弱められる．

437 実は線分 ID と線分 IE は過剰である. 答えはノーである.

438 補題 4.14 で終わらせる.

439 すべての円は共点である.

440 P が内接円の中心であることを示す.

441 $\sin x + \sin 60°$ を変形することで, 分母と相殺される部分を作ることができる.

442 まずは補題 4.14 を用いて垂線の中点を取り除く. 誰が垂線の中点の相手などしていられようか?

443 3 円の根心を K とし, 四角形 $ABCD$, $AGCH$ にブロカールの定理を適用する.

444 実は A, E, D, C が共円であるという仮定は過剰である！ これによって何が可能となるか?

445 外心の座標が $\dfrac{(a+b+c)bc}{b^2+bc+c^2}$ と計算できるはずだ.

446 チェバの定理と簡単な角度追跡.

447 まず K, G, T の座標が計算でき, その次に対称性が使える.

448 5 つの三角形に対して正弦定理を適用する. 対頂角は相殺される.

449 C 傍接円と辺 BC の接点を Q_1 とし, Q は無視する.

450 線分 BC の垂直二等分線と直線 KI_A (I_A は A 傍心) の交点を T として, B, N, C, T が共円であることを示す.

451 E を中心として射影する.

452 正弦定理と方べきの定理を繰り返し用いる.

453 どの四角形が内接四角形か?

454 半直線 MH を扱ううえで補題 1.17 が役立つ.

455 どうすれば中点から角度の情報が得られるか?

456 $AB \cap XY$, $BC \cap YZ$ を無限遠点に飛ばせないか試してみる.

457 まず線分 PK, QL の長さを計算する.

458 図 4.2A において, 線分 II_A の中点を考える.

459 どの四角形が内接四角形か?

460 三角形 ABC の内心を I とする.

461 外心を扱うために, ここで定理 7.25 を用いる.

462 内心を I として, $\triangle ABC = \triangle AIB + \triangle BIC + \triangle CIA$ と表す.

463 答えは定数倍の違いを除いて $(c^2 : b^2 : c^2)$ である.

464 定点を予想できるだろうか? (点 P をわかりやすい位置にとって考えよう)

465 補題 8.10 を用いる.

466 ここでコンウェイの公式 (定理 7.22) を用いる.

467 等しい接線の長さを足しあわせる.

468 方べき.

469 類似中線.

470 直線 AI が $\angle B'AC'$ を二等分することに注意しよう.

471 $(A, D; M, N) = -1$ を示す.

472 これは純粋な角度追跡である.

473 2 つの「六角形」に同時に適用すると, $AA \cap CC$, $BB \cap DD$, P, Q が共線であることがわかる.

474 A における接線と K における接線の交点を T とする. A, T, K, M が共円であることを示し, $TK = TA$ であることを思いだそう.

475 様々な方法で計算が可能だが, 非常にきれいな解法がある.

476 まず X のまわりの角を用いて $\angle CYX$ を計算しよう. 何を変数に設定したかによって結果は変わる.

477 トレミーの定理.

478 チェバの定理を用いて, 半直線 AP が対辺を二等分することを示す.

479 答えは $30°$ と $150°$ である.

480 これは相似な三角形の組を与えているにすぎない.

481 定点は完全四辺形 $ADBC$ のミケル点 M である.

482 垂直二等分線は実は外心を与えているだけである.

483 図の中のいくつかの長さは計算できる. $AC = 3$ として計算してみよう.

484 補題 1.45.

485 外心 O を描き加えてみよう.

486 相似な三角形を用いて線分 BP, CP, BQ, CQ の長さを求めよう. そうすればすべての点の座標がただちに求まる.

487 M は線分 AB を線分 CD にうつす回転相似の中心であり, この回転相似は O_1 を O_2 にうつす.

488 この行列式は, すべての成分の次数が 2 となるように書きなおせ.

489 問題 10.7 に, 多少の角度追跡を加えるだけである.

490 重心座標を用いずに 3 本のチェバ線が共点であることを示せ. 交点は何だろうか?

491 倍率 $\frac{1}{2}$ の相似拡大.

492 ブロカールの定理により, $EF \cap BC$ の極線は直線 AH である.

493 線分 AD を線分 BC にうつす回転相似は, E を F にうつす.

494 直線 MN と直線 AD が平行であることを示せばよい (なぜか?).

495 根軸がある.

496 補題 1.48 を用いればよい.

497 そして, G' を対称な点とするとき,「六角形」$CG'GEBB$ にパスカルの定理を適用する.

498 この補題によって, いままで適用できなかったどのような手法が可能となるか?

499 完全四辺形 $FACE$ のミケル点はどこだろうか?

500 これは $\angle A < 60°$ ならばつねに正しいことを示す.

501 〔三角形 AST の〕九点円を描き加える.

502 すべての直角をもとにして, 共円な 4 点の組が 3 つ得られる. これらに加えて, 元から共円である 4 点 A, B, C, P をうまく使おう.

503 直線 EF と直線 CD の交点を T とするとき, これが円 ABM 上にあることを示す.

504 D, P, E が共線であることを示して, 角度追跡する.

505 I は三角形 BHC の垂心である. 補題 4.6 を用いる.

506 $\angle BOC = 2\angle BAC$ を示したい. A, B, C が単位円上にあるとする.

507 補題 1.45 を用いて九点円を扱う.

508 これは, 三角形 $AB'C'$ を三角形 ABC にうつす相似拡大が E を X にうつすことから従う.

509 どうすれば A_2 の座標をうまく計算できるか?

510 補題 1.44 を用いる.

511 共点な 3 つの円がある. 何をしたくなるか?

512 線分 BD, CE の中点をそれぞれ X, Y とする. 直線 IM はニュートン線 XY と垂直であることを示す.

513 ここまで来れば $s = b + c - abc$ などとなる. 定理 6.15 を適用する.

514 三角形 DEF を三角形 $I_A I_B I_C$ にうつす相似拡大が存在する.

515 $a^2 - ac + c^2 = \dfrac{(ab + cd)(ad + bc)}{ac + bd}$ が得られるはずだ.

516 H はどこにあるのか?

517 円 ADM と円 ABC に関する回転相似に注目する。

518 三角形 PBC を基準三角形とする。

519 倍率 2 の相似拡大を用いて、補題 4.4 を直接適用する。

520 四角形 $ABCD$ は調和四角形なので、$(A, C; B, D) = -1$ が成り立つ。E を中心とする射影によって $(A, C; BE \cap AC, P_\infty) = -1$ が得られる。ここで、P_∞ は直線 AC 上の無限遠点である。

521 これは補題 1.17 により明らかである。

522 余弦定理を用いて、多少の三角比計算を行う。線分 PO の長さは三角形 PCO における余弦定理で計算できる。

523 $WX = a$, $XY = c$, $YZ = b$, $ZW = d$ をみたす四角形 $WXYZ$ を考えよう。線分 WY の長さは？

524 三角形 ACD を基準三角形とする。

525 Q は四角形 $DXAP$ のミケル点である。

526 4 つの接点 W, X, Y, Z を考えて問題を解く。

527 根心は N である。

528 等角共役。

529 対称移動が隠れている。

530 線分 AA_1 が直径となるような A_1 をとる。

531 前者は比較的容易な角度追跡、後者はかなり短い複素計算である。

532 G_1 と I を通る直線は何か？

533 三角形 AST に注目しよう。点 P, Q はさほど重要ではない。

534 具体的には、直線 AB と直線 CD の交点、直線 BC と直線 DA の交点をとる。何かに気付かないだろうか？

535 この問題の解答は、付録 A.1 で行列式の計算例として提示する。

536 反転してさらに相似拡大を施した図に、見覚えがないだろうか？

537 4 点が共円でないとすると、円 PRS と円 QRS の根軸はどの点を通らなくてはならないか？

538 K は三角形 LED の内心である。

539 四角形 $ABCD$ が内接四角形であり、等号が成立するとき、A^*, B^*, C^* はどのようになるか？

540 H と O を別々に考える〔$\angle BAH$ を調べるときには O を見ず、$\angle CAO$ を調べるときには H を見ない〕。

541 単なる角度追跡で解ける。

542 相似拡大を考える。

543 まず補題 4.17 を思いだそう。

544 $OP = OQ$ という条件は、$R^2 - OP^2 = R^2 - OQ^2$ が成り立つことと同値である。

545 $AG = 2GM$ が成り立つことを用いる。

546 帰着された問題に重心座標を用いる。

547 他の三角形のオイラー線を特徴付ける最も良い方法は何だろうか？

548 交点はまたもや別の根心である。

549 2 次式を連立することは避けて、より良い方法を見つけよう。

550 $OA_1 \cdot OA_2$ は外接円の半径 R を用いてどう表されるか？

551 三角形 CIK の垂心は何であるか？

552 すべての点が計算できる。

553 3 円に関して等しい方べきをもつような別の点を見つけて、3 円が共軸であることを示す。ここから結論が従うのはなぜか？

554 $\triangle AOD \sim \triangle CO_1D$ であることを用いて $\dfrac{o_1 - d}{c - d} = \dfrac{o - d}{a - d}$ が成り立つことを導き、o_1 を計算する。

555 四角形を作る。

556 〔回転相似により $\angle PMR = \angle BAC$ がわかる。ここで補題 1.27 を思い起こそう。〕

557 P からこの円への 2 接線について、それぞれの接点を結んだ直線は X を通る。ここで、相似な三角形や方べきの定理を用いる。

558 三角形 $O_A O_B O_C$ の重心は $\frac{1}{3}(o_A + o_B + o_C)$ である．この問題では単位円を使う必要がまったくないことに注意しよう．

559 三角比でも解けるが，エレガントで初等的な解答がある．

560 A^*, B^*, C^* が九点円上にあることを確かめればよい．

561 A_1^* は線分 EF の中点であり，他も同様である．3つの円が合同であるから，C_1^* は直線 EF と平行である．

562 $BC = DA$ かつ $BE = DF$ であるという条件に注目しよう（これらは実は弱められる）．

563 $(A, Z; K, L) = -1$ から始め，M が線分 PQ の中点であることを示すのを目標とする．ここで，Z は直線 EF, KL, XY の交点である．

564 ただの角度追跡である．

565 BC^2 を 2 通りに表現する．

566 内接円に関して反転してみる．

567 まだ自由度が残されている．どのように扱えばよいだろうか？

568 隠れた円を見つける．

569 例 1.4 を用いてみよう．

570 $HM \cdot HP = HN \cdot HQ$ が成り立つことを示す．

571 C を中心として直線 AB へ射影する．

572 証明の 1 つの終え方としては，$T = AD \cap CE$ とし，$BT \cap AC$ を Γ の中心にうつす．

573 四角形を完全四辺形にする（三角比でもうまくいく）．

574 M, N の座標は，正規化したうえで $\vec{M} = 2\vec{P} - \vec{A}$ が成り立つことを用いれば求められる．

575 中心 O を描き加える．どの四角形が円に内接するか？

576 $MN \parallel AD$ が成り立つことを示せばよい．

577 反転でうつる先は長方形になるはずである．

578 またもや円 DEF に関して反転する．補題 8.11 を再び用いる．

579 O^* がどこへうつるかはわからないが，円 $A^*B^*C^*$ の中心が接触三角形のオイラー線上にあることさえ示せばよい．なぜなら，その中心は I, O と共線だからである．これが明らかなのはなぜか？

580 回転相似は対になって現れる．

581 またもや，反転することで奇妙な角度の条件を取り除く．

582 点 T と直線 XY, BC が関係するような調和点列を探す．

583 M に関して B と対称な点を考える．

584 これと (d) を組みあわせて，N が中点であることを示す．

585 きれいな図を描こう．そうすると何かが見えてくる．

586 三角形 AIB の外心と重心を通る直線．

587 〔パスカルの定理を適用するために，ω 上に新たな点をとる．〕

588 補題 7.23 を用いる．

589 $(1 + x_1 i)(1 + x_2 i) \cdots (1 + x_n i)$ を考えればよい．

590 何度もブロカールの定理を適用する．

591 $\dfrac{\sin \angle BAD}{\sin \angle CAD}$ はどうなるだろうか？

592 円に内接する台形，すなわち等脚台形が見つかる．

593 どの四角形が内接四角形か？

594 類似中線は中線と等角共役である．

595 三角形 ABC を正三角形に，P をその中心にする．補題 9.8 を用いる．

596 垂直二等分線の条件をどう扱うか？

597 どの根軸が A を通るか？

598 一般性を失わず，B と C が直線に関して同じ側にあるとしてよい．線分 BC の中点を M とする．

599 これは単に直線 OH との距離に関する問題である．面積のことは忘れよう．

600 対称な点をどう扱うか？

601 直線 AB が円 PRS に接することに注目する．

602 4 直線はナーゲル点の等角共役点で交わり，その座標は非常にきれいに計算できる．

603 余弦定理を用いる．

604 中点を処理するために，X を中心とする回転相似を用いて N を M にうつす．そして角度追跡によって $\angle NMX$ を計算する．

605 三角形 BIC の面積は $\dfrac{1}{2}ar$ である．

606 比 $\dfrac{BC_1}{CB_1}$ を経由する．

607 四角形 $ABCD$ は調和四角形である．

608 $|p-x||p-y|$ を直接計算する．答えは BC^2 になる．

609 I から直線 EF におろした垂線の足が直線 PH 上にあることを示したい．いくつかの点はもう不要である．

610 $x = ID = BD = CD$ とおいたとき，線分 IE の長さはどのように表されるか？

611 またもや根心である．

612 二等辺三角形が現れるはずだ．

613 直線 AD と直線 BC の交点を扱うのはかなり難しそうなので，チェバの定理（三角比版）を使いたい．

614 A, B, C, D が共円であることを示す．

615 Q はミケル点である．

616 ω の中心を O とし，線分 PQ を直径とする円と直線 OP の交点のうち P でない方を X とする．方べきの定理を用いる．

617 まず S と T を取り除く．

618 三角形に内接する正方形というのは奇妙な存在だ．どうすればわかりやすくなるだろうか？

619 等号となる場合，すなわち $\angle CAB + \angle COP = 90°$ であるとき何が起こるだろうか？　何か気付くことはないだろうか？

620 D, E, F を接点とするとき，三角形 $A_1A_2A_3$ の各辺は，反転によって線分 ID, IE, IE をそれぞれ直径とする円にうつる．

621 計算を簡単にするために，$T = a^2qr + b^2rp + c^2pq$ とおく．

622 三角比を使おう．あらゆる点が 1 つの円に関連しており，直角があちこちにあるから，正弦定理が使える．自由度は 2 である．

623 $\left(\dfrac{1}{2}, \dfrac{1}{2}, 0\right)$，あるいは $(1 : 1 : 0)$．後者の方がたいてい計算しやすい．

624 あとはいくつかの相似拡大を使うだけである．

625 BC を直径とする円を考える．

626 C を中心として反転してみよう．

627 直線 EF, GH, AB, CD のなす四角形が内接四角形であることを示す（直線 AB と直線 CD の交点での方べき）．

628 (b) を 2 回用いる．

629 重要な根心をもつ 3 つの円がある．

630 線分 BD を線分 CE にうつす回転相似の中心が M であることを示す．

631 チェバの定理（三角比版）．

632 ブロカールの定理の構図を復元する．$OM \perp CD$ に注意しよう．〔T を中心に射影してもよい．〕

633 M を中心とする回転相似．

634 補題 4.14 と補題 4.33 を用いることから始める．

635 結論と同値な条件は何か？

636 直線 AP が中線であることに気を付けよう．したがって，直線 AQ が類似中線であることを示したい．

637 二等辺三角形を用いる方法を見つけられるか？

638 A を中心として反転する.

639 九点円の中心が A を中心とする円上を動くことを示す.

640 K はいったい何だろうか？

641 三角形 PBD を基準三角形とすれば，この等角共役を扱える.

642 M は直線 CH に関して B と対称な点である.

643 以前に点 O と出会ったのはどこだったか？

644 ただの行列式の列基本変形である.

645 $\angle DAB = \angle DAC + \angle CAB$, $\angle BCD = \angle BCA + \angle ACD$ である.

646 補題 4.40(d) を用いることから始める.

647 $\angle BAG = \angle CAX$ という条件は，単に定点が $(k : b^2 : c^2)$ の形をしていることを意味する（類似中線）．これをうまく使おう.

648 A を中心として反転するとどうなるか？

649 それは 1 であるはずだ．そこで，$(b-c)(a-e)(f-d) + (c-a)(e-f)(d-b) = 0$ が成り立つことを示す.

650 複素数 $1 + i\tan\theta$ の偏角は θ である.

651 円が扱いやすくなるように基準三角形を選ぼう.

652 すべての点の座標はまともで閉じた形 (closed form) をしている．単に行列式を計算する.

653 定点が $(m : 1 : 1)$ という形をしていることを示す問題である．この表現を使って m を計算し，それが u, v によらないことを示そう.

654 どのような点が 2 つの円に関して等しい方べきをもつか？

655 外心 O を描き加える.

656 残りは単なる計算である．文字の設定の一例は，$\alpha = \angle CXY = \angle AXB$, $\beta = \angle BXY$ である.

657 $u + v = a$ なる実数 u, v を用いて $D = (0 : u : v)$ とおき，円の方程式を直接計算する.

658 角の二等分線をさらに見つける.

659 どの 4 点が共円か？

660 四角形 $PEDQ$, $QFER$, $PFDR$ がすべて内接四角形であることを示す.

661 Y のシムソン線が役立つかもしれない（が，使わなくても解ける）．考えるべき角度が $\angle PQY + \angle SRY - \angle QYR$ と表せることに注目してもよい.

662 条件 $MB \cdot MD = MC^2$ を言いかえる.

663 九点円.

664 角の二等分線を探し，それを重心座標を用いて示す．ここから題意は従う.

665 正方形を外部へうつす相似拡大を考える.

666 答えは単純に $\dfrac{\overline{XA}}{\overline{XB}}$ である．これは $\dfrac{\overline{P_\infty B}}{\overline{P_\infty A}} = 1$ から従う．〔なぜこのように定めるべきなのだろうか？〕

667 この問題は純粋に射影的である.

668 $\dfrac{b-a}{f-a} \cdot \dfrac{d-c}{b-c} \cdot \dfrac{f-e}{d-e}$ を計算する.

669 長さ追跡と相似な三角形が有効である.

670 内接四角形を見つけたら，補題 1.18 を適用する.

671 重心 G はくせ者だ．どう対処すればよいだろうか？

672 補題 4.33 を思いだそう．直線 ZM はどのように円に関係しているか？

673 H を中心とし，九点円を外接円にうつす負の反転〔反転と対称移動の合成〕を施す.

674 まず，（対角線がそれぞれの中点で交わるので）四角形 $HBYC$ が平行四辺形であることに注目する.

675 円の中心に関して B と対称な点を描き加えてから，パスカルの定理を用いる.

676 直線 AO と Γ の交点のうち A でない方を考え，補題 4.33 を補完する〔位置関係が異なるので，主張を少し書きかえる必要がある〕.

677 接する円のかわりに平行線が得られないか試してみる.

678 $\frac{1}{2}ab\sin\angle C$ の公式を用いるだけである.

679 （多くの直線が B を通るので）B を中心として反転するのが最も良さそうである.

680 相似な三角形の組を他に見つけ出し，角度追跡で終わらせよう.

681 シムソン線.

682 ある構図がここではきわめて有効である.

683 チェバの定理と補題 2.15 の合わせ技.

684 角度を半分にする必要がある. A, C, B, D がこの順に並んでいるときに題意は成立しないから，有向角を用いてはいけない.

685 囲まれている三角形を $A_1B_1C_1$ とし，接点を T とする. 2 円が接することをどう示せばよいだろうか？

686 この回転相似が同時に X を P にうつすことを示せばよい. $\angle MXY = \angle MPB$ が成り立つことを示せ.

687 中点と平行線〔補題 9.8〕！

688 $A = (1, 0, 0)$ を代入すれば $u = 0$ が得られる. B, C についても同様にすればよい.

689 直線 AD と内接円の交点のうち D でない方を X とする. 調和四角形を見つけられるか？

690 線分 DF を直径とする円上に E があることを示したい.

691 良い図を描こう. A_2, B, C と円 ABC のあいだにはどのような関係があるか？

692 完全四辺形 $BEDC$ のシュタイナー線.

693 三角形 ABD の外心を O としたとき，四角形 $ODCF$ が平行四辺形であることを示す. そして，$OA = OB = OD = 1$ であることに注意しよう.

694 半径 $\sqrt{BH \cdot BE}$ の円に関して反転するとき，P と Q が入れかわることを示す.

C 一部の解答

C.1 第1章から第4章までの解答

解答 1.36

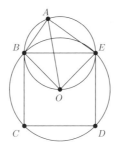

∠$BAE = 90°$ および ∠$BOE = 90°$ が成り立つから，A, B, O, E が共円であることがわかる．よって ∠$OAE = $ ∠$OBE = 45°$，∠$BAO = $ ∠$BEO = 45°$ を得るので，∠$OAE = $ ∠$BAO = 45°$ となり結論が従う．

五角形 $ABCDE$ が凸であるという条件によって，A が辺 BE に関して O と反対側にあることが保証されるので，位置関係の問題を気にする必要がなく，通常の角度を用いてよい． □

解答 1.39

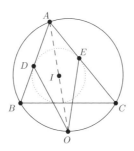

補題 1.18 により O は直線 AI 上にある．ここで，直線 AI は角の二等分線であり，また $AD = AE$ であるから，三角形 ADO と三角形 AEO は合同である．よって ∠$ADO = $ ∠AEO，つまり ∠$ODB = $ ∠OEC を得る． □

解答 1.43

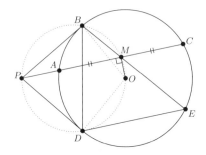

　線分 BE と線分 AC の交点を M として，$OM \perp AC$ が成り立つことを示せばよい．$\angle PBO = \angle PDO = 90°$ であるから，P, B, D, O は共円である．

　この円上に M もあることを示す．これは，$DE \parallel AC$ により〔接弦定理を用いることで〕

$$\angle BMP = \angle BMA = \angle BED = \angle PBD = \angle BDP$$

となることから従う．以上により $\angle OMP = \angle OBP = 90°$ となり，題意は示された． □

解答 1.46

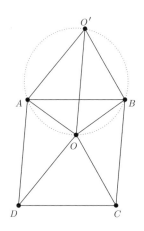

　四角形 $DAO'O$ が平行四辺形となるような点 O' をとる．線分 OO', DA, BC は長さが等しく平行であるから，四角形 $CBO'O$ も平行四辺形である．さらに $AO' \parallel DO, BO' \parallel CO$ であるから $\angle AO'B = \angle DOC$ となり，$\angle AO'B + \angle AOB = 180°$ により四角形 $AO'BO$ は円に内接することがわかる（O が平行四辺形の内部にあることから，O' は外側にあることに注意しよう）．さらに，三角形 $O'AB$ と三角形 ODC が合同であることもわかる．

　以上により $\angle CBO = \angle O'OB = \angle O'AB = \angle ODC$ となり，結論を得る． □

解答 1.48

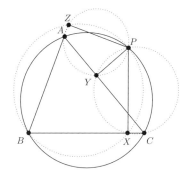

　主な観察は，あらゆる垂線が内接四角形を生み出しているということである．P は三角形 YZA, ZXB, XYC すべての外接円の上にあるから，

$$\angle PYZ = \angle PAZ = \angle PAB = \angle PCB = \angle PCX = \angle PYX$$

と直接計算でき，X, Y, Z が共線であることが従う．　　　　　　　　　　　　　　　　□

解答 1.50

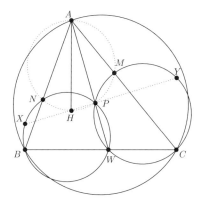

　ω_1 と ω_2 の交点のうち W でない方を P とすると，補題 1.27 によりこれは三角形 AMN の外接円上にあるが，補題 1.14 によりこの円は線分 AH を直径にもつから，$\angle APH = 90°$ を得る．さらに，

$$\angle NPA = \angle NMA = \angle NMC = \angle NBC = \angle NBW = \angle NPW$$

が成り立つから，A, P, W は共線である．

　いま，線分 WX が ω_1 の直径であることから $\angle XPW = 90°$ が成り立つから，X, H, P は共線である．同様に Y, H, P も共線であるから，X, Y, H も共線である．　　　　　　□

解答 2.26

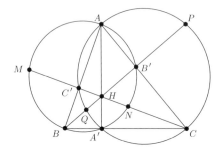

　A から辺 BC におろした垂線の足を A' とすると，これは問題文中の 2 円上にある．よって定理 2.9 が直接適用できる．根心は三角形 ABC の垂心 H である． □

解答 2.29

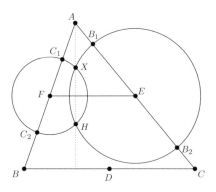

　$\Gamma_A, \Gamma_B, \Gamma_C$ の中心をそれぞれ D, E, F とする．

　まず B_1, B_2, C_1, C_2 が共円であることを示す．定理 2.9 により，A が Γ_B と Γ_C の根軸上にあることを示せば十分である．

　Γ_B と Γ_C の交点のうち H でない方を X とする．明らかに直線 XH は円の中心を結ぶ直線 EF と垂直である．ここで $EF \parallel BC$ であるから，$XH \perp BC$ である．また $AH \perp BC$ であるから，A, X, H は共線である．〔これは目標のとおり，A が Γ_B と Γ_C の根軸上にあることを意味する．〕

　したがって B_1, B_2, C_1, C_2 は共円である．この円の中心は線分 B_1B_2, C_1C_2 それぞれの垂直二等分線の交点であるが，これは三角形 ABC の外心 O にほかならない．よって $OB_1 = OB_2 = OC_1 = OC_2$ が示された．同様に $OA_1 = OA_2 = OB_1 = OB_2$ が成り立つから，題意は示された． □

解答 2.34

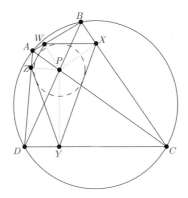

$\angle AWP = \angle AZP = 90°$ であるから，A, W, P, Z は共円である．同様に B, W, P, X も共円である．したがって，

$$\angle ZWP = \angle ZAP = \angle DAC = \angle DBC = \angle PBX = \angle PWX$$

が成り立つから，P は $\angle XWZ$ の二等分線上にある．同様に P は $\angle WZY$，$\angle ZYX$，$\angle YXW$ の二等分線上にもある．すなわち，P は四角形 $WXYZ$ の各辺との距離が等しいから，P を中心とする四角形 $WXYZ$ の内接円が存在する．よって，定理 2.25 により題意は従う．　□

解答 2.36

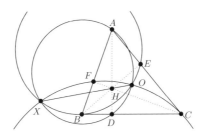

三角形 ABC の垂心を H とし，三角形 AOD, BOE, COF の外接円をそれぞれ $\omega_A, \omega_B,$ ω_C とする．ω_A と ω_B の交点のうち O でない方を X とおき，これが ω_C 上にあることを示す．明らかに ω_A と ω_B の根軸は直線 XO である．

線分 BC, CA, AB をそれぞれ直径とする 3 円を考えると，H はそれらの根心であるから，$AH \cdot HD = BH \cdot HE = CH \cdot HF$ を得る．よって，H は $\omega_A, \omega_B, \omega_C$ すべてに関して等しい方べきをもつ．また，$\omega_A, \omega_B, \omega_C$ に関する O の方べきはすべて 0 である．

以上により，〔三角形 ABC が正三角形でないことから〕H, O が相異なる点であることに注意すれば，$\omega_A, \omega_B, \omega_C$ は直線 OH を共通の根軸にもつ〔共軸円である〕．X はその根軸上にあり，ω_A, ω_B に関する X の方べきは 0 であるから，ω_C に関する X の方べきも 0 である．したがって，X は ω_C 上にもあるから，以上により題意は示された．

解答 2.38

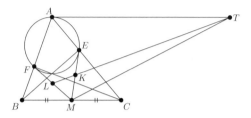

　三角形 AEF の外接円を ω とする. 補題 1.44 により, 直線 TA, MF, ME はすべて ω の接線である. ここで ω に加えて, M を中心とする半径 0 の円 γ_0 に注目する. $\mathrm{Pow}_\omega(K) = KE^2 = KM^2 = \mathrm{Pow}_{\gamma_0}(K)$ であるから, K は ω と γ_0 の根軸上にある. 同様に L もその根軸上にあるから, 直線 KL は ω と γ_0 の根軸である.

　したがって, $TA^2 = \mathrm{Pow}_\omega(T) = \mathrm{Pow}_{\gamma_0}(T) = TM^2$ であるから, $TA = TM$ が成り立つ. □

解答 3.17

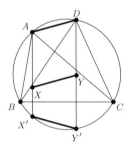

　直線 BC に関して X, Y と対称な点をそれぞれ X', Y' とする. 辺に関して垂心と対称な点をとったことから, 補題 1.17 により X' と Y' は四角形 $ABCD$ の外接円 ω 上にある.

　これにより, $XY = X'Y'$ が成り立つ. また, 明らかに $AX' \parallel DY'$ である. したがって, 四角形 $AX'Y'D$ は円に内接する台形であるから, $X'Y' = AD$ が従い, これにより $AD = XY$ も成り立つ.

　よって, $AX \parallel DY$ と $AD = XY$ をあわせれば, 四角形 $AXYD$ は平行四辺形または等脚台形である. いま, 直線 BC と平行な ω の直径に関して線分 AD と線分 $X'Y'$ は対称であり, 一方で直線 BC に関して線分 XY と線分 $X'Y'$ は対称であるから, 実は平行四辺形に限られると言える. □

解答 3.19

　対角線 AC と対角線 BD の交点を X とする. 対角線 AD と対角線 CE の交点を Y とする.

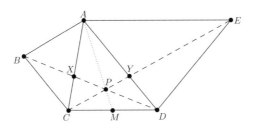

条件により $\triangle ABC \sim \triangle ACD \sim \triangle ADE$ であるから, 四角形 $ABCD$ と四角形 $ACDE$ は相似である. 特に $\dfrac{AX}{XC} = \dfrac{AY}{YD}$ が成り立つ.

いま, 半直線 AP が線分 CD と点 M で交わるとする. 三角形 ACD に対してチェバの定理を適用すれば $\dfrac{AX}{XC} \cdot \dfrac{CM}{MD} \cdot \dfrac{DY}{YA} = 1$ であるから, $CM = MD$ が従う. □

解答 3.22

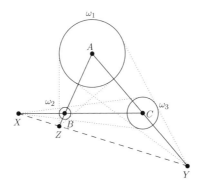

$\omega_1,\ \omega_2,\ \omega_3$ それぞれの中心を $A,\ B,\ C$ とし, 半径を $r_a,\ r_b,\ r_c$ とする. それぞれ $B,\ C$ を中心とする 2 円の共通外接線の交点を X とし, 同様に $Y,\ Z$ を定める.

X が線分 BC の延長線上にあることを確認するのは難しくない. 以下に示すような, 相似な直角三角形を考える.

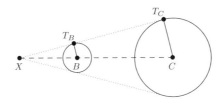

このとき,

$$\left|\frac{XB}{XC}\right| = \frac{r_b}{r_c}$$

が成り立つ. 有向長を用いて表現すると,

$$\frac{\overline{BX}}{\overline{XC}} = -\frac{r_b}{r_c}$$

である. 同様にして $\dfrac{\overline{CY}}{\overline{YA}} = -\dfrac{r_c}{r_a}$ および $\dfrac{\overline{AZ}}{\overline{ZB}} = -\dfrac{r_a}{r_b}$ であるから,

$$\frac{\overline{BX}}{\overline{XC}} \cdot \frac{\overline{CY}}{\overline{YA}} \cdot \frac{\overline{AZ}}{\overline{ZB}} = -1$$

となり, メネラウスの定理 (定理 3.7) により題意は示された. □

解答 3.23

図 3.7B を参照のこと. 正弦定理によって,

$$\frac{\sin \angle BAD}{\sin \angle CAD} = \frac{\frac{ZD}{ZA}\sin\angle ADZ}{\frac{YD}{YA}\sin\angle ADY} = \frac{ZD}{YD} \cdot \frac{YA}{ZA}$$

が成り立つ. よって, チェバの定理 (三角比版) (定理 3.4) を考えることで,

$$\left(\frac{ZD}{YD} \cdot \frac{YA}{ZA}\right)\left(\frac{XE}{ZE} \cdot \frac{ZB}{XB}\right)\left(\frac{YF}{XF} \cdot \frac{XC}{YC}\right) = 1$$

を示せばよい. 一方で, 三角形 XYZ および ABC にそれぞれチェバの定理を適用することで

$$\frac{ZD}{YD} \cdot \frac{YF}{XF} \cdot \frac{XE}{ZE} = \frac{ZB}{ZA} \cdot \frac{YA}{YC} \cdot \frac{XC}{XB} = 1$$

が成り立つから, 以上により示された. □

解答 3.26

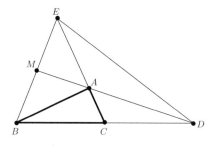

　半直線 DA が線分 BE と点 M で交わるとする. 三角形 EBD に注目すると, A は中線 EC 上にあり, かつ $EA = 2AC$ をみたすことから, A は三角形 EBD の重心であるとわかる. よって M は線分 BE の中点であり, さらに $MA = \dfrac{1}{2}AD = \dfrac{1}{2}BE$ が成り立つ. これにより $MA = MB = ME$ が従うから, 三角形 ABE は線分 BE を直径とする円に内接する. 以上により $\angle BAE = 90°$, すなわち $\angle BAC = 90°$ が示された. □

解答 3.29

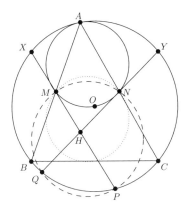

　実はこの問題で鍵となるのは，M, N, P, Q が共円であることを示すことである．これを示せば，根軸を考えることで，問題文中の点 R（図には描かれていない）が円 AMN，円 ABC，円 $MNPQ$ の根心であることがわかる．円 AMN と円 ABC が接することから，これらの根軸は A での 2 円の接線であることに注意すれば，$OA \perp RA$ が成り立つことも示される．

　三角形 ABC の九点円を三角形 ABC の外接円にうつす相似拡大を考え，これによって M, N がうつる三角形 ABC の外接円上の点をそれぞれ X, Y とする．すなわち，M, N に関して H と対称な点をそれぞれ X, Y とする．方べきの定理により $XH \cdot HP = YH \cdot HQ$ が成り立つ．いま $MH = \frac{1}{2}XH$ および $NH = \frac{1}{2}YH$ であることから，$MH \cdot HP = NH \cdot HQ$ も成り立ち，以上により題意は示された．　　　　　　　　　　　　□

解答 4.42

　三角形 ABC の外接円を ω とする．補題 1.18 により三角形 IAB の外心は ω 上にあり，三角形 IBC, ICA それぞれの外心についても同様である．したがって，ω が求める円である．□

解答 4.44

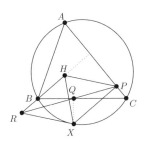

　求める定点が，三角形 ABC の垂心 H であることを示す．

$BH \parallel XP$ であり，また補題 4.4 により直線 RP は線分 XH の中点を通るから，四角形 $HRXP$ は平行四辺形である．よって，l はまさに直線 PH であるから，題意は示された． □

解答 4.45

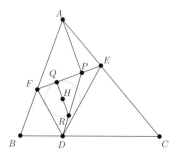

答えは 1 である．H が線分 QR の中点であることを示す．補題 4.6 により H, A はそれぞれ三角形 DEF の内心，D 傍心であるから，補題 4.9 により主張が従う． □

解答 4.48

$AB = AC$ のときは，点 P, Q はいずれも $\angle BAC$ の二等分線上にあり，$\angle PAO = \angle QAO = 0°$ となるのでよい．

$AB \neq AC$ のときを考える．O を中心として，P で直線 BC と，Q で Γ と接する円を γ とする．また，線分 BC の垂直二等分線と Γ の交点のうち，直線 BC に関して A と同じ側にあるものを P'，反対側にあるものを M とする．

補題 4.33 により Q, P, P' は共線である．また，M の定義より $\angle BAM = \angle CAM$ であるから，A, O, M は共線である．

直線 MP' と直線 OP は平行であり，P, P', Q は共線なので，$\angle OPQ = \angle MP'Q$ であり，円周角の定理により $\angle MP'Q = \angle MAQ$ となる．また，A, O, M は共線なので $\angle MAQ = \angle OAQ$ である．したがって，$\angle OPQ = \angle OAQ$ となるから，O, P, A, Q は共円である．よって，円周角の定理および $OP = OQ$ であることから，

$$\angle PAO = \angle PQO = \angle QPO = \angle QAO$$

となる． □

解答 4.50

三角形 ABC の 3 つの傍心を I_A, I_B, I_C とする．補題 4.14 により直線 A_0D, B_0E, C_0F はそれぞれ直線 I_AD, I_BE, I_CF であり，三角形 DEF と三角形 $I_AI_BI_C$ の対応する辺が平行であることから，三角形 DEF を三角形 $I_AI_BI_C$ にうつす相似拡大が存在する．これは直線 A_0D, B_0E, C_0F が相似の中心 X で交わることを意味している．

三角形 $I_AI_BI_C$ の外心を O' とする．（O が九点円の中心であることに注意すれば）直線 IO は三角形 $I_AI_BI_C$ のオイラー線であるから，その上に O' があることがわかる．先の相似拡大によって三角形 DEF の外心 I は三角形 $I_AI_BI_C$ の外心 O' にうつるから，X が直線 IO' 上にあることが示され，結論を得る． □

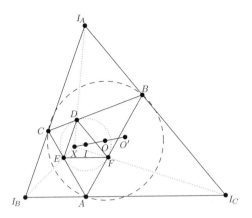

解答 4.52

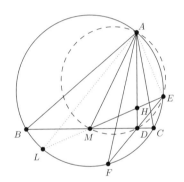

　直線 AF が類似中線であることを示せばよい．M に関して H と対称な点を L とすると，補題 1.17 により〔線分 AL は直径であり〕$\angle MEA = \angle LEA = 90^\circ$ を得る．よって M, D, E, A は共円である．

　ここで，

$$\angle MAC + \angle CAE = \angle MAE = \angle MDE = \angle BDE$$

および

$$\angle BDE = \angle BED + \angle DBE = \angle BEF + \angle CBE = \angle BAF + \angle CAE$$

が成り立つから，$\angle BAF = \angle MAC$ となり，結論を得る． $\square$

C.2 第5章から第7章までの解答

解答 5.16

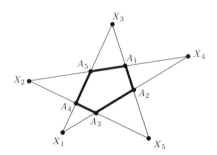

三角形 $A_1 A_2 X_4$ に正弦定理を適用することで，

$$\frac{A_1 X_4}{A_2 X_4} = \frac{\sin \angle A_1 A_2 X_4}{\sin \angle A_2 A_1 X_4}$$

を得る．ここで $\angle A_2 A_1 X_4 = \angle A_5 A_1 X_3$ に注意すれば，

$$\frac{A_1 X_4}{A_2 X_4} = \frac{\sin \angle A_1 A_2 X_4}{\sin \angle A_5 A_1 X_3}$$

となる．同様にして，

$$\frac{A_1 X_4}{A_2 X_4} \cdot \frac{A_2 X_5}{A_3 X_5} \cdot \frac{A_3 X_1}{A_4 X_1} \cdot \frac{A_4 X_2}{A_5 X_2} \cdot \frac{A_5 X_3}{A_1 X_3}$$

$$= \frac{\sin \angle A_1 A_2 X_4}{\sin \angle A_5 A_1 X_3} \cdot \frac{\sin \angle A_2 A_3 X_5}{\sin \angle A_1 A_2 X_4} \cdot \frac{\sin \angle A_3 A_4 X_1}{\sin \angle A_2 A_3 X_5} \cdot \frac{\sin \angle A_4 A_5 X_2}{\sin \angle A_3 A_4 X_1} \cdot \frac{\sin \angle A_5 A_1 X_3}{\sin \angle A_4 A_5 X_2}$$

$$= 1$$

が成り立つ．これが示すべきことであった．　　　　　　　　　　□

解答 5.21

題意を強めて，線分 AB, AC, CI, IB の長さが同時に整数値になることはありえないことを示す．

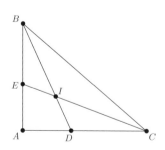

$\angle BIC = 135°$ は（たとえば例 1.4 から）容易に従う．よって，余弦定理により

$$BC^2 = BI^2 + CI^2 - 2BI \cdot CI \cos \angle BIC = BI^2 + CI^2 + BI \cdot CI \cdot \sqrt{2}$$

が成り立つ．一方で $BC^2 = AB^2 + AC^2$ であることから，

$$\sqrt{2} = \frac{AB^2 + AC^2 - BI^2 - CI^2}{BI \cdot CI}$$

と表せる．$\sqrt{2}$ は無理数であることから，線分 AB, AC, CI, IB の長さは同時には整数になりえない． $\qquad \square$

解答 5.22

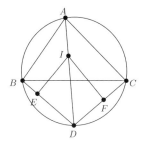

（補題 1.18 により）$x = DB = DI = DC$ とおける．このとき，$\angle IDE = \angle ADB = \angle ACB$ であるから

$$IE = ID \cdot \sin \angle IDE = x \sin \angle C = x \cdot \frac{c}{2R}$$

であり，同様に $IF = x \cdot \dfrac{b}{2R}$ が成り立つ．一方で，四角形 $ABDC$ にトレミーの定理を適用することで $AD \cdot a = x \cdot (b + c)$ を得られるから，$AD = \dfrac{x(b+c)}{a}$ である．以上を組みあわせることで，

$$\frac{1}{2}\frac{x(b+c)}{a} = IE + IF = \frac{x}{2R}(b+c)$$

すなわち $a = R$ が従う．

よって，$\sin \angle A = \dfrac{a}{2R} = \dfrac{1}{2}$ が必要で，これは十分条件でもあることがわかる．以上により，$\angle BAC$ の大きさとしてありうるのは $30°$ および $150°$ である． $\qquad \square$

解答 5.27

辺 BC の中点を M とする．

まず，$\angle A < 60°$ を示す．$\alpha = \angle A$ とおけば，

$$\angle BOC = 2\angle BAC = 2\alpha$$

であり，また

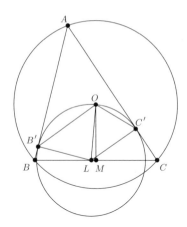

$$\angle B'OC' = \frac{1}{2}(360° - \angle B'LC') = 180° - \frac{1}{2}(180° - \angle B'AC') = 90° + \frac{1}{2}\alpha$$

が成り立つ. いま $\angle B'OC' > \angle BOC$ であることから $90° + \frac{1}{2}\alpha > 2\alpha$ であり, $\alpha < 60°$ が示された.

三角形 ABC の外接円の半径を R としたとき, $OL > \frac{1}{2}R$ を示せば十分であるが, これは

$$OL \geqq OM = R\cos\alpha > R\cos 60° = \frac{1}{2}R$$

であるから成り立つ. □

解答 5.29

$\angle B = 80°$, $\angle C = 40°$ と定まることを示す. $x = \angle ABQ = \angle QBC$ とおけば, $\angle QCB = 120° - 2x$ であり, $\angle AQB = 120° - x$, $\angle APB = 150° - 2x$ もわかる.

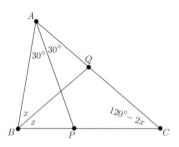

正弦定理を用いれば, 次のように計算できる.

$$BP = AB \cdot \frac{\sin 30°}{\sin(150° - 2x)}, \quad AQ = AB \cdot \frac{\sin x}{\sin(120° - x)}, \quad QB = AB \cdot \frac{\sin 60°}{\sin(120° - x)}.$$

よって，条件 $AB + BP = AQ + QB$ は

$$1 + \frac{\sin 30°}{\sin(150° - 2x)} = \frac{\sin x + \sin 60°}{\sin(120° - x)}$$

と表現できる．この時点で，もともとは幾何の問題だったのが，IMO の第 5 問に据えるにはまったくふさわしくない単なる代数的な方程式へ，完全に帰着された．ここからの解法は多くあるが，そのうちの 1 つを提示する．

まず，次の式が成り立つ．

$$\sin x + \sin 60° = 2 \sin\left(\frac{1}{2}(x + 60°)\right) \cos\left(\frac{1}{2}(x - 60°)\right).$$

一方で，$\sin(120° - x) = \sin(x + 60°)$ および

$$\sin(x + 60°) = 2 \sin\left(\frac{1}{2}(x + 60°)\right) \cos\left(\frac{1}{2}(x + 60°)\right)$$

に注意すれば，

$$\frac{\sin x + \sin 60°}{\sin(120° - x)} = \frac{\cos\left(\frac{1}{2}x - 30°\right)}{\cos\left(\frac{1}{2}x + 30°\right)}$$

が成り立つ．計算を単純にするため $y = \frac{1}{2}x$ とおくと，

$$\frac{\cos(y - 30°)}{\cos(y + 30°)} - 1 = \frac{\cos(y - 30°) - \cos(y + 30°)}{\cos(y + 30°)} = \frac{2 \sin 30° \sin y}{\cos(y + 30°)} = \frac{\sin y}{\cos(y + 30°)}$$

となる．よって，解くべき方程式は単に

$$\frac{\sin 30°}{\sin(150° - 4y)} = \frac{\sin y}{\cos(y + 30°)}$$

となった．言いかえれば，

$$\cos(y + 30°) = 2 \sin y \sin(150° - 4y) = \cos(5y - 150°) - \cos(150° - 3y)$$

$$= -\cos(5y + 30°) + \cos(3y + 30°)$$

である．もううまくいきそうだ．$3y + 30°$ が $y + 30°$ と $5y + 30°$ の平均にあたることに注意すれば，

$$\frac{\cos(y + 30°) + \cos(5y + 30°)}{2} = \cos(3y + 30°) \cos 2y$$

が成り立つから，さらに方程式は

$$\cos(3y + 30°)(2 \cos 2y - 1) = 0$$

と変形できる．ここで

$$y = \frac{1}{2}x = \frac{1}{4}\angle B < \frac{1}{4}(180° - \angle A) = 30°$$

に注意すれば，$\cos 2y = \frac{1}{2}$ とはなりえない．これをみたす最小の正の y は 30° だからである．よって $\cos(3y + 30°) = 0$ であり，y としてありうる唯一の値は 20° である．以上により $\angle B = 80°$ および $\angle C = 40°$ であることが示された． $\square$

解答 5.30

条件式は

$$ac + bd = (b + d)^2 - (a - c)^2,$$

さらに

$$a^2 - ac + c^2 = b^2 + bd + d^2$$

と同値である.

ここで, $WX = a$, $XY = c$, $YZ = b$, $ZW = d$, そして

$$WY = \sqrt{a^2 - ac + c^2} = \sqrt{b^2 + bd + d^2}$$

をみたす四角形 $WXYZ$ を考える. 余弦定理により $\angle WXY = 60°$ および $\angle WZY = 120°$ が成り立つから, この四角形は内接四角形である.

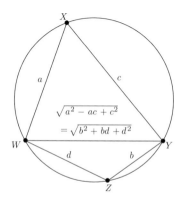

定理 5.10 により,

$$WY^2 = \frac{(ab + cd)(ad + bc)}{ac + bd}$$

が成り立つ.

ここで $ab + cd$ が素数であると仮定し, これを p とおく. $a > b > c > d$ であることに注意すれば, 次の不等式

$$p = ab + cd > ac + bd > ad + bc$$

が (たとえば並べかえ不等式によって) 成り立つ. ここで, $y = ac + bd$, $x = ad + bc$ とおく. 一般に p が素数で, 正の整数 x, y が $x < y < p$ をみたすとき,

$$p \cdot \frac{x}{y}$$

は整数とはなりえない (なぜか?). しかし, $WY^2 = a^2 - ac + c^2$ は明らかに整数であるから, 矛盾が生じた.

よって, $ab + cd$ は素数になりえない. □

解答 6.30

B でない点 P が直線 AB 上にあることは,

$$\frac{p-a}{p-b} = \overline{\left(\frac{p-a}{p-b}\right)}$$

が成り立つことと同値である. $\overline{a} = \dfrac{1}{a}$ かつ $\overline{b} = \dfrac{1}{b}$ なので, 右辺は

$$\frac{\overline{p} - \overline{a}}{\overline{p} - \overline{b}} = \frac{\overline{p} - \frac{1}{a}}{\overline{p} - \frac{1}{b}}$$

に等しい.

分母を払うと, 上の条件が

$$0 = (p-a)\left(\overline{p} - \frac{1}{b}\right) - (p-b)\left(\overline{p} - \frac{1}{a}\right) = (b-a)\overline{p} - \left(\frac{1}{b} - \frac{1}{a}\right)p + \frac{a}{b} - \frac{b}{a}$$

$$= (b-a)\overline{p} - \frac{a-b}{ab}p + \frac{a^2 - b^2}{ab} = \frac{b-a}{ab}\left(ab\overline{p} + p - (a+b)\right)$$

となることがわかり, $a \neq b$ なので $ab\overline{p} + p - (a+b) = 0$ と完全に同値になる. この式は P が B に一致する場合も成立する. 以上で示された. $\qquad\square$

解答 6.32

四角形 $ABCD$ の内接円と辺 AB, BC, CD, DA の接点をそれぞれ W, X, Y, Z とおく. 辺 AC, BD の中点をそれぞれ M, N とする.

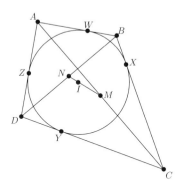

複素数が使えるように, 四角形 $WXYZ$ の外接円を単位円とおくと, ここでの変数は w, x, y, z になる. 補題 6.19 を用いると,

$$a = \frac{2zw}{z+w}, \quad b = \frac{2wx}{w+x}, \quad c = \frac{2xy}{x+y}, \quad d = \frac{2yz}{y+z}$$

がわかるので,

$$m = \frac{a+c}{2} = \frac{1}{2}\left(\frac{2zw}{z+w} + \frac{2xy}{x+y}\right) = \frac{zw(x+y) + xy(z+w)}{(z+w)(x+y)}$$

$$= \frac{wxy + xyz + yzw + zwx}{(z+w)(x+y)}.$$

同様にして，

$$n = \frac{b+d}{2} = \frac{wxy + xyz + yzw + zwx}{(w+x)(y+z)}.$$

これらが I と共線であることを示すには，I の座標が 0 であったことに注意すれば，商 $\dfrac{m-0}{n-0}$ が実数であることを示すだけでよい．ところが，この商は単に

$$\frac{m}{n} = \frac{(w+x)(y+z)}{(z+w)(x+y)}$$

であり，その共役は

$$\overline{\left(\frac{m}{n}\right)} = \frac{\left(\frac{1}{w}+\frac{1}{x}\right)\left(\frac{1}{y}+\frac{1}{z}\right)}{\left(\frac{1}{z}+\frac{1}{w}\right)\left(\frac{1}{x}+\frac{1}{y}\right)} = \frac{\frac{w+x}{wx} \cdot \frac{y+z}{yz}}{\frac{z+w}{zw} \cdot \frac{x+y}{xy}} = \frac{(w+x)(y+z)}{(z+w)(x+y)}$$

である．したがって，$\dfrac{m}{n}$ はその共役に等しいので実数であり，証明が完了した〔あるいは，$-w, x, z, -y$ に定理 6.15 を適用してもよい〕．　□

解答 6.35

$a = -1$, $b = 1$, $z = -\dfrac{1}{2}$ として単位円に落としこみ，s, t を単位円上におく．このとき，Z が中心になることを示す．

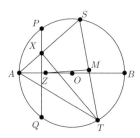

補題 6.11 により，

$$x = \frac{1}{2}\left(s + t - 1 + \frac{s}{t}\right)$$

となるので，

$$4\,\mathrm{Re}\,x + 2 = s + t + \frac{1}{s} + \frac{1}{t} + \frac{s}{t} + \frac{t}{s}$$

は P と Q だけに依存して決まる値であり，X には依存しない．ところが，

$$4\left|z - \frac{s+t}{2}\right|^2 = |s+t+1|^2 = 3 + (4\,\mathrm{Re}\,x + 2)$$

となるので，$\frac{1}{2}(s+t)$ が z から一定の距離にあることが示された. □

解答 6.36

円 ABC を単位円とするのはもちろんだが，さらに適当な回転を施すことで直線 $AD, BE,$ CF が実軸と垂直になるようにしておく．こうすれば $d = \bar{a}, e = \bar{b}, f = \bar{c}$ が成り立つ.

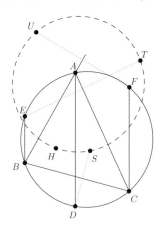

補題 6.11 により，

$$s = b + c - bc\bar{d} = b + c - abc$$

であることが容易にわかる．同様に，

$$t = c + a - abc, \quad u = a + b - abc$$

である．ここで，S, T, U, H が共円であることを示すために定理 6.15 を適用したい.

$$\frac{u - h}{t - h} \div \frac{u - s}{t - s} = \frac{-c - abc}{-b - abc} \div \frac{a - c}{a - b} = \frac{c(a - b)(ab + 1)}{b(a - c)(ac + 1)}$$

が実数であることを示せばよい．これの共役は

$$\frac{\frac{1}{c}\left(\frac{1}{a} - \frac{1}{b}\right)\left(\frac{1}{ab} + 1\right)}{\frac{1}{b}\left(\frac{1}{a} - \frac{1}{c}\right)\left(\frac{1}{ac} + 1\right)} = \frac{\frac{1}{c} \cdot \frac{b-a}{ab} \cdot \frac{1+ab}{ab}}{\frac{1}{b} \cdot \frac{c-a}{ac} \cdot \frac{1+ac}{ac}} = \frac{c(b - a)(1 + ab)}{b(c - a)(1 + ac)} = \frac{c(a - b)(ab + 1)}{b(a - c)(ac + 1)}$$

となり，目標の結果が得られた〔あるいは，$a, b, c, -abc$ に定理 6.15 を適用してもよい〕． □

解答 6.38

円 ABC を単位円として複素数を用いる．$x + y = 0$ かつ $xy + bc = 0$ であることがわかる（後者の式を得るための 1 つの方法は例 6.10 にある）．さらに，$\triangle DPO \sim \triangle PEO$ という条件は単に

$$\frac{d - 0}{p - 0} = \frac{p - 0}{e - 0} \iff p^2 = de$$

と言いかえられるので，

$$(PX \cdot PY)^2 = |p - x|^2 |p - y|^2 = (p - x)(\overline{p} - \overline{x})(p - y)(\overline{p} - \overline{y})$$

$$= \left(p^2 - (x + y)p + xy\right)\left(\overline{p}^2 - (\overline{x} + \overline{y})\overline{p} + \overline{xy}\right)$$

$$= (p^2 + xy)(\overline{p}^2 + \overline{xy}) = (de - bc)(\overline{de} - \overline{bc}) = |de - bc|^2$$

と計算できる. したがって, $PX \cdot PY = |de - bc|$ である. 補題 6.11 を用いて, $d = a + c - \dfrac{ac}{b}$ かつ $e = a + b - \dfrac{ab}{c}$ と計算できるので,

$$de = \left(a + c - \frac{ac}{b}\right)\left(a + b - \frac{ab}{c}\right)$$

$$= a^2 + ab + ac + bc - \frac{a^2 c}{b} - ac - \frac{a^2 b}{c} - ab + a^2$$

$$= 2a^2 - \frac{a^2 c}{b} - \frac{a^2 b}{c} + bc$$

である. したがって,

$$PX \cdot PY = |de - bc| = \left|2a^2 - \frac{a^2 c}{b} - \frac{a^2 b}{c}\right| = \left|-\frac{a^2}{bc}(b - c)^2\right| = \left|-\frac{a^2}{bc}\right||b - c|^2 = BC^2$$

である. $\tan \angle A = \dfrac{3}{4}$ から $\cos \angle A = \dfrac{4}{5}$ が導かれるので, 余弦定理により

$$BC^2 = 13^2 + 25^2 - 2 \cdot 13 \cdot 25 \cdot \frac{4}{5} = 274$$

となり, これが答えである. $\qquad \square$

解答 6.39

まず, 一般に $z = a + bi$ であれば $\tan \arg z = \dfrac{b}{a}$ である (ただし $a = 0$ のときには定義されない) ことに注意する. このことは複素数を幾何学的に解釈するだけでわかる.

$\alpha = 1 + x_1 i$, $\beta = 1 + x_2 i$, $\gamma = 1 + x_3 i$ とすると, $\arg \alpha = \theta_1$, $\arg \beta = \theta_2$, $\arg \gamma = \theta_3$ であるので, $\arg \alpha \beta \gamma$ は $\theta_1 + \theta_2 + \theta_3$ に等しい (偏角はすべて $360°$ を法としてとられている). ところが,

$$\alpha \beta \gamma = 1 + (x_1 + x_2 + x_3)i + (x_1 x_2 + x_2 x_3 + x_3 x_1)i^2 + x_1 x_2 x_3 i^3$$

$$= \left(1 - (x_1 x_2 + x_2 x_3 + x_3 x_1)\right) + (x_1 + x_2 + x_3 - x_1 x_2 x_3)i$$

であることがわかるので,

$$\frac{x_1 + x_2 + x_3 - x_1 x_2 x_3}{1 - (x_1 x_2 + x_2 x_3 + x_3 x_1)} = \tan \arg \alpha \beta \gamma = \tan(\theta_1 + \theta_2 + \theta_3)$$

が得られる.

多変数に拡張し, 同様に計算を繰り返すことで, 次の結果が得られる. すなわち, $x_1 = \tan \theta_1, x_2 = \tan \theta_2, \ldots, x_n = \tan \theta_n$ が与えられたとき,

$$\tan(\theta_1 + \cdots + \theta_n) = \frac{e_1 - e_3 + e_5 - e_7 + \cdots}{1 - e_2 + e_4 - e_6 + \cdots}$$

が得られる. ただし, e_m は m 個の〔相異なる〕x_i の積として可能な $_n\mathrm{C}_m$ 個の項の和であ

る．上の結果は $n = 3$ の特別な場合である． □

解答 6.42

B から辺 AC におろした垂線の足を E，C から辺 AB におろした垂線の足を F とする．

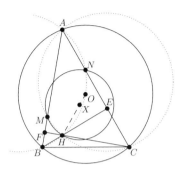

まず，M が F に関して B と対称な点であることを示す．実際，

$$\angle BMH = \angle AMH = \angle ACH = \angle ECF = \angle EBF = \angle HBM$$

であるので，三角形 MHB は二等辺三角形である．$HF \perp MB$ なので，上の主張が示された．同様に，N が E に関して C と対称な点であることもわかる．

それでは，円 ABC を単位円として複素数を用いよう．（補題 6.11 により）$f = \dfrac{1}{2}(a + b + c - ab\overline{c})$ となるから，

$$m = 2f - b = a + c - ab\overline{c}$$

である．同様に，

$$n = a + b - ac\overline{b}$$

である．ここで，三角形 HMN（ただし $h = a + b + c$）の外心 X を計算したい．$m - h = -b - ab\overline{c}$ に対応する点を M'，$n - h = -c - ac\overline{b}$ に対応する点を N' とする．O が $h - h = 0$ に対応することに注意する．このとき，三角形 $M'N'O$ の外心は $x - h$ に対応する．一方で，三角形 $M'N'O$ の外心は補題 6.24 を用いても計算でき，

$$
\begin{aligned}
x - h &= \frac{(m-h)(n-h)\left(\overline{(m-h)} - \overline{(n-h)}\right)}{\overline{(m-h)}(n-h) - (m-h)\overline{(n-h)}} \\[2mm]
&= \frac{(-b - \frac{ab}{c})(-c - \frac{ac}{b})\left((-\frac{1}{b} - \frac{c}{ab}) - (-\frac{1}{c} - \frac{b}{ac})\right)}{(-\frac{1}{b} - \frac{c}{ab})(-c - \frac{ac}{b}) - (-b - \frac{ab}{c})(-\frac{1}{c} - \frac{b}{ac})} \\[2mm]
&= -\frac{(b + \frac{ab}{c})(c + \frac{ac}{b})\left((\frac{1}{b} + \frac{c}{ab}) - (\frac{1}{c} + \frac{b}{ac})\right)}{(\frac{1}{b} + \frac{c}{ab})(c + \frac{ac}{b}) - (b + \frac{ab}{c})(\frac{1}{c} + \frac{b}{ac})}
\end{aligned}
$$

が成り立つ．分母・分子それぞれに ab^2c^2 を掛ければ，

$$x - h = -\frac{bc(a+b)(a+c)\Big(c(a+c) - b(a+b)\Big)}{c^3(a+b)(a+c) - b^3(a+b)(a+c)} = -\frac{bc\big(c^2 - b^2 + a(c-b)\big)}{c^3 - b^3}$$

$$= -\frac{bc(c-b)(a+b+c)}{(c-b)(b^2 + bc + c^2)} = -\frac{bc(a+b+c)}{b^2 + bc + c^2}$$

となる．したがって，

$$x = h - \frac{bc(a+b+c)}{b^2 + bc + c^2} = h\left(1 - \frac{bc}{b^2 + bc + c^2}\right)$$

である．最後に，X, H, O が共線であることを示すために，$\dfrac{x}{h} = 1 - \dfrac{bc}{b^2 + bc + c^2}$ が実数であることを示せばよい．これは $\dfrac{bc}{b^2 + bc + c^2}$ が実数であることを示すことと等価だが，その共役は

$$\overline{\left(\frac{bc}{b^2 + bc + c^2}\right)} = \frac{\frac{1}{bc}}{\frac{1}{b^2} + \frac{1}{bc} + \frac{1}{c^2}} = \frac{bc}{b^2 + bc + c^2}$$

となるので，証明が完了する． $\square$

解答 6.44

円 $ABCD$ を単位円とおいて複素数を用いる．この問題は

$$\frac{\frac{1}{2}p - \frac{1}{2}(o_1 + o_3)}{\frac{1}{2}\overline{p} - \frac{1}{2}(\overline{o_1} + \overline{o_3})} = \frac{\frac{1}{2}p - \frac{1}{2}(o_2 + o_4)}{\frac{1}{2}\overline{p} - \frac{1}{2}(\overline{o_2} + \overline{o_4})}$$

を示すことと等価である．まず，

$$o_1 = \begin{vmatrix} a & a\overline{a} & 1 \\ b & b\overline{b} & 1 \\ p & p\overline{p} & 1 \end{vmatrix} \div \begin{vmatrix} a & \overline{a} & 1 \\ b & \overline{b} & 1 \\ p & \overline{p} & 1 \end{vmatrix} = \begin{vmatrix} a & 1 & 1 \\ b & 1 & 1 \\ p & p\overline{p} & 1 \end{vmatrix} \div \begin{vmatrix} a & 1/a & 1 \\ b & 1/b & 1 \\ p & \overline{p} & 1 \end{vmatrix}$$

$$= \begin{vmatrix} a & 0 & 1 \\ b & 0 & 1 \\ p & p\overline{p} - 1 & 1 \end{vmatrix} \div \begin{vmatrix} a & 1/a & 1 \\ b & 1/b & 1 \\ p & \overline{p} & 1 \end{vmatrix} = \frac{(p\overline{p} - 1)(b - a)}{\frac{a}{b} - \frac{b}{a} + p(\frac{1}{a} - \frac{1}{b}) + \overline{p}(b - a)}$$

$$= \frac{p\overline{p} - 1}{\frac{p}{ab} + \overline{p} - \frac{a+b}{ab}}$$

と計算できる．この式は共役をとる方が扱いやすく，

$$\overline{o_1} = \frac{p\overline{p} - 1}{ab\overline{p} + p - (a + b)}$$

となる．同様に，

$$\overline{o_3} = \frac{p\overline{p} - 1}{cd\overline{p} + p - (c + d)}$$

となる．ここからは，計算を単純にするため $s_1 = a + b + c + d$, $s_2 = ab + bc + cd + da + ac + bd$, $s_3 = abc + bcd + cda + dab$, $s_4 = abcd$ とおく〔これらは基本対称式とよばれる〕．このとき，

$$\overline{o_1} + \overline{o_3} - \overline{p} = (p\overline{p} - 1)\left(\frac{1}{ab\overline{p} + p - (a+b)} + \frac{1}{cd\overline{p} + p - (c+d)}\right) - \overline{p}$$

$$= \frac{(p\overline{p} - 1)\left(2p + (ab+cd)\overline{p} - s_1\right)}{\left(ab\overline{p} + p - (a+b)\right)\left(cd\overline{p} + p - (c+d)\right)} - \overline{p}$$

となる. 上の式の 2 行目における分数を考える. 分母を展開すると

$$\mathcal{D} = s_4\overline{p}^2 + (ab+cd)\,p\overline{p} + p^2 - s_3\overline{p} - s_1 p + (ac+ad+bc+bd)$$

となる. 一方で, 分子は

$$\mathcal{N} = (2p - s_1)(p\overline{p} - 1) + (ab+cd)\overline{p}(p\overline{p} - 1)$$

に等しい. このとき,

$$\overline{o_1} + \overline{o_3} - \overline{p} = \frac{\mathcal{N} - \overline{p}\mathcal{D}}{\mathcal{D}}$$

である. この $\mathcal{N} - \overline{p}\mathcal{D}$ が a, b, c, d の対称式であることを示す. そのためには, $\mathcal{N}$ と $\mathcal{D}$ の項のうち a, b, c, d の対称式でないものを見ればよい. それらは, それぞれ $(ab+cd)\overline{p}(p\overline{p} - 1)$ と $(ab+cd)p\overline{p} + (ac+ad+bd+bc)$ である. 前者から後者の $\overline{p}$ 倍を引くことで, $-s_2\overline{p}$ が得られる. したがって, $\mathcal{N} - \overline{p}\mathcal{D}$ は先ほど述べたように a, b, c, d の対称式である*. ここで, $\mathcal{S} = \mathcal{N} - \overline{p}\mathcal{D}$ とおく.

このとき,

$$\frac{o_1 + o_3 - p}{\overline{o_1} + \overline{o_3} - \overline{p}} = \frac{\overline{\mathcal{S}/\mathcal{D}}}{\mathcal{S}/\mathcal{D}} = \frac{\overline{\mathcal{S}}}{\mathcal{S}} \cdot \frac{\left(ab\overline{p} + p - (a+b)\right)\left(cd\overline{p} + p - (c+d)\right)}{(\frac{1}{ab}p + \overline{p} - \frac{1}{a} - \frac{1}{b})(\frac{1}{cd}p + \overline{p} - \frac{1}{c} - \frac{1}{d})} = \frac{\overline{\mathcal{S}}}{\mathcal{S}} \cdot abcd$$

となる. したがって,

$$\frac{o_1 + o_3 - p}{\overline{o_1} + \overline{o_3} - \overline{p}}$$

が実際に a, b, c, d の対称式であることが導かれる. これにより, もし同じ計算を $\dfrac{o_2 + o_4 - p}{\overline{o_2} + \overline{o_4} - \overline{p}}$ に対して繰り返せば, 完全に同じ結論が得られるに違いないだろう. 以上で証明が完了する.

□

解答 6.45

条件を与えられた形のまま扱うのは嫌なので, 複素数を用いることにする. a を点 A に対応する複素数とするなどして,

$$\frac{a-b}{c-b} \cdot \frac{c-d}{e-d} \cdot \frac{e-f}{a-f}$$

という値を考える. 1 つ目の条件により, この複素数の偏角は $360°$ であるから, この複素数は正の実数である. 2 つ目の条件により, 絶対値が 1 であることもわかる. ゆえに, 実はこれが

---

*実際, もし計算がしたければ, $\mathcal{N} - \overline{p}\mathcal{D} = -s_4\overline{p}^3 + p^2\overline{p} + s_3\overline{p}^2 - s_2\overline{p} - 2p + s_1$ となることを確かめることもできる. しかしながら, これが対称式であること以外の何かに気付く必要はないだろう.

1 に等しいことが導かれる.

というわけで, 状況としては,

$$0 = (a-b)(c-d)(e-f) + (b-c)(d-e)(f-a)$$

であるときに

$$|(b-c)(a-e)(f-d)| = |(c-a)(e-f)(d-b)|$$

が成り立つことを示すことになる. ところが, ここで

$$\Big((a-b)(c-d)(e-f) + (b-c)(d-e)(f-a)\Big)$$
$$-\Big((b-c)(a-e)(f-d) + (c-a)(e-f)(d-b)\Big)$$
$$= \Big((d-e)(f-a) - (a-e)(f-d)\Big)(b-c)$$
$$+ \Big((a-b)(c-d) - (c-a)(d-b)\Big)(e-f)$$
$$= (a-d)(e-f)(b-c) + (c-b)(a-d)(e-f)$$
$$= 0$$

となるので, $(b-c)(a-e)(f-d) = -(c-a)(e-f)(d-b)$ となり, 主張が示された. □

解答 7.33

相似な三角形から $PB = c^2/a$ がただちにわかるので, $P = \left(0, 1 - \dfrac{c^2}{a^2}, \dfrac{c^2}{a^2}\right)$ となる. したがって,

$$M = \left(-1, 2 - \frac{2c^2}{a^2}, \frac{2c^2}{a^2}\right) = (-a^2 : 2a^2 - 2c^2 : 2c^2)$$

となり, 同様に $N = (-a^2 : 2b^2 : 2a^2 - 2b^2)$ もわかる. ゆえに, 直線 BM と直線 CN は $(-a^2 : 2b^2 : 2c^2)$ で交わり, これは明らかに外接円上にある. □

解答 7.34

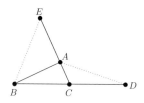

$D = (0, -1, 2)$, $E = (3, 0, -2)$ がすぐにわかるので,

$$\overrightarrow{AD} = (-1, -1, 2), \qquad \overrightarrow{BE} = (3, -1, -2)$$

となる. 距離公式により, $AD = BE$ という条件は

$$-a^2(-1)(2) - b^2(2)(-1) - c^2(-1)(-1)$$

$$= -a^2(-1)(-2) - b^2(-2)(3) - c^2(3)(-1),$$

すなわち

$$2a^2 + 2b^2 - c^2 = -2a^2 + 6b^2 + 3c^2$$

となる．これを整理すれば $a^2 = b^2 + c^2$ となり，結論を得る． □

解答 7.36

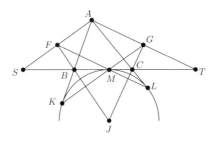

基準三角形を ABC とし，$s = \dfrac{1}{2}(a+b+c)$ とおく．

$AK = s$ であるから $BK = s - c$ となり，$K = \bigl(-(s-c) : s : 0\bigr)$ を得る．また，$J = (-a : b : c)$, $M = (0 : s-b : s-c)$ である．G は直線 CJ 上にあるから $G = (-a : b : t)$ とおき，G, M, K が共線であることを表す行列式として

$$0 = \begin{vmatrix} -a & b & t \\ 0 & s-b & s-c \\ c-s & s & 0 \end{vmatrix}$$

を計算する．これを展開すると

$$0 = -a\bigl(-s(s-c)\bigr) - (s-c)\bigl(b(s-c) - t(s-b)\bigr)$$

となり，$t = \dfrac{b(s-c) - as}{s-b}$ を得る．したがって，

$$G = \bigl(-a(s-b) : b(s-b) : b(s-c) - as\bigr)$$

であるから，

$$T = \bigl(0 : b(s-b) : b(s-c) - as\bigr)$$

となる．ここで $b(s-b) + b(s-c) - as = ba - as = -a(s-b)$ であるから，

$$T = \left(0, -\frac{b}{a}, 1 + \frac{b}{a}\right)$$

がわかる．よって $CT = b$ であり，同様に $BS = c$ となる．これらによりただちに $MT = MS$ を確かめられる． □

解答 7.38

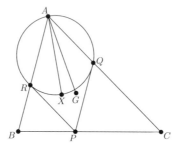

$P = (0, s, t)$（ただし $s + t = 1$）とおく．このとき $Q = (s, 0, t)$ である．これは，$[AQB] = [APB]$ であることから，正規化された重心座標の第 3 成分が等しくなければならないことにより従う．同様にして $R = (t, s, 0)$ も得られる．三角形 AQR の外接円の方程式は，実数 u, v, w を用いて

$$-a^2yz - b^2zx - c^2xy + (x + y + z)(ux + vy + wz) = 0$$

と書ける．これに A の座標を代入することで $u = 0$ を，Q を代入することで $wt = b^2st$，すなわち $w = b^2s$ を，R を代入することで $vs = c^2st$，すなわち $v = c^2t$ を得るので，外接円の方程式は

$$-a^2yz - b^2zx - c^2xy + (x + y + z)(c^2ty + b^2sz) = 0$$

となる．

ここで A 類似中線と外接円の交点について考える．この交点を $X = (k : b^2 : c^2)$ とおき，この k の値が s にも t にもよらないことを示したいが，これは上の方程式に X を代入することで

$$-a^2b^2c^2 - 2b^2c^2k + (k + b^2 + c^2)(b^2c^2)(s + t) = 0$$

が得られることから明らかである．これが k についての 1 次方程式であること，および $s + t = 1$ であることに注意すれば，これは k についてちょうど 1 つの解をもつ．具体的な k を計算するまでもない（ちなみに，実際の k の値は $-a^2 + b^2 + c^2$ である）．　　　□

解答 7.42

A 傍接円と辺 BC の接点を X_A とすると，$X_A = (0 : s - b : s - c)$ であり，また補題 4.40 により直線 AX_A と直線 AT_A は等角共役である．直線 AX_A, BX_B, CX_C はナーゲル点 $(s - a : s - b : s - c)$ で交わるから，直線 AT_A, BT_B, CT_C はナーゲル点の等角共役点 $\left(\dfrac{a^2}{s-a} : \dfrac{b^2}{s-b} : \dfrac{c^2}{s-c}\right)$ で交わる．

この点が直線 IO 上にあることを示したい．$I = (a : b : c)$, $O = (a^2S_A : b^2S_B : c^2S_C)$ であるから，これは

$$0 = \begin{vmatrix} \dfrac{a^2}{s-a} & \dfrac{b^2}{s-b} & \dfrac{c^2}{s-c} \\ a^2S_A & b^2S_B & c^2S_C \\ a & b & c \end{vmatrix}$$

が成り立つことを示すのと等価である．このまま展開すると大やけどをしそうなので，因数をくくりだすと

$$\frac{(abc)^2}{K^2/s}\begin{vmatrix}(s-b)(s-c) & (s-c)(s-a) & (s-a)(s-b) \\ S_A & S_B & S_C \\ 1/a & 1/b & 1/c\end{vmatrix},$$

すなわち

$$\frac{abc}{16K^2/s}\begin{vmatrix}4(s-b)(s-c) & 4(s-c)(s-a) & 4(s-a)(s-b) \\ 2S_A & 2S_B & 2S_C \\ 2bc & 2ca & 2ab\end{vmatrix}$$

となる（ただし，$K^2/s = (s-a)(s-b)(s-c)$ である）．ここで

$$4(s-b)(s-c) = a^2 - (b-c)^2 = a^2 + 2bc - b^2 - c^2 = -2S_A + 2bc$$

であるから，この行列式が 0 となることがただちに従い（第 1 行が第 2 行と第 3 行の差であるため），結論を得る． □

解答 7.44

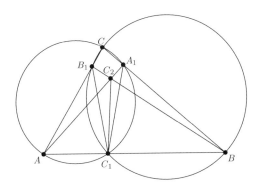

　重心座標を用いる．$A = (1, 0, 0)$, $B = (0, 1, 0)$, $C = (0, 0, 1)$ とし，$a = BC$, $b = CA$, $c = AB$ とおく．求める定点が

$$(a^2 - b^2 + c^2 : -a^2 + b^2 + c^2 : -c^2)$$

であることを示す．

　$C_1 = (u, v, 0)$ とおく．B, C_1, B_1, C が共円であることから，方べきの定理により $AB_1 = \frac{c^2 v}{b}$ が従うので，

$$B_1 = \left(1 - \frac{c^2 v}{b^2}, 0, \frac{c^2 v}{b^2}\right)$$

となる．同様に

$$A_1 = \left(0, 1 - \frac{c^2 u}{a^2}, \frac{c^2 u}{a^2}\right)$$

であるから，直線 AA_1 と直線 BB_1 の交点である C_2 の座標は

$$C_2 = \left(\frac{b^2}{v} - c^2 : \frac{a^2}{u} - c^2 : c^2\right)$$

となる．よって直線 $C_1 C_2$ の方程式は

$$\begin{vmatrix} x & y & z \\ u & v & 0 \\ \dfrac{b^2}{v} - c^2 & \dfrac{a^2}{u} - c^2 & c^2 \end{vmatrix} = 0$$

であり，第 1 行について展開すると $x(vc^2) - y(uc^2) + z(a^2 - uc^2 - b^2 + vc^2) = 0$ となる．ここで，$v = 1 - u$ を代入して u について整理すると

$$(-x - y - 2z)c^2 u + c^2 x + z(a^2 - b^2 + c^2) = 0$$

を得るので，この直線は u の値によらず，すなわち C_1 の位置によらず $-x - y - 2z = 0$ かつ $c^2 x + (a^2 - b^2 + c^2)z = 0$ をみたす点 $(a^2 - b^2 + c^2 : -a^2 + b^2 + c^2 : -c^2)$ を通ることがわかる． □

解答 7.47

$A_1 = (1, 0, 0)$, $A_2 = (0, 1, 0)$, $A_3 = (0, 0, 1)$ とおき，$a = A_2 A_3$ などとする．また，$A_4 = (p, q, r)$（$p + q + r = 1$）とおく．以下，$T = a^2 qr + b^2 rp + c^2 pq$ と略記する．

三角形 $A_2 A_3 A_4$ の外接円の方程式が

$$-a^2 yz - b^2 zx - c^2 xy + (x + y + z)\left(\frac{T}{p}x\right) = 0$$

となることがわかるので，補題 7.23 により

$$O_1 A_1^2 - r_1^2 = (1 + 0 + 0) \cdot \frac{T}{p} \cdot 1 = \frac{T}{p}$$

を得る．同様にして

$$O_2 A_2^2 - r_2^2 = \frac{T}{q} \quad \text{および} \quad O_3 A_3^2 - r_3^2 = \frac{T}{r}$$

となる．最後に，円 $A_1 A_2 A_3$ の方程式 $-a^2 yz - b^2 zx - c^2 xy = 0$ の左辺に $A_4 = (p, q, r)$ を代入することで $O_4 A_4^2 - r_4^2 = -T$ を得る．したがって，$p + q + r = 1$ に注意すれば，与式の左辺は

$$\frac{p}{T} + \frac{q}{T} + \frac{r}{T} - \frac{1}{T} = 0$$

となる． □

解答 7.49

$D = (0 : 1 : t)$, $E = (0 : t : 1)$ とおく．P の等角共役点を Q とすると，これは明らかに直線 AE 上にあり，ある k を用いて $Q = (k : t : 1)$ と書ける．このとき $P = \left(\dfrac{a^2}{k} : \dfrac{b^2}{t} : c^2\right)$ となる．ゆえに，$PD \parallel AE$ であるから，直線 AE 上の無限遠点 $(-(1 + t) : t : 1)$ が直線 PD 上の無限遠点でもあることが従い，これにより

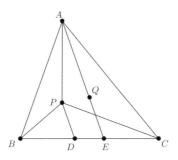

$$0 = \begin{vmatrix} a^2/k & b^2/t & c^2 \\ 0 & 1 & t \\ -(1+t) & t & 1 \end{vmatrix}$$

を得る. これは

$$0 = \begin{vmatrix} a^2/k & b^2/t & c^2 \\ 0 & 1 & t \\ -(1+t) & 1+t & 1+t \end{vmatrix} = (1+t)\begin{vmatrix} a^2/k & b^2/t & c^2 \\ 0 & 1 & t \\ -1 & 1 & 1 \end{vmatrix}$$

と変形でき, 行列式を展開すれば

$$0 = a^2(1-t) + k(c^2 - b^2)$$

が従うので, 補題 7.19 により $BQ = QC$ を得る. ゆえに $\angle QBC = \angle QCB$ であるから, $\angle PBA = \angle PCA$ がわかる. $\qquad\square$

解答 7.52

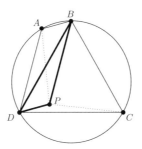

　三角形 PBD を基準三角形とする重心座標を用いる. すなわち, $P = (1,0,0)$, $B = (0,1,0)$, $D = (0,0,1)$ とおく. $A = (au : bv : cw)$ とすると, 角度の条件により C は三角形 PBD に関して A と等角共役であるから, $C = \left(\dfrac{a}{u} : \dfrac{b}{v} : \dfrac{c}{w}\right)$ である.

　以下, $S = au + bv + cw$, $T = au^{-1} + bv^{-1} + cw^{-1}$ と略記する. このとき, $A =$

$\left(\dfrac{au}{S}, \dfrac{bv}{S}, \dfrac{cw}{S} \right)$, $C = \left(\dfrac{au^{-1}}{T}, \dfrac{bv^{-1}}{T}, \dfrac{cw^{-1}}{T} \right)$ と書きなおせる．よって

$$\overrightarrow{AP} = \left(1 - \frac{au}{S}, -\frac{bv}{S}, -\frac{cw}{S} \right) = \left(\frac{bv + cw}{S}, -\frac{bv}{S}, -\frac{cw}{S} \right)$$

であるから，

$$AP^2 = \frac{1}{S^2} \left(-a^2 (bv)(cw) + b^2 (cw)(bv + cw) + c^2 (bv)(bv + cw) \right)$$

$$= \frac{bc}{S^2} \left(-a^2 vw + (bw + cv)(bv + cw) \right)$$

を得る．C についても同様の計算を行うことにより

$$CP^2 = \frac{bc}{T^2} \left(-a^2 (vw)^{-1} + (bw^{-1} + cv^{-1})(bv^{-1} + cw^{-1}) \right)$$

$$= \frac{bc}{T^2 (vw)^2} \left(-a^2 vw + (bw + cv)(bv + cw) \right)$$

が得られる．

$AP^2 = CP^2$ の両辺にある $-a^2 vw + (bw + cv)(bv + cw)$ という因子を打ち消したい．この因子が 0 でないことは，P が四角形 $ABCD$ の内部にあることにより $AP \neq 0$, $CP \neq 0$ であることから確認できる．よって，この操作は可能であり，$AP^2 = CP^2$ と $S^2 = T^2 (vw)^2$ が等価であることがわかる．

一方で四角形 $ABCD$ が内接四角形であることは，ある実数 γ が存在して

$$-a^2 yz - b^2 zx - c^2 xy + (x + y + z)(\gamma x) = 0$$

が A, C の両方を通ることと同値である（実際，これは B, D を通る円の束である）．この式に $A = (au : bv : cw)$, $C = (au^{-1} : bv^{-1} : cw^{-1})$ を代入することで，

$$\gamma = \frac{a^2 (bv)(cw) + b^2 (cw)(au) + c^2 (au)(bv)}{auS}$$

$$= \frac{a^2 (bv^{-1})(cw^{-1}) + b^2 (cw^{-1})(au^{-1}) + c^2 (au^{-1})(bv^{-1})}{au^{-1}T}$$

と等価であることがわかる．上式はさらに

$$abc \frac{uvwT}{auS} = abc \cdot \frac{(uvw)^{-1}S}{au^{-1}T}$$

と書きなおせ，これは明らかに $S^2 = T^2 (vw)^2$ と等価である．

以上により，$AP = CP$ が成り立つことと四角形 $ABCD$ が内接四角形であることが同値であることが示された． $\square$

C.3 第8章から第10章までの解答

解答 8.24

A を中心として反転する．示すべきは B^*, C^*, D^* が共線であることである．反転によって，2本の平行な直線と2つの接する円からなる，次のような図ができる．

ω_3^*, ω_4^* の中心をそれぞれ O_1, O_2 とすると，O_1, C^*, O_2 は共線である．また，$B^* O_1 =$

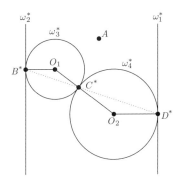

C^*O_1 および $D^*O_2 = C^*O_2$ が成り立つ. さらに, $B^*O_1 \parallel D^*O_2$ であるから, $\angle B^*O_1C^* = \angle C^*O_2D^*$ が成り立つ. したがって, 三角形 $B^*O_1C^*$ と三角形 $C^*O_2D^*$ は相似であるから, B^*, C^*, D^* が共線であることが示された. □

解答 8.27

線分 AB を直径とする円に関して反転する. 点 A, B, C, D は固定され, K^* は直線 AC と BD の交点となり, M^* は直線 AB と三角形 OCD の外接円の交点となる. 示すべきは $\angle K^*M^*O = 90°$ が成り立つことであるが, これは三角形 OCD の外接円が三角形 K^*AB の九点円であることから従う. □

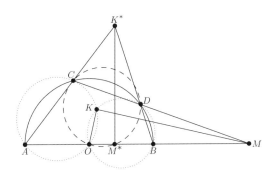

解答 8.30

半直線 QP が三角形 ABC の外接円と Q でない点 X で交わるとする. $\angle IXA = \angle QXA = 90°$ であるから, X は四角形 $AFIE$ の外接円上にある.

三角形 ABC の内接円に関して反転する. A^*, B^*, C^* は三角形 DEF の各辺の中心であり, 三角形 $A^*B^*C^*$ の外接円は三角形 DEF の九点円である. さらに, X^* は直線 EF, XI 上にあるから, $P = X^*$ である. よって P も九点円 $A^*B^*C^*$ 上にあるから, P は D から直線 EF におろした垂線の足である. □

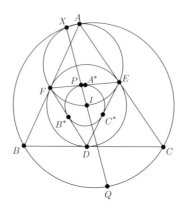

解答 8.31

まず，直線 CQ と辺 AB の交点を Q_1 とする．相似拡大により，Q_1 は C 傍接円と辺 AB の接点であることがわかる．

C を中心とする半径 $\sqrt{CA \cdot CB}$ の円に関する反転を行い，さらに $\angle C$ の二等分線に関して対称移動させる写像を Ψ とする．補題 8.16 により，Ψ は A と B を入れかえる．さらに，直線 AB と円 ABC を入れかえる．よって，この写像は C 傍接円と C 混線内接円 ω を入れかえ，P と Q_1 を入れかえる．すると直線 CP と直線 CQ_1 は三角形 ABC に関して等角共役であるから，$\angle ACP = \angle BCQ_1$ である．$\angle BCQ_1 = \angle BCQ$ であるから，題意は示された． □

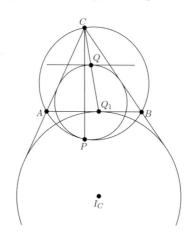

解答 8.36

線分 HQ, AH の中点をそれぞれ N, T とし，Γ の中心を O とする．三角形 ABC の九点円上に点 L を $\angle HML = 90°$ をみたすようにとる．H を中心とし，Γ と九点円を入れかえる負

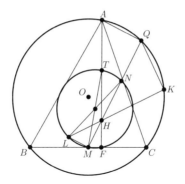

の反転〔反転と対称移動の合成〕によって，A が F に，K が L に，Q が M にうつる．$LM \parallel AQ$ であるから $LA = LQ$ が成り立つことを示せばよい．いま，線分 MT は九点円の直径であるから，四角形 $LTNM$ は長方形である．九点円の中心は線分 OH の中点であるから，直線 LT は O を通る．以上により示された． □

解答 8.37

ω_2 の中心を P とする．$\angle OFB + \angle OGB = 180°$ が成り立つことを示そう．

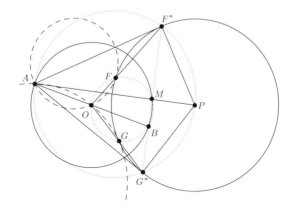

まず，ω_1 に関する反転によって，F が F^* に，G が G^* にうつるとする．この反転は ω_2 を固定するから，直線 AF^*，AG^* は ω_2 に接する．B が直線 F^*G^* 上にあることを示せば，$\angle OBF^* + \angle OBG^* = 180°$ が従うから十分である．

直線 AP と ω_1 の交点のうち A でない方を M とすると，線分 AB は ω_1 の直径であるから $AP \perp BM$ である．また，ω_1 は ω_2 と直交するから，ω_2 に関する反転で A は M にうつる．A は F^*，G^* それぞれでの ω_2 の接線の交点であるから，四角形 PF^*AG^* は内接四角形であり，F^*，M，G^* が共線であることが従う．（対称性により）$AP \perp F^*G^*$ となることとあわせて，B が直線 F^*G^* 上にあることが示された． □

解答 9.40

直線 AD と三角形 ABC の内接円の交点のうち D でない方を X とする.

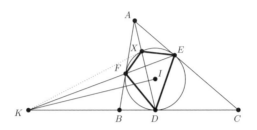

　直線 AF, AE は内接円への接線であるから,（補題 9.9 により）四角形 $XFDE$ は調和四角形である. K が D における内接円の接線と直線 EF の交点であることとあわせると, 直線 KX も内接円の接線であることが導かれる. したがって $KI \perp XD$ が示された. 実は K は直線 XD の極である. □

解答 9.44

直線 EF と直線 BC の交点を X, 直線 EF と直線 AH の交点を Y とする.

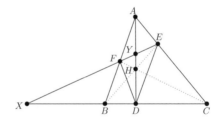

　三角形 ABC に補題 9.11 を適用することで $(X, D; B, C) = -1$ を得る. A を中心とする射影によって $(X, Y; E, F) = -1$ を得る（もしくは三角形 AEF に補題 9.11 を適用してもよい）. いずれにせよ, $\angle XDY = 90°$ であるから, 補題 9.18 により直線 DH は $\angle FDE$ を二等分する. □

解答 9.46

　これはまさに 9.40 の拡張である. 内接円と辺 AC, AB の接点をそれぞれ E, F とし, 直線 EF と直線 BC の交点を K とおくと, 補題 9.40 により直線 IP は K を通る. チェバ線 AD, BE, CF に補題 9.11 を適用することで, $(K, D; B, C) = -1$ が得られる. いま $\angle KPD = 90°$ であるから, 補題 9.18 により直線 PD は $\angle BPC$ を二等分する. □

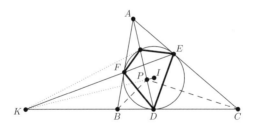

解答 9.47

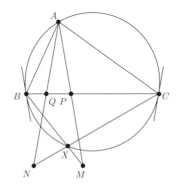

直線 BM と三角形 ABC の外接円の交点のうち B でない方を X とする.

角度の条件により,円 ABC の B における接線は直線 AP と平行である.直線 AP 上の無限遠点を P_∞ とすると,

$$-1 = (A, M; P, P_\infty) \overset{B}{=} (A, X; C, B)$$

が成り立つ.同様に,直線 CN と三角形 ABC の外接円の交点のうち C でない方を Y とすれば,$(A, Y; B, C) = -1$ である.したがって $X = Y$ であるから,題意は示された. □

解答 9.49

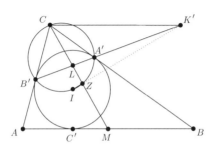

線分 AB の中点を M とする. I から直線 CM におろした垂線の足を Z とすれば, $C, B',$ I, Z, A' はすべて線分 CI を直径とする円上にある. 直線 $A'B'$ 上に点 K' を $K'C \parallel AB$ を みたすようにとる. $\angle K'ZL$ が直角であることを示せば, $K' = K$ が示される.

直線 AB 上の無限遠点を P_∞ とすれば, A, B, M, P_∞ は調和点列である. C を中心として 直線 $A'B'$ に射影することで, B', A', L, K' が調和点列であることがわかる.

いま点 Z について考える. $\angle CZB' = \angle CIB' = \angle A'IC = \angle A'ZC$ であるから, 直線 ZC は $\angle A'ZB'$ を二等分する. したがって補題 9.18 により $\angle LZK' = 90°$ が示された. □

解答 9.50

図 9.9A を参照のこと. $AGEEBC$ にパスカルの定理を適用すると, $BC \cap GE$ が d 上にあ ることがわかる. 直線 AB に関して G と対称な点を G' とする. 今度は $CG'GEBB$ にパスカ ルの定理を適用すると, $CG' \cap BE$ が d 上にあることがわかるから, 交点は F と一致する. □

解答 9.54

$T = AD \cap CE, O = BT \cap AC, K = LH \cap GM$ とする. A, D, E, C が共円であるという 条件は実は過剰なので無視する.

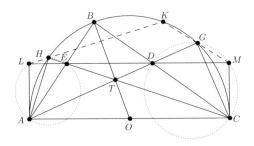

いま, 三角形 ABC の外接円を固定し, O をその外接円の中心にうつす射影変換を行う. こ のとき, 線分 AC は直径となり, T は三角形 ABC の B 中線上にあるので, $DE \parallel AC$ が成り 立つ.

したがって, 四角形 $ALMC$ は長方形である. いま, 四角形 $ALHE, DGMC$ は内接四角形 であるから, 次のような角度追跡によって $\angle HKG$ が計算できる.

$$\angle HKG = \angle LKM = -\angle KML - \angle MLK = -\angle GMD - \angle ELH$$
$$= -\angle GCD - \angle EAH = -\angle GCB - \angle BAH = -\angle GAB - \angle BAH$$
$$= -\angle GAH = -\angle GBH = \angle HBG.$$

したがって, H, B, K, G は共円であり, 以上により示された. □

解答 9.56

$\omega, \omega_1, \omega_2$ の根心, すなわち直線 AG, CH, EF の交点を K とする. $R = AC \cap GH$ とし て, R が直線 BD 上にあることを示せばよい. 四角形 $ABCD$ にブロカールの定理を適用する ことで, R の極線が直線 EF であることを示せば十分である.

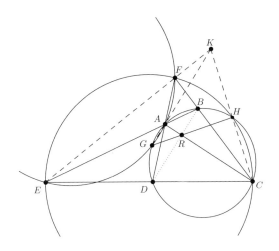

　四角形 $ACGH$ にブロカールの定理を適用することで，R の極線が直線 AC の極および点 $K = AG \cap CH$ を通ることがわかる．一方で，四角形 $ABCD$ にブロカールの定理を適用することで，直線 AC の極は直線 EF 上にあることがわかる．さらに定義により K もこの直線上にある．したがって，直線 AC の極と点 K はともに直線 EF 上にある．以上により R の極線はたしかに直線 EF であるから，題意は示された．　　　　　　　　　　　□

解答 10.19

　線分 AB を直径とする円 ω_1 と，線分 CD を直径とする円 ω_2 を考える．また，四角形 $ABCD$ の外接円を ω とする．

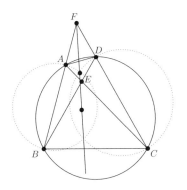

　定理 10.5 の証明において，2 つの垂心が ω_1 と ω_2 の根軸（すなわち完全四辺形 $ADBC$ のシュタイナー線）上にあることはすでに示した．よって，F もこの根軸上にあることを示せばよい．ところがこれは，F がたしかに 3 円 $\omega_1, \omega_2, \omega$ の根心であることから従う．　　　　　　　　□

解答 10.20

半直線 QX と ω_1 の交点のうち Q でない方を Y' とする．$PY' \parallel BD$ が成り立つことを示せば，Q, X, Y が共線であることがわかる（Z についても同様に扱える）．

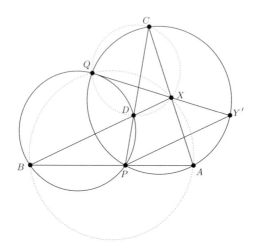

条件により Q は完全四辺形 $DXAP$ のミケル点である．よって，四角形 $CQDX$ および四角形 $BQXA$ は内接四角形であるから，

$$\angle QY'P = \angle QCP = \angle QCD = \angle QXD = \angle QXB$$

となり，$PY' \parallel BX$ が従う． □

解答 10.22

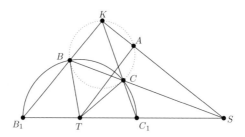

直線 BB_1 と直線 CC_1 の交点を K とする．角度追跡によって，

$$\angle BKC = \frac{1}{2}(180° - \angle BTC) = \angle BAC$$

であることがわかる．したがって，B, K, A, C は共円である．

ここで，四角形 B_1BCC_1 に対して定理 10.12 を適用することを考える．いま，以下のことがわかっている．

- A は円 KBC 上にある.

- $\angle TAS = 90°$.

- 三角形 ABC は鋭角三角形であることから $\angle BAC < 90°$ であり，これにより A は四角形 B_1BCC_1 の外部にある.

　四角形 B_1BCC_1 を固定したとき，これらの条件から点 A が一意に定まることが容易にわかる．一方で，四角形 B_1BCC_1 のミケル点もこれら 3 つの条件をすべてみたす．よって A はミケル点であり，これにより三角形 ABC と三角形 AB_1C_1 は相似である. □

解答 10.23

　完全四辺形 $ADBC$ のミケル点を M とする．つまり，三角形 APD と三角形 BPC それぞれの外接円の交点のうち P でない方を M とする.

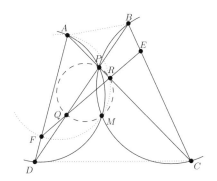

　$\dfrac{AF}{AD} = \dfrac{CE}{CB}$ であるから，M は線分 FA を線分 EC にうつす回転相似の中心でもあるので，これは完全四辺形 $FACE$ のミケル点でもある．R が直線 FE と直線 AC の交点であることから，四角形 $FARM$ は内接四角形である.

　ここで完全四辺形 $AFQP$ に注目しよう．円 DFQ および円 RAF はともに M を通るから，M は実は $AFQP$ のミケル点でもある．これにより M は円 PQR 上にもある.

　よって，M が求める定点となる. □

解答 10.26

　この問題で鍵となるのは，$MN \parallel AD$ を示すことである．まず，円 ABC において線分 LX が直径となるような点 X をとる.

　$\angle XAD = \angle XMD = 90°$ であるから，A, M, D, X は共円である．したがって，X は完全四辺形 $PQBC$ のミケル点であり，線分 QP を線分 BC にうつす回転相似の中心となる．これにより，X は線分 NP を線分 MC にうつす回転相似の中心となる．つまり，X は線分 NM を線分 PC にうつす回転相似の中心でもある.

　よって，三角形 XNM と三角形 XPC は同じ向きに相似であるから，

$$\angle NMX = \angle PCX = \angle ACX = \angle ALX$$

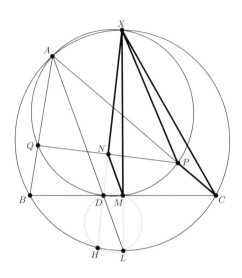

が成り立ち，$MN \parallel AL$ が従う．これを用いて $\angle HNM = \angle HDL = \angle HML$ とすることで，
題意は示された． □

解答 10.29

　線分 EF の中点を M とすると，M, G, H は完全四辺形 $ADBC$ のニュートン線上にある．
$P = AB \cap CD$ とし，直線 EF が辺 AB, CD と交わる点をそれぞれ X, Y とする．

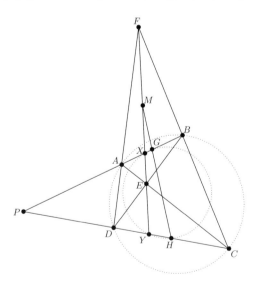

このとき，以下のように調和点列が存在することがわかる．

$$(X, Y; E, F) = (P, X; A, B) = (P, Y; D, C) = -1$$

補題 9.17 を用いれば，

$$PX \cdot PG = PA \cdot PB = PD \cdot PC = PY \cdot PH$$

とわかる．したがって，X, Y, G, H は共円である．

ここで，$(F, E; X, Y) = -1$ に対して再び補題 9.17 を適用すれば

$$ME^2 = MX \cdot MY = MG \cdot MH$$

となり，これにより題意は示された． $\square$

解答 10.30

対称性により $\angle A_3C_3B_3 = \angle A_2C_2B_2$ が成り立つことを示せば十分であるが，そのためには $\angle AC_3B_3 = \angle A_2BC$ が成り立つことを示せば十分である．なぜなら，同様の議論によって $\angle BC_3A_3 = \angle B_2AC$ も成り立つことがわかるので，

$$\angle A_3C_3B_3 = \angle A_3C_3A + \angle AC_3B_3 = \angle A_3C_3B + \angle AC_3B_3$$

となり，これと

$$\angle CAB_2 + \angle A_2BC = \angle A_2C_2C + \angle CC_2B_2 = \angle A_2C_2B_2$$

とあわせることで $\angle A_3C_3B_3 = \angle A_2C_2B_2$ が得られるからである．

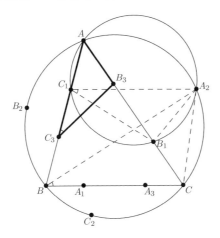

A_2 を中心とする回転相似を考えることで，三角形 A_2C_1B と三角形 A_2B_1C が相似であることがわかる．これにより

$$\frac{A_2B}{A_2C} = \frac{A_2C_1}{A_2B_1} = \frac{C_1B}{B_1C} = \frac{AC_3}{AB_3}$$

が成り立ち，さらに $\angle BA_2C = \angle BAC = \angle C_3AB_3$ である．B_1, C_1 が三角形の辺上にあ

るとしたことから，A_2 が直線 BC に関して A と同じ側にあることがわかり，これにより $\angle C_3AB_3 = \angle BA_2C$ が導かれる．よって，三角形 A_2BC と三角形 AC_3B_3 は同じ向きに相似であるから，$\angle AC_3B_3 = \angle A_2BC$ となり，以上で題意は示された． □

C.4 第 11 章の解答

解答 11.0

楽しんで！[41]

解答 11.1

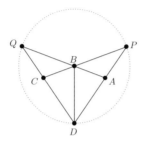

直線 AD と直線 BC の交点を P，直線 AB と直線 CD の交点を Q とする．$2\angle ADB = \angle CBD = \angle BPD + \angle PDB$ であるから，$\angle BPD = \angle BDP$ となり，$BP = BD$ である．同様に $BQ = BD$ である．ここで $BP = BQ$ かつ $BC = BA$ であるから，三角形 QBC と三角形 PBA は合同であり，結論はここからただちに従う． □

解答 11.2

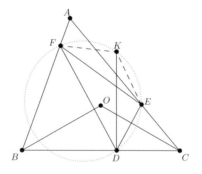

---

41 （訳注）著者による原著の正誤表が https://web.evanchen.cc/geombook.html で公開されている．

まず，$\angle EDF = 180° - \angle BOC = 180° - 2\angle BAC$ であるから，$\angle FDE = 2\angle BAC$ である．一方で $\angle FKE = 2\angle BAC$ も成り立つから，K, F, D, E は共円である．したがって

$$\angle KDB = \angle KDF + \angle FDB = \angle KEF + (90° - \angle DBO)$$
$$= (90° - \angle BAC) + \left(90° - (90° - \angle BAC)\right) = 90°$$

であるから，題意は示された．　　　　　　　　　　　　　　　　　　　　　$\square$

解答 11.3

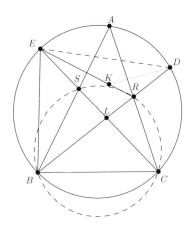

解答 1.　角度追跡により，$\angle DCA = \angle ACE = \angle DBA = \angle ABE$ が得られる．

まず，$BE = BR = BC$ が成り立つことを示そう．これは B を中心とする半径 $BE = BR$ の円を考えると，$\angle ECR = \frac{1}{2}\angle EBR$ により C はその円上にあることから示される．

いま，直線 CA は $\angle ECD$ を，直線 DB は $\angle EDC$ を二等分するから，R は三角形 CDE の内心である．すると K は三角形 LED の内心であるから，

$$\angle ELK = \frac{1}{2}\angle ELD = \frac{\angle BEC + \angle EBD}{2} = \frac{\angle ECB + \angle ECD}{2} = \frac{1}{2}\angle BCD$$

となり，示された．　　　　　　　　　　　　　　　　　　　　　　　　　$\square$

解答 2.

$$\angle EBA = \angle ECA = \angle SCR = \angle SBR = \angle ABR$$

であるから，直線 BA は $\angle EBR$ を二等分する．よって，E と R は直線 AB に関して対称であり，特に $\angle BEA = \angle BRA$ であるから，

$$\angle BCR = \angle BCA = \angle BEA = -\angle BRA = -\angle BRC$$

となり，$BE = BR = BC$ が得られる．あとは解答 1 と同様である．　　　$\square$

解答 11.4

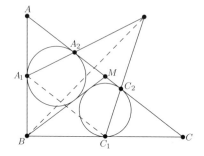

$MA = MB = MC$ であるから，A_1 と C_1 はそれぞれ線分 AB，BC の中点である．特に $A_1C_1 \parallel AC$ である．さらに，$\angle AA_1A_2 = \angle AA_2A_1 = \angle C_1A_1A_2$ であるから，直線 A_1A_2 は三角形 A_1BC_1 の $\angle A_1$ の外角の二等分線である．同様に直線 C_1C_2 は $\angle C_1$ の外角の二等分線である．したがってこれらは B 傍心で交わり，これは $\angle BAC$ の二等分線上にある．$\qquad\square$

解答 11.5

次の図は正確であるとは限らない．

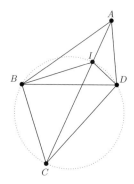

三角形 ABD の内心を I とすると，$\angle DIB = 90° + \dfrac{1}{2}\angle DAB = 145°$ であるから，四角形 $IBCD$ は内接四角形である．したがって，$\angle IBD = \angle ICD = 180° - (55° + 105°) = 20°$ であるから，$\angle ABD = 40°$ である．$\qquad\square$

解答 11.6

もちろん H は γ 上にある（たとえば補題 1.17 を参照のこと）．ここで B を中心とする半径 $\sqrt{BH \cdot BE} = \sqrt{BF \cdot BA} = \sqrt{BD \cdot BC}$ の円に関する反転を考えると，F と A，D と C，H と E の 3 組が入れかわる．つまり，円 γ は直線 EF に，円 ω は直線 DF にうつる．したがって，P と Q は互いにうつりあうから，題意は示された．$\qquad\square$

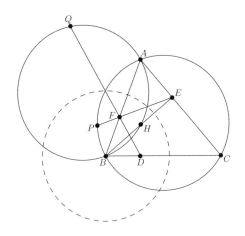

解答 11.7

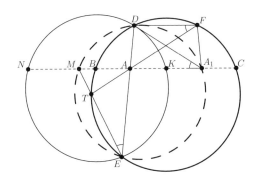

　線分 BC の中点を K とし, K に関して A と対称な点を A_1 とする. F は線分 BC の垂直二等分線に関して D と対称な点であるから, 四角形 DFA_1A は等脚台形である. よって

$$\angle MED = \angle TED = \angle TFD = \angle AFD = \angle AA_1D = \angle MA_1D$$

であるから, M, D, A_1, E は共円である. したがって, 方べきの定理により

$$AD \cdot AE = AM \cdot AA_1 = 2AM \cdot AK = AN \cdot AK$$

であるから, D, K, E, N は共円であり, 以上により示された. □

解答 11.8

　線分 BC の中点を M とする. 補題 1.44 により, 直線 ME, MF は ω と接するから, それぞれ ω_1, ω_2 とも接する. よって M は円 $\omega, \omega_1, \omega_2$ の根心である. すると, ω_1, ω_2 の根軸は D, M を通ることから直線 BC と一致し, 題意は示された. □

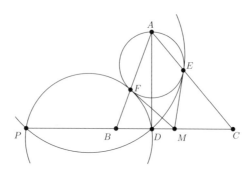

解答 11.9

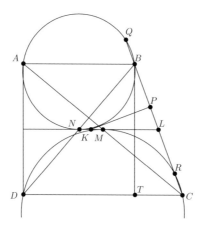

$AB = 2x, CD = 2y$ とし，一般性を失わず $x < y$ としてよい．線分 BC の中点を L とし，$BC = 2l$ とする．線分 QR の中点を P とし，B から直線 DC におろした垂線の足を T とする．

N は直角三角形 ABD の斜辺の中点であるから，$AN = BN$ である．$MN \parallel AB$ であるから，直線 MN は円 ABN に接する．同様に円 DCM にも接する．

三角形 ABC 〔において中点連結定理を適用すること〕により $LM = \dfrac{1}{2}AB$ であるから，

$$LR \cdot LC = LM^2 = \left(\dfrac{1}{2}AB\right)^2 = x^2 \implies LR = \dfrac{x^2}{l}$$

を得られる．同様に $LQ = \dfrac{y^2}{l}$ である．よって

$$PL = \frac{LQ - LR}{2} = \frac{y^2 - x^2}{2l} \quad \text{および} \quad KL = \frac{ML + NL}{2} = x + y$$

を得られる. 以上により

$$\frac{PL}{KL} = \frac{\frac{y^2 - x^2}{2l}}{x + y} = \frac{y - x}{2l} = \frac{TC}{BC}$$

が成り立つ. $\angle KLP = \angle BCT$ とあわせて $\triangle KLP \sim \triangle BCT$ を得る. よって $\angle KPL = \angle BTC = 90°$ である. ところで P は線分 QR の中点であるから, $KQ = KR$ が従う. $\qquad \square$

解答 11.10

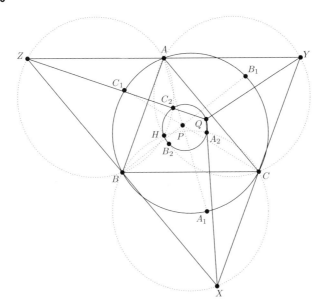

四角形 $XCAB$, $YABC$, $ZBCA$ が平行四辺形となるような点 X, Y, Z をとる. 三角形 ABC と点 P に関するチェバの定理 (三角比版) により,

$$\frac{\sin \angle BAP}{\sin \angle PAC} \cdot \frac{\sin \angle CBP}{\sin \angle PBA} \cdot \frac{\sin \angle ACP}{\sin \angle PCB} = 1$$

であるが, 劣弧 $A_1 C$ と劣弧 $A_2 C$ は合同であるから, $\angle PAC = \angle A_1 AC = \angle CXA_2$ が従う. よって, この式は

$$\frac{\sin \angle BXA_2}{\sin \angle CXA_2} \cdot \frac{\sin \angle CYB_2}{\sin \angle AYB_2} \cdot \frac{\sin \angle AZC_2}{\sin \angle BZC_2} = 1$$

と書きかえられるので, 半直線 XA_2, YB_2, ZC_2 は共点であり, その交点を Q とする.

三角形 ABC の垂心を H とする. 目標の定点が H であること, より強く線分 HQ を直径とする円上に 3 点 A_2, B_2, C_2 があることを示そう. 実際, A_2 は直線 BC に関して円 ABC と対称な円上にあるが, これは線分 HX を直径とする円であるから,

$$\angle HA_2 X = \angle HA_2 Q = 90°$$

が従う. 〔同様の議論が B_2, C_2 にも適用できるので,〕以上により示された. $\qquad \square$

解答 11.11

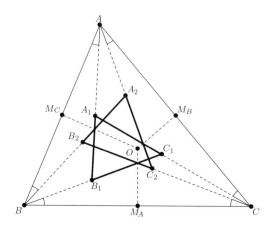

簡単な角度追跡によって

$$\angle B_2 A_2 C_2 = \angle ABA_2 + \angle BAA_2 = \angle BAC$$

が得られる. 同様の計算によって $\triangle A_1 B_1 C_1 \sim \triangle A_2 B_2 C_2 \sim \triangle ABC$ が得られる.

三角形 ABC の外心を O とする. O は直線 $B_2 C_2$, $B_1 C_1$ がなす角の二等分線上, つまり線分 BC の垂直二等分線上にある ($\angle B_1 BC = \angle C_2 CB$ であるから二等辺三角形が得られることに注意). O と直線 $B_2 C_2$, $B_1 C_1$ の距離は等しいので, これを d_a とする. d_b, d_c も同様に定める.

すると, 三角形 $A_1 B_1 C_1$ は三角形 $A_2 B_2 C_2$ と相似である. また, O は三角形 $A_1 B_1 C_1$, $A_2 B_2 C_2$ に関して同じ重心座標

$$(d_a \cdot B_1 C_1 : d_b \cdot C_1 A_1 : d_c \cdot A_1 B_1) = (d_a \cdot B_2 C_2 : d_b \cdot C_2 A_2 : d_c \cdot A_2 B_2)$$

をもたなければならない.

よって O は三角形の相似で自身に対応する. 三角形 $A_1 B_1 C_1$, $A_2 B_2 C_2$ それぞれの O に関する垂足三角形は合同なので, 三角形 $A_1 B_1 C_1$ と三角形 $A_2 B_2 C_2$ も合同である. □

解答 11.12

一般性を失わず $AB < AC$ としてよい.

M に関して B と対称な点を B_1 とし (この点は線分 AC 上にある), $BM \parallel CN$ 上の無限遠点を P_∞ とする. 明らかに

$$-1 = (B_1, B; M, P_\infty) \overset{C}{=} (A, D; M, N)$$

であるが, $\angle MYN = \angle MXN = 90°$ であるから, 補題 9.18 により, M は三角形 AXY の内心である. したがって, $\angle XAM = \angle YAM$ であるから $\angle BAX = \angle CAY$ となり, 以上により示された. □

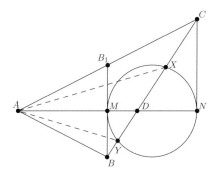

解答 11.13

一般性を失わず $AB < AC$ としてよい. このとき $\angle PQE = 90°$ が成り立つことを示す.

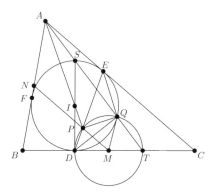

まず D, P, E が共線であることを示す. 線分 AB の中点を N とする. 補題 1.45 により直線 MN, DE, 半直線 AI は 1 点 P' で交わる. P' は三角形 ABC の内部にあり, $\triangle DP'M \sim \triangle DEC$ であるから, $MP' = MD$ である. よって $P' = P$ であるから, D, P, E が共線であることが示された.

内心に関して D と対称な点を S とすると, これは直線 AQ と内接円の交点のうち Q でない方でもある. $T = AQ \cap BC$ とする. このとき T は辺 BC と A 傍接円の接線である (補題 4.9). よって $MD = MP = MT$ であり, 線分 DT を直径とする円を考えることができる. $\angle DQT = \angle DQS = 90°$ であるから, Q もまたこの円上にある.

直線 SD はこの線分 DT を直径とする円と接するから, $\angle PQD = \angle PDS = \angle EDS = \angle EQS$ を得られる. $\angle DQS = 90°$ であるから, $\angle PQE = 90°$ が示された. $\qquad\square$

解答 11.14

明らかに D, E はそれぞれ直線 BI, CI に関して C, B と対称な点である. 線分 BD, CE, BC の中点をそれぞれ X, Y, P とする. たとえば X と P が直線 IB に関して対称であること

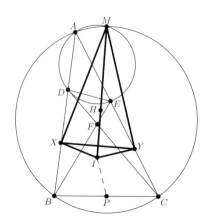

から，$IX = IP = IY$ が成り立つ．

　次に，円 ABC と円 ADE の交点のうち A でない方を T とする．これは線分 BD を線分 CE にうつす回転相似の中心であるが，$BD = CE$ であるからこの相似は合同であるので，$TB = TC$ である．T は円 ABC 上にあり，三角形 TBD と三角形 TEC は同じ向きに相似であるから，$T = M$ である[42]．したがって $MX = MY$ であり，直線 MI は線分 XY の垂直二等分線である．

　すると直線 XY は完全四辺形 $BEDC$ のニュートン線である．I は三角形 FBC の垂心であるから，（シュタイナー線とニュートン線が垂直であることから）直線 MI はシュタイナー線であり，これは定義により H を通る．　　　　　　　　　　　　　　　　　　　　　　□

解答 11.15

　線分 AC の中点を M'，三角形 ABC の外心を O' とする．このとき K, M, L, M' は共円であり（九点円上にあり），（$\angle MO'A = \angle MM'A = 45°$ であるから）A, M, O', M' も共円である．また，$\angle BO'A = 90°$ であるから，O' は線分 AB を直径とする円上にある．すると N はこれら 3 円の根心であるから，A, N, O' は共線である．

　四角形 $BLAO'$ にブロカールの定理を適用すると，直線 LA と直線 BO' の交点を H' としたとき M が三角形 OPH' の垂心であることがわかる．したがって H' は三角形 MOP の垂心であるから，H は H'，すなわち直線 AC と直線 BO' の交点に一致する．

　よって，

$$\frac{\overline{AH}}{\overline{HC}} = \frac{[ABH]}{[HBC]} = \frac{c^2(a^2 + b^2 - c^2)}{a^2(b^2 + c^2 - a^2)}$$

が成り立つ〔定理 4.22 を用いてもよい〕．〔$c = 3640\sqrt{2}$ であるから，〕分母・分子を 280^4 で割

---

[42]（訳注）$TB = TC$ かつ T は円 ABC 上にあるから，T は M の他に，M と円 ABC の中心に関して対称な点 N と一致する可能性がある．しかし $T = N$ の場合，点 D, E はともに $\angle BTC$ の内側にあるから，三角形 TBD と三角形 TEC は同じ向きに相似になりえない．一方で $T = M$ のとき条件をみたすことが確かめられる．

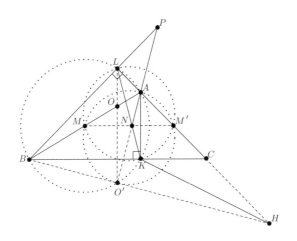

ることで

$$\overline{AH} = \frac{c^2(a^2 + b^2 - c^2)}{a^2(b^2 + c^2 - a^2)} = \frac{338(576 + 98 - 338)}{576(98 + 338 - 576)} = -\frac{169}{120}.$$

したがって

$$\frac{\overline{AC}}{\overline{HC}} = 1 + \frac{\overline{AH}}{\overline{HC}} = -\frac{49}{120} \implies HC = \frac{120}{49} \cdot 1960\sqrt{2} = 4800\sqrt{2}.$$

$\angle KCH = 135°$ に注意して三角形 KCH に対して余弦定理を適用することで,

$$HK^2 = KC^2 + CH^2 - 2KC \cdot CH \cdot \cos 135°$$

$$= 1960^2 + \left(4800\sqrt{2}\right)^2 - 2(1960)\left(4800\sqrt{2}\right)\left(-\frac{1}{\sqrt{2}}\right)$$

$$= 40^2 \left(49^2 + 2 \cdot 120^2 + 2 \cdot 49 \cdot 120\right) = 1600 \cdot 42961 = 68737600$$

を得る. □

解答 11.16

実は線分 $P_A Q_A$ の長さを具体的に計算できる. A を中心とする半径 $s - a$ の円に関する反転を施し(これによって内接円が固定される),続けて $\angle BAC$ の二等分線に関して対称移動することを考えよう. この操作で図形 X がまず X^* に,そして X^+ にうつるとする. 反転後の図を元の図に重ね描きする.

直線 $P_A Q_A$ と ω_A, S_A の交点のうち A でない方をそれぞれ P, Q とする. ω_A^* は S^* と平行な直線である. つまり,直線 PQ と垂直である. さらに,これは $\omega^* = \omega$ と接する.

そして,対称移動によって $\omega^+ = \omega^* = \omega$ がわかるが,直線 PQ はもともと(垂心の等角共役点である)外心 O を通るから,直線 PQ は A から辺 BC におろした垂線にうつる. これは ω_A^+ が直線 BC にほかならないことを意味している! よって,P^+ は実は A から辺 BC におろした垂線の足である.

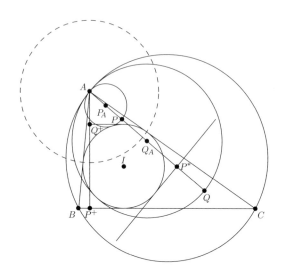

同様に，Q^+ は線分 AP^+ 上の点であって $P^+Q^+ = 2r$ をみたす点である．

これですべての長さを直接計算できる．

$$AP_A = \frac{1}{2}AP = \frac{(s-a)^2}{2AP^+} = \frac{1}{2}(s-a)^2 \cdot \frac{1}{h_a},$$

$$AQ_A = \frac{1}{2}AQ = \frac{(s-a)^2}{2AQ^+} = \frac{1}{2}(s-a)^2 \cdot \frac{1}{h_a - 2r}$$

が成り立つ．ここで，$h_a = \dfrac{2K}{a}$ は A から辺 BC におろした垂線の長さであり，K は三角形 ABC の面積である．すると

$$P_A Q_A = \frac{1}{2}(s-a)^2 \left(\frac{2r}{h_a(h_a - 2r)} \right)$$

である．これを簡単にすると

$$h_a - 2r = \frac{2K}{a} - \frac{2K}{s} = 2K \cdot \frac{s-a}{as}$$

となるから，

$$P_A Q_A = \frac{a^2 r s(s-a)}{4K^2} = \frac{a^2(s-a)}{4K}$$

を得る．したがって，問題は単なる不等式

$$a^2 b^2 c^2 (s-a)(s-b)(s-c) \leqq 8(RK)^3$$

を示すことに帰着された．$abc = 4RK$ および $(s-a)(s-b)(s-c) = \dfrac{1}{s}K^2 = rK$ を用いれば，上の不等式は

$$2(s-a)(s-b)(s-c) \leqq RK \iff 2r \leqq R$$

と変形できるが，これは補題 2.22 によりただちに従う．もしくは，これをシューアの不等式の形

$$abc \geqq (-a+b+c)(a-b+c)(a+b-c)$$

に変形させてもよい． □

解答 11.17

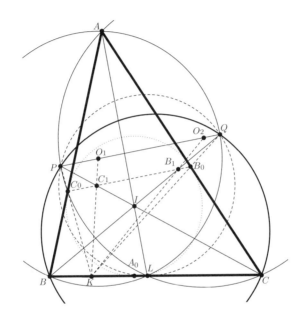

　三角形 ABC の内接円と辺 BC の接点を A_0 とする．まず，補題 1.45 により B_1, C_1 は直線 B_0C_0 上にある．次に，直線 BI は角の二等分線なので $QA = QL$ であるから，（補題 1.18 により）〔あるいは問題 1.34 により〕Q は円 ABL 上にある．同様に P は円 ACL 上にある．

　三角形 $A_0B_0C_0$ と三角形 LQP が相似の位置にあることを示そう．直線 B_0C_0, PQ はともに直線 AL と垂直であるから，$B_0C_0 \parallel PQ$ である．また，$\angle C_0A_0B = \dfrac{180° - \angle B}{2}$ であり，

$$\angle PLB = \angle PAC = \angle PAL + \angle LAC = \frac{1}{2}\angle C + \frac{1}{2}\angle A = \frac{180° - \angle B}{2}$$

であるから，$C_0A_0 \parallel PL$ である．同様に $B_0A_0 \parallel LQ$ である．

　したがって，三角形 $A_0B_0C_0$ と三角形 LQP は相似の位置にある．相似拡大の中心を K とすると，これは直線 LA_0 上，すなわち直線 BC 上にあるから，直線 BC, QB_0, PC_0 は共点である．

　あとは直線 KC_1 が O_1 を通ることを示せばよい．直線 PQ と直線 C_1K の交点を O_1' とすると，C_1 は相似拡大によって O_1' にうつる．$B_0C_1 = A_0C_1$ であるから，$QO_1' = LO_1'$ を得る．一方で，直線 PQ は線分 AL の垂直二等分線であるから，$O_1'A = O_1'Q = O_1'L$ である．

したがって O_1' は三角形 AQL の外心であるから，$O_1 = O_1'$ である．同様に $O_2 = O_2'$ である
から，題意が示された． $\qquad\Box$

解答 11.18

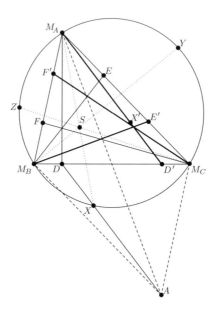

　直線 AX と直線 $M_B M_C$ の交点を D とし，線分 $M_B M_C$ の中点に関して X と対称な点を
X' とする．E, F, Y', Z' も同様に定める．

　チェバ線の入れ子（定理 3.23）により，直線 $M_A D$, $M_B E$, $M_C F$ が共点であることを示せ
ばよい．等長共役をとり，$M_A M_B A M_C$ が平行四辺形であることに注意すれば，直線 $M_A X'$,
$M_B Y'$, $M_C Z'$ が共点であることを示せばよいことがわかる．

　三角形 $M_A M_B M_C$ を基準三角形とする重心座標を用いる．

$$S = \left(a^2 S_A + t : b^2 S_B + t : c^2 S_C + t \right)$$

とする（S が重心のときは $t = \infty$ となる）．$v = b^2 S_B + t$, $w = c^2 S_C + t$ とすると，

$$X = \left(-a^2 vw : (b^2 w + c^2 v)v : (b^2 w + c^2 v)w \right),$$

$$X' = \left(a^2 vw : -a^2 vw + (b^2 w + c^2 v)w : -a^2 vw + (b^2 w + c^2 v)v \right)$$

である．ここで，

$$b^2 w + c^2 v = (bc)^2 (S_B + S_C) + (b^2 + c^2)t = (abc)^2 + (b^2 + c^2)t$$

であるから，

$$-a^2 v + b^2 w + c^2 v = -a^2 (b^2 S_B + t) + (abc)^2 + (b^2 + c^2)t = S_A(a^2 b^2 + 2t)$$

と計算できる．したがって，

$$X' = \Big(a^2vw : S_A(c^2S_C + t)(a^2b^2 + 2t) : S_A(b^2S_B + t)(a^2c^2 + 2t)\Big),$$

$$Y' = \Big(S_B(c^2S_C + t)(b^2a^2 + 2t) : b^2wu : S_B(a^2S_A + t)(b^2c^2 + 2t)\Big),$$

$$Z' = \Big(S_C(b^2S_B + t)(c^2a^2 + 2t) : S_C(a^2S_A + t)(c^2b^2 + 2t) : c^2uv\Big)$$

となるから，チェバの定理により題意は示される．　　　　　□

解答 11.19

線分 EF の中点を N とし，直線 EF は直線 HC, HB とそれぞれ B_1, C_1 で交わるとする．三角形 DB_1C_1 に注目する．

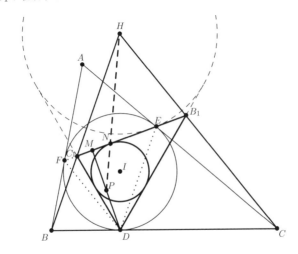

補題 1.45 により，三角形 DB_1C_1 は三角形 HBC の垂心三角形である．また，N は三角形 DB_1C_1 の内接円と辺 B_1C_1 の接点である[43]．さらに，（補題 4.6 により）H は D 傍心である．よって，補題 4.14 により P, N, H は共線である．　　　　　□

解答 11.20

これは多くの美しい解法がある難問である．以下の解答はそこまで美しくはないが，コンテスト中に発見するにはそれほど難しくなく，A_2, B_2, C_2 の構成にしっかりとした洞察力が必要となるだけである．

考えるべき外接円 ω を単位円とし，ω と l の接点 P について $p = 1$ となる複素座標で考える．l_b と l_c の交点を A_1 とし，$a_2 = a^2$ とする（すなわち，A_2 は A を通る ω の直径に関して

43（訳注）三角形 DB_1C_1 の内心は補題 1.14 により I と一致する．よって，三角形 ABC の内接円と三角形 DB_1C_1 の内接円は中心が一致するから，線分 EF は三角形 DB_1C_1 の内接円とその中点 N で接する．

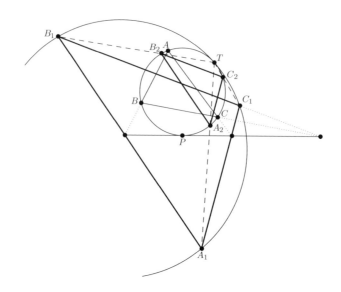

P と対称な点である). B_1, C_1, B_2, C_2 も同様に定める.

まず,直線 A_1A_2, B_1B_2, C_1C_2 が Γ 上の 1 点で交わることを示す.

A_1 を計算しよう.点 $1+i$, $1-i$ を直線 AB に関して対称移動した点をそれぞれ Z_1, Z_2 とすると,それらの座標は次のように計算できる.

$$z_1 = a + b - ab(1-i) = a + b - ab + abi,$$
$$z_2 = a + b - ab(1+i) = a + b - ab - abi.$$

したがって,

$$z_1 - z_2 = 2abi, \quad \overline{z_1}z_2 - \overline{z_2}z_1 = -2i\left(a + b + \frac{1}{a} + \frac{1}{b} - 2\right).$$

いま l_c は直線 Z_1Z_2 である.l_b についても同様の計算を行い,(定理 6.17 を用いることで)

$$a_1 = \frac{-2i\left(a+b+\frac{1}{a}+\frac{1}{b}-2\right)(2aci) + 2i\left(a+c+\frac{1}{a}+\frac{1}{c}-2\right)(2abi)}{\left(-\frac{2}{ab}i\right)(2aci) - \left(-\frac{2}{ac}i\right)(2abi)}$$

$$= \frac{(c-b)a^2 + \left(\frac{c}{b} - \frac{b}{c} - 2c + 2b\right)a + (c-b)}{\frac{c}{b} - \frac{b}{c}} = a + \frac{(c-b)(a^2 - 2a + 1)}{(c-b)(c+b)/bc}$$

$$= a + \frac{bc}{b+c}(a-1)^2$$

を得る.すると,直線 A_1A_2 と ω の交点のうち A_1 でない方は

$$\frac{a_1 - a_2}{1 - a_2\overline{a_1}} = \frac{a + \frac{bc}{b+c}(a-1)^2 - a^2}{1 - a - a^2 \cdot \frac{(1-1/a)^2}{b+c}} = \frac{a + \frac{bc}{b+c}(1-a)}{1 - \frac{1}{b+c}(1-a)} = \frac{ab + bc + ca - abc}{a + b + c - 1}$$

と表されるから,目標の共点が示された.

最後に，$A_1 B_1 \parallel A_2 B_2$ を示せばよい．もちろんこれも複素座標で示すことができるが，単に有向角による角度追跡[†]を用いる方が簡単である．直線 BC，$B_2 C_2$ と l の交点をそれぞれ K，L とすると，

$$-\angle B_2 LP = \angle LPB_2 + \angle PB_2 L = 2\angle KPB + \angle PB_2 C_2$$

$$= 2\angle KPB + 2\angle PBC = -2\angle PKB = \angle PKB_1$$

となるから，以上により示された． □

解答 11.21

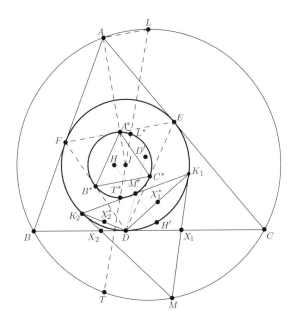

　A 混線内接円と Γ の接点を T とする．補題 4.40 により直線 TI は A を含む方の弧 BC の中点を通る．この点を L とする．

　三角形 ABC の接触三角形を DEF とし，三角形 ABC の内接円と直線 MX_1，MX_2 の接点をそれぞれ K_1，K_2 とする．三角形 ABC の内接円に関する反転を行う．これまでと同様に，反転でうつる先を星印を付けて表す．いま，A^*，B^*，C^* はそれぞれ線分 EF，FD，DE の中点であり，Γ^* すなわち円 $A^* B^* C^*$ は三角形 DEF の九点円である．

　明らかに M^* は Γ^* 上の任意の点であり，さらに線分 $K_1 K_2$ の中点である．いま T^* について調べたい．L^* は Γ^* 上の点であり，

[†]これをさらに厳密に，〔公式に発表されている解答例のように〕記号 $\angle(l_1, l_2)$ を用いて計算することもできる．これは，2 直線 l_1，l_2 が点 O で交わっており，l_1，l_2 上にそれぞれ X_1，X_2 を O と異なるようにとったときの，$\angle X_1 O X_2$ のことである．

$$\angle IL^*A^* = -\angle IAL = 90°$$

をみたす．ここで，L, I, T は共線であるから，L^*, I, T^* も共線である．よって

$$\angle TL^*A^* = \angle IL^*A^* = 90°$$

である．よって T^* は Γ^* の中心に関して A^* と対称な点である．ゆえに，三角形 DEF の垂心を H としたとき，T^* は線分 DH の中点でもある．

あとは M^*, X_1^*, X_2^*, T^* が共円であることを示せばよい．D を中心とする倍率 2 の相似拡大を施せば，M^* に関して D, H と対称な点を D', H' としたとき，D', K_1, K_2, H が共円であることと同値であり，さらに M^* に関して対称移動させれば，D, K_2, K_1, H' が共円であることと同値である．

しかし，円 DK_2K_1 は Γ^* そのものである．さらに，三角形 DEF の九点円 Γ^* と三角形 ABC の内接円〔三角形 DEF の外接円〕のあいだのおなじみの〔H を中心とする倍率 2 の〕相似拡大により，H' も Γ^* 上にあることがわかる．したがって D, K_2, K_1, H' はすべて Γ^* 上にあるから共円である．これにより M, X_1, X_2, T は共円であり，題意は示された． □

解答 11.22

I から辺 BC におろした垂線の足を D とし，B, C から直線 CI, BI におろした垂線の足をそれぞれ X, Y とする．補題 1.45 により，X, Y はともに直線 EF 上にある．辺 BC の中点を M とし，〔三角形 IBC の九点円でもある〕円 $DMXY$ を ω とおく．補題 9.27 により，問題は T が ω に関する S の極線上にあるのを示すことに帰着される．

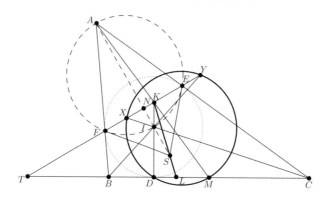

直線 AM と直線 EF の交点を K とする．補題 4.17 により，K, I, D は共線である．線分 EF の中点を N とし，直線 KS と直線 BC の交点を L とする．

$$-1 = (A, I; N, S) \overset{K}{=} (T, L; M, D), \quad -1 = (T, D; B, C) \overset{I}{=} (T, K; Y, X)$$

が成り立つから，直線 MD と直線 YX の交点である T は ω に関する直線 KL の極であるので，題意は示された． □

D コンテスト名

APMO　アジア太平洋数学オリンピック (Asian-Pacific Mathematical Olympiad). 1989 年に始まった APMO は，アジア太平洋地域の国々やアメリカ合衆国，その他の一部の国々が参加する地域大会である．試験では，4 時間で 5 問を解く．〔試験が各国で実施されることが特徴であり，各国内から上位 10 名の成績が採用される．日本は 2005 年から参加している．〕

BAMO　ベイエリア数学オリンピック (Bay Area Mathematical Olympiad). この大会には，毎年数百人のベイエリア〔サンフランシスコを中心とする，カリフォルニア州における湾岸地域〕の生徒が参加している．形式は APMO と同じである．

Canada　カナダ数学オリンピック (Canadian Mathematical Olympiad, CMO).

CGMO　中国女子数学オリンピック (China Girls' Mathematical Olympiad). 2002 年に始まったこの大会では，2 日間でそれぞれ 4 問を 4 時間で解く．〔日本も 2011 年から 2 度参加したが，鳥インフルエンザを理由に 2013 年は招待がなく，日本からの派遣は EGMO へ移行した．〕

EGMO　ヨーロッパ女子数学オリンピック (European Girls' Mathematical Olympiad). CGMO をきっかけに作られた新しい大会．第 1 回の EGMO は，2012 年 4 月にケンブリッジで開催された．現在の大会の形式は IMO に準じている．各国は最大 4 人の女子学生チームを派遣し，各大会で競いあう．〔日本は 2014 年から参加している．〕

ELMO　ELMO は毎年 MOP で開催される大会で，前回の MOP に参加した学生が作成し，初めて MOP に参加する学生が受験するものである．特に，すべての問題が生徒によって作成・編集・選定されている．頭字語の意味は毎年変わる[44]．当初は「実験用リンカーン数学オリンピック (Experimental Lincoln Math Olympiad)」の略だったが，やがて「運任せすぎる数学オリンピック (Exceedingly Luck-Based Math Olympiad)」や「元実験用数学オリンピック (Ex-experimental Math Olympiad)」，「$e^{\log}$ 数学オリンピック ($e^{\log}$ Math Olympiad)」，「最後の文字が抜けています (End Letter Missing)」，「完全に合法な（ジュニア）数学オリンピック (Entirely Legitimate (Junior) Math Olympiad)」，「大金を稼げ (Earn Lots of MOney)」，「かんたんよわよわ数学オリンピック (Easy Little Math Olympiad)」，「塵のような間違いも積もる $\implies$ 0 となる (Every Little Mistake $\implies$ 0)」，「人生は高々一度きり (Everybody Lives at Most Once)」，「英語マスターズオープン (English Language Master's Open)」などになった．

ELMO Shortlist　IMO 候補問題と同様に，ELMO 候補問題は ELMO に提案された問題で構成されている．

---

[44] (訳注) つまり，ELMO はテレビ番組「セサミストリート」のキャラクターであるエルモ (Elmo) の逆頭字語といえる．

IMO 高校数学の大会の最高峰，国際数学オリンピック (International Mathematical Olympiad). 1959 年に始まり，国際科学オリンピックの中では最も歴史が長い．毎年 7 月に 100 か国以上が参加し，各国から最大 6 名の生徒が派遣される．2 日間ともそれぞれ 4 時間半かけて 3 問に取り組む．問題は 7 点満点で採点されるので，最高得点は 42 点になる．〔日本は 1990 年から参加している．2003 年および 2023 年の大会は日本での開催である．〕

IMO Shortlist 国際数学オリンピック候補問題 (IMO Shortlisted Problems) は，IMO に提案された問題で構成されている．すべての（ふつうは 100 問以上の）提案の中から約 30 問が選ばれ，IMO 候補問題となる．そして，各国の団長が数日前に投票を行い，IMO 候補問題の中からどの問題を IMO に出題するかを決定する．N 年の IMO 候補問題は $N + 1$ 年の IMO が終わるまで公開されないが，これは多くの国が IMO 候補問題を自国の代表選考試験に使用するからである．

JMO USAJMO の略〔日本では日本数学オリンピック (Japan Mathematical Olympiad) をさすので，本書では USAJMO に統一した〕．

NIMO 全国インターネット数学オリンピック (National Internet Math Olympiad) は，少人数の学生によって作問されているオンライン大会である．冬季オリンピック（ここから本書に収録した問題がとられている）は，4 人までのチームによる 1 時間の試験で，8 問で構成されている．

OMO オンライン数学オープン (Online Math Open) も，アメリカ合衆国で特に優秀な学生たちだけで運営されているオンライン大会である．最大 4 人のチームで約 1 週間かけて，いくつかの短答式問題を非常に簡単なものからかなり難しいものまで解いていく．

MOP 数学オリンピックサマープログラム (Mathematical Olympiad Summer Program) は，IMO に向けたアメリカ合衆国チームの強化合宿であり，参加する生徒は USA(J)MO での成績をもとに選考されている．2014 年までは，6 月中にネブラスカ州リンカーンで 3 週間半の合宿が行われるのが一般的であった．MOP では，定期的に 4 時間の試験が実施される．本書のいくつかの問題は，その試験からとったものである．

Sharygin ロシアシャリーギン幾何学オリンピック (Russian Sharygin Geometry Olympiad) は，幾何の問題だけで構成される国際大会である．本書での問題のいくつかは，まず生徒は長時間かけて問題を解く通信試験に臨む．本書の問題はこの通信試験からとられている．通信試験の入賞者は，ロシアのドゥブナで行われる最終口頭試問に招待される．

TST 代表選考試験 (Team Selection Test). ほとんどの国が IMO に参加する選手団を選考する最終段階として TST を用いている．

USAJMO アメリカ合衆国ジュニア数学オリンピック (USA Junior Mathematical Olympiad). 10 年生〔日本の高校 1 年生に相当〕以下の生徒を対象に，USAMO と同時に実施される，より簡単な大会．形式は USAMO と同じである．

USAMO アメリカ合衆国数学オリンピック (USA Mathematical Olympiad). USAMO は毎年約 250 人の生徒に実施され，IMO のアメリカ合衆国チームの選考や，MOP への招待の際に用いられる．形式は IMO と同じである．

USA TST アメリカ合衆国代表選考試験 (Team Selection Test for the USA team). 2011 年までは，USA TST は 3 日間で実施されており，各日の形式は IMO と一致していた．2011 年からは，TST の形式がさらに多様になり，前年の MOP の上位 18 名のみが受けられるよう になった．

USA TSTST 「代表候補選考試験」(Team Selection Test for the Selection Team) が MOP の最後に行われる．次年度を通じて試験を受ける 18 名の生徒 (selection team) が選考される．TSTST は 2, 3 日間で実施されており，各日の形式は IMO と一致している．

参考文献

[†1] から [†25] までの文献は，日本語訳で新たに足されたものである．

[1] Altshiller-Court, Nathan. *College Geometry: An Introduction to the Modern Geometry of the Triangle and the Circle*. Reprint of the 1952 original. New York: Dover Publications, 2007.

[2] Andreescu, Titu, and Răzvan Gelca. *Mathematical Olympiad Challenges*. 2nd ed. Boston: Birkhäuser Boston, 2008.

[3] Chen, Evan, and Max Schindler. "Barycentric Coordinates in Olympiad Geometry", 2012. https://web.evanchen.cc/handouts/bary/bary-full.pdf

[4] Coxeter, H. S. M., and S. L. Greitzer. *Geometry Revisited*. New Mathematical Library, 19. New York: Random House, Inc., 1967.〔コークスター，H・S. グレイツァー『幾何学再入門』．SMSG 新数学双書 8. 寺阪英孝訳．東京：河出書房新社，1970.〕

[5] Kedlaya, Kiran S. "Geometry Unbound." Kiran S. Kedlaya, January 18, 2006. https://kskedlaya.org/geometryunbound/

[6] Posamentier, Alfred S, and Charles T. Salkind. *Challenging Problems in Geometry*. 2nd ed. Reprint of the 1970 original. New York: Dover Publications, 1996.

[7] Prasolov, Viktor. *Problems in Plane and Solid Geometry: v.1 Plane Geometry*. Translated and edited by Dimitry Leites. http://e.math.hr/afine/planegeo.pdf〔Прасолов, В. В. *Задачи по Планиметрии*. 5-е изд. Москва: Московский Центр Непрерывного Математического Образования, 2006.〕

[8] Remorov, Alexander. "Projective Geometry." Paper presented at Canadian IMO Training 2010 Summer Camp, Wilfrid Laurier University, Waterloo, Ontario, June 27–July 3, 2010. https://alexanderrem.weebly.com/uploads/7/2/5/6/72566533/projectivegeometry.pdf, https://alexanderrem.weebly.com/uploads/7/2/5/6/72566533/projectivegeometrysolutions.pdf.

[9] Remorov, Alexander. "Projective Geometry - Part 2." Paper presented at Canadian IMO Training 2010 Summer Camp, Wilfrid Laurier University, Waterloo, Ontario, June 28, 2010. https://alexanderrem.weebly.com/uploads/7/2/5/6/72566533/projectivegeometrycontinued.pdf, https://alexanderrem.weebly.com/uploads/7/2/5/6/72566533/projectivegeometry2solutions.pdf.

[10] Venema, Gerald A. *Exploring Advanced Euclidean Geometry with GeoGebra*. Washington, D.C.: The Mathematical Association of America, 2013.

[11] Zeitz, Paul. *The Art and Craft of Problem Solving*. 2nd ed. Hoboken: John Wiley & Sons, Inc., 2006.

[12] Zhao, Yufei. "Cyclic Quadrilaterals – The Big Picture." Paper presented at Canadian IMO Training 2009 Winter Camp, York University, Toronto, Ontario, January 8, 2009. https://yufeizhao.com/olympiad/cyclic_quad.pdf.

[13] Zhao, Yufei. "Lemmas in Euclidean Geometry." Paper presented at Canadian IMO Training 2007 Summer Camp, 2007. https://yufeizhao.com/olympiad/geolemmas. pdf.

[†1] Bolyai, János. "Temesvár letter from János to Farkas Bolyai." Mac Tutor, February, 2007. https://mathshistory.st-andrews.ac.uk/Extras/Bolyai_letter/.

[†2] Brocard, Henri, and Timoléon Lemoyne. *Courbes Géométriques Remarquables: (Courbes Spéciales), Planes et Gauches*, vol. 1. Paris: Librairie Vuibert, 1919. http://name.umdl.umich.edu/abe2896.0001.001.

[†3] Cayley, Arthur. "A Sixth Memoir upon Quantics." *Philosophical Transactions of the Royal Society of London* 149 (1859): 61–90. https://doi.org/10.1098/rstl.1859.0004.

[†4] Chen, Evan. "Notes on Publishing My Textbook." Power Overwhelming, November 11, 2016. https://blog.evanchen.cc/2016/11/11/notes-on-publishing-my-textbook/.

[†5] Chen, Evan. "Revisiting Arc Midpoints in Complex Numbers." Power Overwhelming, February 28, 2018. https://blog.evanchen.cc/2018/02/28/revisiting-arc-midpoints-in-complex-numbers/.

[†6] Chen, Evan. "Undergraduate Math 011: a firsT yeaR coursE in geometrY." Evan Chen, April 1, 2019. https://web.evanchen.cc/textbooks/tr011ey.pdf

[†7] Chou, Shang-Ching, Xiao-Shan Gao, and Jing-Zhong Zhang. *Machine Proofs in Geometry : Automated Production of Readable Proofs for Geometry Theorems*. Series on Applied Mathematics, vol. 6. Singapore: World Scientific. 1994.

[†8] Flaubert, Gustave. *Oeuvres Complétes de Gustave Flaubert : Correspondance*. Vol. 1. Paris: Louis Conard, 1926–1954. https://gallica.bnf.fr/ark:/12148/bpt6k24523c.

[†9] Henri, Poincaré. "Analysis Situs." *Journal de l'École Polytechnique* 1, no. 2 (1895): 1–123. https://gallica.bnf.fr/ark:/12148/bpt6k4337198.

[†10] Herzman, Ronald B., and Gary W. Towsley. "Squaring the Circle: Paradiso 33 and the Poetics of Geometry." *Traditio* 49 (1994): 95–125. https://doi.org/10.1017/S0362152900013015.

[†11] Mamino, Marcello. "Thinking Out Loud – EGMO 2013 Problem 1." EGMO 2018, January, 2018. http://www.egmo2018.org/blog/EGMO2013-P1/.

[†12] Mochizuki, Shinichi. "On the Essential Logical Structure of Inter-universal Teichmüller Theory in Terms of Logical AND "∧"/Logical OR "∨" Relations: Report on the Occasion of the Publication of the Four Main Papers on Inter-universal Teichmüller Theory." Preprint, submitted in 2022. https://www.kurims.kyoto-u.ac.jp/~motizuki/Essential\%20Logical\%20Structure\%20of\%20Inter-uni versal\%20Teichmuller\%20Theory.pdf

[†13] 足立恒雄. 『よみがえる非ユークリッド幾何』. 東京：日本評論社, 2019.

[†14] アリギエーリ, ダンテ. 『神曲 天国篇』. 原基晶訳. 東京：講談社, 2014.

[†15] 公益財団法人数学オリンピック財団監修. 『数学オリンピック 2018〜2022』. 東京：日本評論社, 2022.

[†16] コクセター，H. S. M. 『幾何学入門』．銀林浩訳．全 2 巻．東京：筑摩書房，2009.

[†17] 小平邦彦．『幾何への誘い』．東京：岩波書店，2000.

[†18] 小林一章監修．『獲得金メダル！ 国際数学オリンピック：メダリストが教える解き方と技』．東京：朝倉書店，2011.

[†19] 斎藤憲．『ユークリッド『原論』の成立：古代の伝承と現代の神話』．東京：東京大学出版会．1997.

[†20] 鈴木晋一．『平面幾何パーフェクト・マスター：めざせ，数学オリンピック』．東京：日本評論社，2015.

[†21] 西山亨．『射影幾何学の考え方』．数学のかんどころ 19．東京：共立出版，2013.

[†22] ハイラー，E. 『解析教程』．上巻．蟹江幸博訳．東京：丸善出版，2012.

[†23] 一松信・畔柳和生．『重心座標による幾何学』．京都：現代数学社，2014.

[†24] マズロー，A. H. 『可能性の心理学』．早坂泰次郎訳．東京：川島書店，1971.

[†25] 陈谊廷．《数学奥林匹克中的欧几里得几何》．罗炜译．哈尔滨：哈尔滨工业大学出版社，2021.

索引

●著者 **エヴァン・チェン**（Evan Chen）

カリフォルニア州フリーモント出身. 2014年の国際数学オリンピックで金メダルを獲得. 現在は, マサチューセッツ工科大学数学科博士課程在学中.

●監訳者 **森田康夫**（もりた・やすお）

1970年, 東京大学大学院理学系研究科修士課程修了. 東北大学名誉教授. 理学博士. 専門は, 整数論. 公益財団法人日本数学オリンピック財団前理事長.

●訳者 **兒玉太陽**（こだま・たいよう）

2002年, 静岡県生まれ. 現在, 京都大学理学部数理科学系3年. 国際数学オリンピック2019にて金メダル, アジア太平洋数学オリンピック2018にて銀メダルを獲得.

熊谷勇輝（くまがえ・ゆうき）

2002年, 千葉県生まれ. 現在, 千葉大学医学部医学科1年. 国際言語学オリンピック日本委員会理事.

宿田彩斗（しゅくた・あやと）

2002年, 群馬県生まれ. 現在, 東京大学教養学部前期課程理科一類2年（2023年4月より東京大学理学部数学科3年）. 国際数学オリンピック2019にて銀メダル, 2020にて銀メダルを獲得.

平山楓馬（ひらやま・ふうま）

2003年, 愛知県生まれ. 現在, 東京大学教養学部前期課程理科一類2年（2023年4月より東京大学理学部数学科3年）. 国際数学オリンピック2020にて銅メダル, アジア太平洋数学オリンピック2019にて銅メダルを獲得.

数学オリンピック幾何への挑戦
ユークリッド幾何学をめぐる船旅

2023年2月15日　第1版第1刷発行

著　者 ─────── エヴァン・チェン
監訳者 ─────── 森田康夫
訳　者 ─────── 兒玉太陽・熊谷勇輝・宿田彩斗・平山楓馬
発行所 ─────── 株式会社日本評論社
　　　　　　　　〒170-8474　東京都豊島区南大塚3-12-4
　　　　　　　　電話（03）3987-8621［販売］　（03）3987-8599［編集］
印　刷 ─────── 三美印刷
製　本 ─────── 井上製本所
装　幀 ─────── 山田信也（ヤマダデザイン室）